21世纪全国应用型本科大机械系列实用规划教材

机械设计课程设计

主　编　许　瑛
副主编　吴　晖　刘文光
参　编　封立耀　柴京富
　　　　肖　洁　王艳春
主　审　郑　江

北京大学出版社
PEKING UNIVERSITY PRESS

内 容 简 介

本书是按照高等工科院校机械设计及机械设计基础课程的教学要求编写的。全书分三大部分，共 21 章。第一部分为机械设计课程设计指导，以常见的基本类型的减速器——圆柱齿轮减速器和蜗杆减速器为例，系统地介绍了机械传动装置的设计内容、设计步骤、设计方法及注意问题；第二部分为课程设计常用标准和规范，提供了课程设计常用资料；第三部分为课程设计参考图例及设计题目，给出了减速器装配图、零件图的参考图例，介绍了用三维软件 SolidWorks 设计常用零件的方法和步骤。

本书可供高等工科院校机械类、近机类各专业学生学习机械设计、机械设计基础课程和进行课程设计时使用，也可供其他院校的有关专业学生及工程技术人员参考。

图书在版编目(CIP)数据

机械设计课程设计/许瑛主编.—北京：北京大学出版社，2008.8
(21 世纪全国应用型本科大机械系列实用规划教材)
ISBN 978-7-301-12357-7

Ⅰ.机… Ⅱ.许… Ⅲ.机械设计—课程设计—高等学校—教材 Ⅳ.TH122

中国版本图书馆 CIP 数据核字(2007)第 083158 号

书　　　名：	机械设计课程设计
著作责任者：	许　瑛　主编
策 划 编 辑：	郭穗娟
责 任 编 辑：	王显超　童君鑫
标 准 书 号：	ISBN 978-7-301-12357-7/TH·0018
出　版　者：	北京大学出版社
地　　　址：	北京市海淀区成府路 205 号　邮编：100871
网　　　址：	http://www.pup.cn　http://www.pup6.cn　E-mail：pup_6@163.com
电　　　话：	邮购部 62752015　发行部 62750672　编辑部 62750667　出版部 62754962
印　刷　者：	涿州市星河印刷有限公司
发　行　者：	北京大学出版社
经　销　者：	新华书店
	787 毫米×1092 毫米　16 开本　19.75 印张　474 千字
	2008 年 8 月第 1 版　2012 年 7 月第 3 次印刷
定　　　价：	35.00 元

未经许可，不得以任何方式复制或抄袭本书之部分或全部内容。
版权所有，侵权必究
举报电话：(010)62752024　电子邮箱：fd@pup.pku.edu.cn

《21世纪全国应用型本科大机械系列实用规划教材》
专家编审委员会

名誉主任 胡正寰*

主任委员 殷国富

副主任委员（按拼音排序）

戴冠军　江征风　李郝林　梅　宁　任乃飞
王述洋　杨化仁　张成忠　张新义

顾　　问（按拼音排序）

傅水根　姜继海　孔祥东　陆国栋
陆启建　孙建东　张　金　赵松年

委　　员（按拼音排序）

方　新　郭秀云　韩健海　洪　波
侯书林　胡如风　胡亚民　胡志勇
华　林　姜军生　李自光　刘仲国
柳舟通　毛　磊　孟宪颐　任建平
陶健民　田　勇　王亮申　王守城
魏　建　魏修亭　杨振中　袁根福
曾　忠　张伟强　郑竹林　周晓福

---

* 胡正寰：北京科技大学教授，中国工程院机械与运载工程学部院士

丛书总序

殷国富*

机械是人类生产和生活的基本工具要素之一,是人类物质文明最重要的一个组成部分。机械工业担负着向国民经济各部门,包括工业、农业和社会生活各个方面提供各种性能先进、使用安全可靠的技术装备的任务,在国家现代化建设中占有举足轻重的地位。20世纪80年代以来,以微电子、信息、新材料、系统科学等为代表的新一代科学技术的发展及其在机械工程领域中的广泛渗透、应用和衍生,极大地拓展了机械产品设计制造活动的深度和广度,改变了现代制造业的产品设计方法、产品结构、生产方式、生产工艺和设备以及生产组织模式,产生了一大批新的机械设计制造方法和制造系统。这些机械方面的新方法和系统的主要技术特征表现在以下几个方面:

(1) 信息技术在机械行业的广泛渗透和应用,使得现代机电产品已不再是单纯的机械构件,而是由机械、电子、信息、计算机与自动控制等集成的机电一体化产品,其功能不仅限于加强、延伸或取代人的体力劳动,而且扩大到加强、延伸或取代人的某些感官功能与大脑功能。

(2) 随着设计手段的计算机化和数字化,CAD/CAM/CAE/PDM集成技术和软件系统得到广泛使用,促进了产品创新设计、并行设计、快速设计、虚拟设计、智能设计、反求设计、广义优化设计、绿色产品设计、面向全寿命周期设计等现代设计理论和技术方法的不断发展。机械产品的设计不只是单纯追求某项性能指标的先进和高低,而是注重综合考虑质量、市场、价格、安全、美学、资源、环境等方面的影响。

(3) 传统机械制造技术在不断吸收电子、信息、材料、能源和现代管理等方面成果的基础上形成了先进制造技术,并将其综合应用于机械产品设计、制造、检测、管理、销售、使用、服务的机械产品制造全过程,以实现优质、高效、低耗、清洁、灵活的生产,提高对动态多变的市场的适应能力和竞争能力。

(4) 机械产品加工制造的精密化、快速化、制造过程的网络化、全球化得到很大的发展,涌现出CIMS、并行工程、敏捷制造、绿色制造、网络制造、虚拟制造、智能制造、大规模定制等先进生产模式,制造装备和制造系统的柔性与可重组已成为21世纪制造技术的显著特征。

(5) 机械工程的理论基础不再局限于力学,制造过程的基础也不只是设计与制造经验及技艺的总结。今天的机械工程学科比以往任何时候都更紧密地依赖诸如现代数学、材料科学、微电子技术、计算机信息科学、生命科学、系统论与控制论等多门学科及其最新成就。

上述机械科学与工程技术特征和发展趋势表明,现代机械工程学科越来越多地体现着知识经济的特征。因此,加快培养适应我国国民经济建设所需要的高综合素质的机械工程学科人才的意义十分重大、任务十分繁重。我们必须通过各种层次和形式的教育,培养出适应世界机械工业发展潮流与我国机械制造业实际需要的技术人才与管理人才,不断推动我国机械科学与工程技术的进步。

使机械工程学科毕业生的知识结构由较专、较深、适应性差向较通用、较广泛、适应性

---

*殷国富教授:现为教育部机械学科教学指导委员会委员,现任四川大学制造科学与工程学院院长

强方向转化,在教育部的领导与组织下,1998年对本科专业目录进行了第3次大的修订。调整后的机械大类专业变成4类8个专业,它们是:机械类4个专业(机械设计制造及其自动化、材料成型及控制工程、过程装备与控制、工业设计);仪器仪表类1个专业(测控技术与仪器);能源动力类2个专业(热能与动力工程、核工程与核技术);工程力学类1个专业(工程力学)。此外还提出了面向更宽的引导性专业,即机械工程及自动化。因此,建立现代"大机械、全过程、多学科"的观点,探讨机械科学与工程技术学科专业创新人才的培养模式,是高校从事制造学科教学的教育工作者的责任;建立培养富有创新能力人才的教学体系和教材资源环境,是我们努力的目标。

要达到这一目标,进行适应现代机械学科发展要求的教材建设是十分重要的基础工作之一。因此,组织编写出版面向大机械学科的系列教材就显得很有意义和十分必要。北京大学出版社的领导和编辑们通过对国内大学机械工程学科教材实际情况的调研,在与众多专家学者讨论的基础上,决定面向机械工程学科类专业的学生出版一套系列教材,这是促进高校教学改革发展的重要决策。按照教材编审委员会的规划,本系列教材将逐步出版。

本系列教材是按照高等学校机械学科本科专业规范、培养方案和课程教学大纲的要求,合理定位,由长期在教学第一线从事教学工作的教师立足于21世纪机械工程学科发展的需要,以科学性、先进性、系统性和实用性为目标进行编写,以适应不同类型、不同层次的学校结合学校实际情况的需要。本系列教材编写的特色体现在以下几个方面:

(1) 关注全球机械科学与工程技术学科发展的大背景,建立现代大机械工程学科的新理念,拓宽理论基础和专业知识,特别是突出创造能力和创新意识。

(2) 重视强基础与宽专业知识面的要求。在保持较宽学科专业知识的前提下,在强化产品设计、制造、管理、市场、环境等基础理论方面,突出重点,进一步密切学科内各专业知识面之间的综合内在联系,尽快建立起系统性的知识体系结构。

(3) 学科交叉与综合的观念。现代力学、信息科学、生命科学、材料科学、系统科学等新兴学科与机械学科结合的内容在系列教材编写中得到一定的体现。

(4) 注重能力的培养,力求做到不断强化自我的自学能力、思维能力、创造性地解决问题的能力以及不断自我更新知识的能力,促进学生向着富有鲜明个性的方向发展。

总之,本系列教材注意了调整课程结构,加强学科基础,反映系列教材各门课程之间的联系和衔接,内容合理分配,既相互联系又避免不必要的重复,努力拓宽知识面,在培养学生的创新能力方面进行了初步的探索。当然,本系列教材还需要在内容的精选、音像电子课件、网络多媒体教学等方面进一步加强,使之能满足普通高等院校本科教学的需要,在众多的机械类教材中形成自己的特色。

最后,我要感谢参加本系列教材编著和审稿的各位老师所付出的大量卓有成效的辛勤劳动,也要感谢北京大学出版社的领导和编辑们对本系列教材的支持和编审工作。由于编写的时间紧、相互协调难度大等原因,本系列教材还存在一些不足和错漏。我相信,在使用本系列教材的教师和学生的关心和帮助下,不断改进和完善这套教材,使之在我国机械工程类学科专业的教学改革和课程体系建设中起到应有的促进作用。

2006年1月

前　言

本书是在教育部"高等教育面向 21 世纪教学内容和课程体系改革计划"和"工程制图与机械基础系列课程改革研究报告"指导下的研究成果，是 21 世纪全国应用型本科大机械系列实用规划系列教材之一。

本书集教学指导、设计资料、参考图册于一体，既能满足机械设计课程设计需要，又兼顾机械类和近机械类专业的教学特点和要求，同时从培养学生创新能力出发，提供了多样化的设计选题，突出了工程实践。本书还新增了机械设计 CAD 内容，介绍了三维软件 SolidWorks 在机械设计中的应用。

全书共分三大部分 21 章。第一部分为机械设计课程设计指导，以常见的基本类型的减速器——圆柱减速器和蜗杆减速器为例，系统地介绍了机械传动装置的设计内容、设计步骤、设计方法及注意问题。第二部分为机械设计课程设计标准和规范，提供了课程设计常用资料。第三部分为课程设计参考图例和设计题目，给出了装配图、零件图的参考图例，介绍了用三维软件 SolidWorks 设计常用零件的方法和步骤。

本书吸取了兄弟院校的宝贵经验，结合多年来编者的教学体会，根据当前教学实际需要编写的。书中特别列举了离心加速度实验装置设计的实例，较详细地介绍了机械系统方案设计方法及步骤，弥补了课程设计中方案设计环节薄弱的不足，给出了离心加速度实验装置工作图和零件工作图，并附有减速器装配工作图和零件工作图的参考图例，为设计人员提供参考。本书围绕课程设计的需要，全部采用最新国家标准，及时为师生提供新的国家标准信息。

参加本书编写的有南昌航空大学许瑛(第 1、2、4、6、11、19、20 章)、吴晖(第 4.10 节、第 13 章、第 18.1 节)、刘文光(第 3、5、7、12、14、17 章、第 18.2 节)、柴京富(第 8、10 章)、肖洁(第 15、16 章)、王艳春(第 9 章)、封立耀(第 21 章)。许瑛担任主编，吴晖、刘文光担任副主编。

全书由中北大学郑江教授主审，并提出了许多宝贵意见，在此表示感谢。

本书在第 2 次印刷时，对原第 4 章内容做了大量的改动，增加了新的内容；对原第 18 章的图也进行修改，使内容质量更加完善。但由于编者水平有限，书中难免存在疏漏和缺陷，恳请广大读者批评指正。

编　者
2009 年 5 月

目 录

第一部分　机械设计课程设计指导 ……… 1

第1章　概述 ……………………………… 1
1.1　机械设计课程设计的目的 ……… 1
1.2　机械设计课程设计的内容 ……… 1
1.3　机械设计课程设计的步骤 ……… 1
1.4　机械设计课程设计的要求 ……… 2

第2章　传动装置的总体设计 …………… 4
2.1　拟定传动方案 …………………… 4
2.2　选择电动机 ……………………… 7
2.3　确定传动装置的总传动比及其分配 ……… 9
2.4　计算传动装置的运动和动力参数 ……… 11
2.5　设计计算举例 …………………… 12

第3章　传动零件的设计计算 …………… 15
3.1　减速器外传动零件的设计 ……… 15
3.2　减速器内传动零件的设计 ……… 16
3.3　联轴器的选择 …………………… 17
3.4　设计计算示例 …………………… 18
3.5　传动零件的结构设计 …………… 23
　　3.5.1　普通V带轮 ……………… 23
　　3.5.2　齿轮 ……………………… 26

第4章　减速器装配图设计 ……………… 29
4.1　概述 ……………………………… 29
4.2　减速器的构造 …………………… 29
　　4.2.1　齿轮、轴及轴承组合 …… 30
　　4.2.2　箱体 ……………………… 30
　　4.2.3　附件 ……………………… 33
4.3　减速器的润滑 …………………… 34
　　4.3.1　传动件的润滑 …………… 34
　　4.3.2　轴承的润滑 ……………… 36
4.4　减速器装配草图的绘制（第一阶段） ……… 37
4.5　轴系部件的结构设计（第二阶段） ……… 42
4.6　减速器箱体和附件设计（第三阶段） ……… 44
4.7　完成减速器装配工作图（第四阶段） ……… 49
4.8　圆锥-圆柱齿轮减速器装配图设计的特点 ……… 51
4.9　蜗杆减速器装配图设计的特点 ……… 53
4.10　减速器装配图常见错误示例 ……… 55

第5章　零件工作图 ……………………… 58
5.1　零件工作图的设计要求 ………… 58
5.2　轴类零件工作图 ………………… 58
5.3　齿轮零件工作图 ………………… 60
5.4　箱体零件工作图 ………………… 61

第6章　编写设计说明书及准备答辩 …… 63
6.1　设计计算说明书的内容与要求 ……… 63
6.2　课程设计总结与答辩 …………… 66

第二部分　课程设计常用标准和规范 …… 67

第7章　常用数据和标准 ………………… 67
7.1　明细栏和标题栏格式 …………… 67
7.2　标准尺寸（直径、长度、高度等） ……… 68
7.3　中心孔与中心孔表示方法 ……… 69
7.4　一般用途圆锥的锥度与锥角 …… 71
7.5　回转面及端面砂轮越程槽 ……… 72
7.6　零件倒圆与倒角 ………………… 72
7.7　铸件最小壁厚 …………………… 73
7.8　铸造斜度与铸造过渡尺寸 ……… 73

第8章　常用材料 ………………………… 74
8.1　黑色金属 ………………………… 74
8.2　型钢和型材 ……………………… 84
8.3　有色金属 ………………………… 89
8.4　工程塑料 ………………………… 91

第9章 联接螺纹和螺纹零件的结构要素 ………… 93

9.1 螺纹 ………… 93
9.2 螺纹紧固件 ………… 98
9.3 螺纹零件的结构要素 ………… 119

第10章 键连接和销连接 ………… 124

10.1 键连接 ………… 124
10.2 销连接 ………… 127

第11章 滚动轴承 ………… 130

11.1 常用滚动轴承的尺寸及性能参数 ………… 130
11.2 滚动轴承的配合和游隙 ………… 141

第12章 润滑与密封 ………… 144

12.1 润滑剂 ………… 144
12.2 油杯 ………… 146
12.3 油标及油标尺 ………… 147
12.4 密封 ………… 150

第13章 联轴器 ………… 155

13.1 联轴器轴孔和键槽形式 ………… 155
13.2 凸缘联轴器 ………… 157
13.3 弹性柱销联轴器 ………… 159
13.4 TL型弹性套柱销联轴器 ………… 160

第14章 减速器的附件 ………… 162

14.1 油塞及封油垫 ………… 162
14.2 观察孔盖 ………… 163
14.3 通气器 ………… 164
14.4 轴承盖 ………… 166
14.5 套杯 ………… 167
14.6 起吊装置 ………… 168

第15章 公差配合、形位公差和表面粗糙度 ………… 171

15.1 公差与配合 ………… 171
15.2 形状和位置公差 ………… 190
15.3 表面粗糙度 ………… 194
15.3.1 公差等级与表面粗糙度值 ………… 194
15.3.2 表面粗糙度的选择 ………… 196
15.3.3 表面粗糙度的参数值及加工方法 ………… 196

第16章 齿轮、蜗杆传动精度及公差 ………… 197

16.1 渐开线圆柱齿轮精度 ………… 197
16.1.1 精度等级 ………… 197
16.1.2 齿轮、齿轮副误差及侧隙的定义和代号 ………… 197
16.2 圆锥齿轮精度 ………… 222
16.3 圆柱蜗杆蜗轮精度 ………… 233

第17章 电动机 ………… 241

17.1 常用电动机的特点及用途 ………… 241
17.2 Y系列三相异步电动机的技术数据 ………… 241
17.3 Y系列三相异步电动机的外形和安装尺寸 ………… 243
17.4 Y系列三相异步电动机的参考比价 ………… 244

第三部分 课程设计参考图例及设计题目 ………… 245

第18章 减速器零件工作图 ………… 245

18.1 减速器装配图示例 ………… 245
18.2 减速器零件工作图示例 ………… 258

第19章 机械设计课程设计题目 ………… 267

第20章 离心加速度实验装置设计 ………… 271

20.1 概述 ………… 271
20.2 离心加速度实验装置的方案设计 ………… 271
20.3 离心加速度实验装置设计结果 ………… 277

第21章 计算机辅助机械设计简介 ………… 281

21.1 概述 ………… 281
21.2 SolidWorks软件简介 ………… 281
21.2.1 SolidWorks的特点 ………… 281
21.2.2 SolidWorks的用户界面 ………… 282
21.3 机械三维CAD应用实例 ………… 287
21.3.1 创建简单零件模型 ………… 287
21.3.2 创建装配体 ………… 298

参考文献 ………… 303

第一部分 机械设计课程设计指导

第1章 概 述

1.1 机械设计课程设计的目的

机械设计课程设计是"机械设计"课程学习后一个重要的实践性与综合性教学环节,是工科院校机械类及近机类学生首次较全面的机械设计训练。课程设计的目的如下:

(1) 培养学生综合运用机械设计课程和其他先修课程的知识,结合生产实践分析和解决机械设计问题的能力,使所学理论知识得到进一步巩固和提高。

(2) 学习机械设计的一般程序,使学生熟悉和掌握机械设计的方法和步骤,培养学生创造性思维能力和独立的工程设计的能力。

(3) 通过课程设计,使学生学会使用标准、规范、手册、图册和相关技术资料,完成机械设计基本技能的训练。

1.2 机械设计课程设计的内容

课程设计的内容一般选择基础的机械传动装置或简单机械。目前课程设计题目多数选择以齿轮减速器为主体的机械传动装置,这类设计题目不仅能系统地反映机械设计课程的主要教学内容,而且与生产实际密切联系,涵盖知识面广、综合性强,最具典型性,对其他同类的设计具有一定的指导意义。

课程设计的内容包括:
(1) 传动系统的方案设计和总体设计。
(2) 各级传动零件的设计计算。
(3) 减速器装配工作图的结构设计及绘制。
(4) 零件工作图的设计和绘制。
(5) 整理、编写设计说明书。

要求每个学生完成以下工作:绘制减速器装配图1张,绘制零件工作图2张(从动轴、齿轮),编写设计说明书1份。

1.3 机械设计课程设计的步骤

(1) 设计准备:阅读有关资料,明确课程设计的方法和步骤,初步拟定设计计划。

(2) 传动装置的总体设计:计算功率并选择电动机;确定总传动比和分配各级传动比;计算各轴的转速、转矩和功率。

(3) 各级传动零件的设计计算:通过设计计算确定各传动零件的主要参数和尺寸,一般包括带传动、联轴器、齿轮传动(或蜗杆蜗轮传动)等。

(4) 减速器装配工作图的结构设计及绘制:减速器装配图应当清晰准确地表达减速器整体结构、所有零件的形状和尺寸、相关零件间的联接性质及减速器的工作原理。还应表示出减速器各零件的装配和拆卸的可能性、次序及减速器的调整和使用方法。在减速器装配图的设计过程中,每完成一步都应仔细检查。装配图的设计与相关计算交叉进行,如选择减速器中受力较复杂的一轴及其轴上零件,应校核轴及滚动轴承寿命(轴的校核按弯扭合成强度计算);进行轴系、箱体及其附件的结构设计。其中箱体附件一般应包括窥视窗、油标、排油孔及其螺塞、起吊装置等。装配图上还应标注必要的尺寸和公差配合,写出减速器特性、技术要求和零件序号,编写零件明细表及标题栏。

(5) 零件工作图的设计和绘制:零件工作图一般选轴或齿轮,尺寸和公差标注及技术要求应完整,绘制齿轮零件工作图应有齿轮公差表。

(6) 完成减速器装配图。

(7) 整理、编写设计说明书:说明书应包括文字叙述、设计计算和必要的简图,在说明书每一页的右侧应单独写明有关计算结果和简短结论(如"$m=3$"、"满足强度要求"等)。

(8) 设计总结和答辩。

1.4 机械设计课程设计的要求

(1) 培养独立工作能力:机械设计课程设计是在教师指导下由学生独立完成的。为了达到培养学生设计能力的要求,提倡独立思考、深入钻研的学习精神。设计中遇到的问题,学生应首先自己思考,提出看法和意见,然后与指导教师共同讨论。

(2) 参考和创新:正确利用前人长期经验积累的资料是提高设计质量、加快设计进程的重要保证。但任何一项新的设计都有其特定的要求和具体的工作条件,没有现成的设计方案供直接引用,因此设计时必须根据设计要求具体分析,创造性地进行设计。

(3) 正确处理设计计算与结构设计、工艺要求间的关系:根据设计对象的具体情况,以理论计算为依据,全面考虑设计对象的结构、工艺、经济性等要求,确定合理的结构尺寸进行强度、刚度等理论计算。另外也可以参考已有资料或经验数据,取得有关尺寸具体的结构参数,然后进行必要的校核计算。特别要注意的是:既不能把设计理解为纯粹的理论计算或者将某些计算结果看成是不可更改的,也不能简单地从结构和工艺要求出发,毫无根据地随意确定零件的尺寸。

(4) 正确运用设计标准和规范:标准和规范是为了便于设计、制造和使用而制定的。正确运用设计标准和规范,有利于零件的互换件和加工工艺性,同时也可以节省设计时间。在课程设计中应熟悉和正确采用有关技术标准和规范,尽量采用标准件。当遇到与设计要求有矛盾时,也可突破标准和规范的规定自行设计。

(5) 及时整理课程设计中的计算数据:计算过程中常要调整参数,修改计算数据,因此从设计开始就要注意整理总结,要求计算时达到正确、清晰、系统、完整。为编写设计计算说明书和最后的答辩做好准备。

(6) 保证机械设计课程设计图纸和设计计算说明书的质量:要求图纸表达正确、清晰,符合机械制图标准;说明书计算准确、书写工整。

第 2 章 传动装置的总体设计

2.1 拟定传动方案

传动装置总体设计的主要任务是拟定传动方案、选择电动机、确定传动装置的总传动比及分配各级传动比、计算传动装置的运动和动力参数,为各级传动零件设计及装配图设计做准备。

1. 拟定传动方案

机器通常由原动机(电动机、内燃机等)、传动装置和工作机三部分组成。传动装置位于原动机和工作机中间,将原动机的运动和动力传递给工作机。传动系统方案设计的优劣对机械的工作性能、工作可靠性、外廓尺寸、重量、制造成本、运转费用等均有一定程度的影响。因此,合理拟定传动方案是保证传动装置设计质量的基础。

传动系统方案设计可依据设计任务的具体要求、原始数据及工作条件,结合任务书中给出的传动系统参考方案,通过分析和比较,提出自己的传动系统设计方案(方案中必须包含任务书要求采用的传动形式);也可直接采用设计任务书中给出的传动系统参考方案。传动系统方案设计要同时满足这些要求往往是困难的,在进行传动系统方案设计时应统筹兼顾、保证重点。

传动方案一般由运动简图表示。图 2.1 所示是带式运输机的 4 种传动方案。方案(a)选用了 V 带传动和闭式齿轮传动,V 带传动布置于高速级,能发挥它的传动平稳、缓冲吸振和过载保护的优点,因此方案的结构尺寸较大;方案(b)结构紧凑,但由于蜗杆传动效率低,功率损耗大,不适宜用于长期连续运转的场合;方案(c)采用二级闭式齿轮传动,更能适应在繁重及恶劣的条件下长期工作,且使用维护方便;方案(d)适合布置在狭窄的通道(如矿井巷道)中工作,但加工圆锥齿轮比圆柱齿轮困难,成本也较高。这 4 种方案各有其特点,适用于不同的工作场合,因此设计时要根据工作条件和设计要求,综合比较,择优选定。

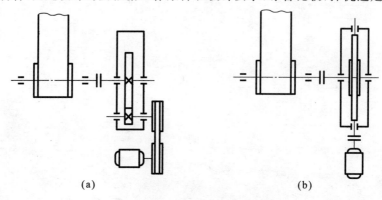

图 2.1 带式运输机的传动方案比较

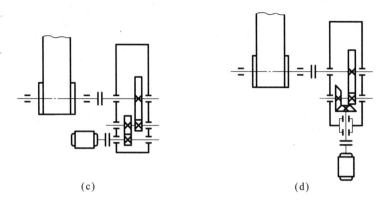

(c)　　　　(d)

图 2.1　带式运输机的传动方案比较(续)

2. 选择传动系统类型

合理地选择传动系统类型是拟定传动方案的重要环节。在机械传动装置中,由于减速器具有结构紧凑、传动效率高、传动准确可靠、使用维护方便等特点,故减速器应用甚广。表 2-1列出了几种常用减速器的类型、特点及应用。

表 2-1　常用减速器的类型、特点及应用

名称		传动简图	推荐传动比	特点及应用
单级圆柱齿轮减速器			$i \leqslant 6$	轮齿可做成直齿或斜齿。直齿轮用于速度较低($v \leqslant 8$m/s)、载荷较轻的传动;斜齿轮用于速度较高的传动,箱体通常用铸铁做成,单件或小批量生产有时采用焊接结构。轴承一般采用滚动轴承
两级圆柱齿轮减速器	展开式		$i = i_1 i_2$ $i = 8 \sim 40$	其结构简单,但齿轮的位置不对称。高速级齿轮布置在远离转矩输入端,可使轴在转矩作用下产生的扭转变形和轴在弯矩作用下产生的弯曲变形部分互相抵消,以减缓沿齿宽载荷分布不均匀的现象
	同轴式			减速器横向尺寸较小,两对齿轮浸入油中深度大致相同,但轴向尺寸和重量较大,且中间轴较长、刚度差,使载荷沿齿宽分布不均匀,高速级齿轮的承载能力难以充分利用
单级圆锥齿轮减速器			$i \leqslant 3$	轮齿可做成直齿、斜齿或曲线齿,它可用于两轴垂直相交的传动中,也可用于两轴垂直相错的传动中。由于制造安装复杂、成本高,所以仅在传动布置需要时才采用

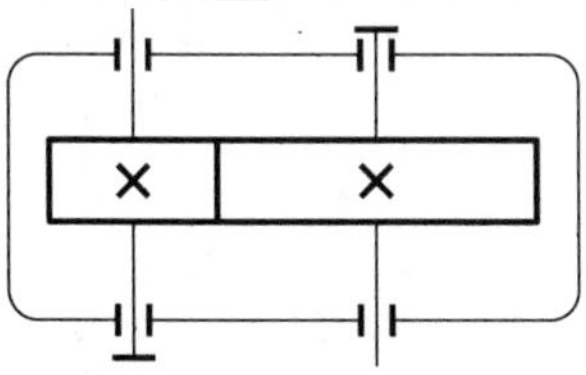

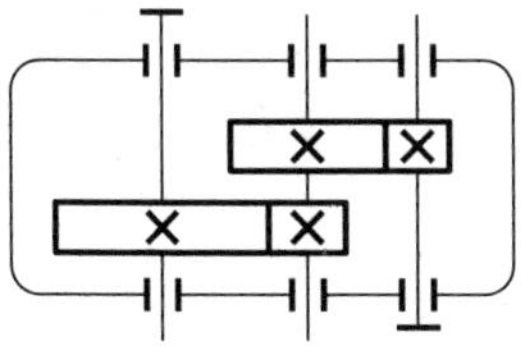

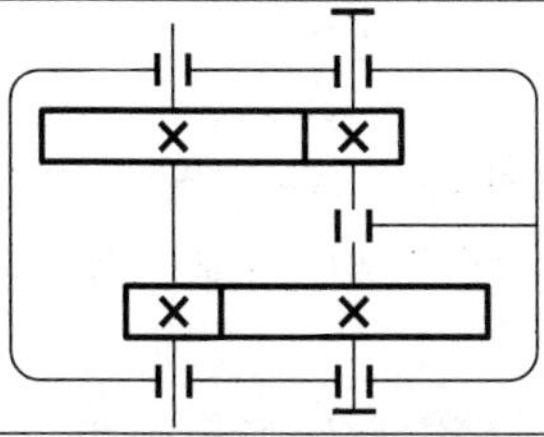

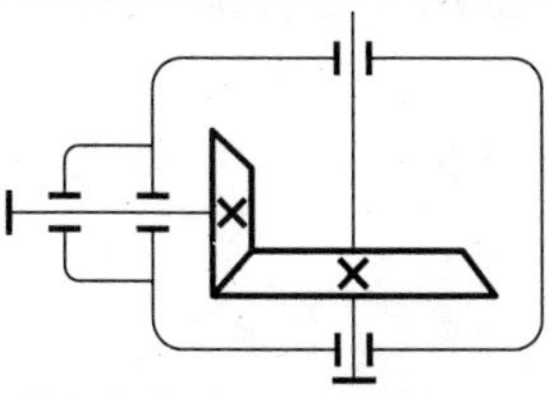

(续)

名称	传动简图	推荐传动比	特点及应用
两级圆锥—圆柱齿轮减速器		$i=i_1 i_2$ 若高速级采用直齿圆锥齿轮，则 $i=8\sim22$ 若高速级采用斜齿或曲线齿圆锥齿轮，则 $i=8\sim40$	其特点同单级圆锥齿轮减速器。圆锥齿轮应布置在高速级，以使圆锥齿轮尺寸不致太大，否则加工困难
单级蜗杆减速器 蜗杆下置式		$i=10\sim80$	蜗杆在蜗轮下方，啮合处的冷却和润滑都较好，蜗杆轴承润滑也方便，但当蜗杆圆周速度高时，搅油损失大。蜗杆圆周速度 $v\leqslant4\sim5$m/s 时用蜗杆下置式
单级蜗杆减速器 蜗杆上置式			蜗杆在蜗轮上方，蜗杆的圆周速度可高些，但蜗杆轴承润滑不太方便。蜗杆圆周速度 $v>4\sim5$m/s 时用蜗杆上置式

注：推荐传动比为减速器的总传动比 i；式中，i_1 表示高速级传动比，i_2 表示低速级传动比。

选择传动机构类型时，要充分考虑各类传动的特点，如圆柱齿轮传动因效率高、结构尺寸小，应优先采用；当输入轴和输出轴有一定角度要求时，可采用圆锥—圆柱齿轮传动；传动比大时，可采用蜗杆传动。

传动机构类型选择的一般原则如下。

(1) 传递大功率时，应优先选用传动效率高的传动机械，以降低能耗、减少运行成本，如齿轮传动。

(2) 传递小功率时，宜选用结构简单、价格便宜、标准化程度高的传动机构。

(3) 载荷多变及工作中可能出现过载时，应选用具有过载保护功能的传动机构，如带传动，采用弹性联轴器或其他过载保护装置。

(4) 工作温度较高、潮湿、多粉尘、易爆、易燃场合，宜选用链传动、闭式齿轮或蜗杆传动，不能选用摩擦传动，以防止静电引起火灾。

(5) 要求两轴保持准确的传动比时，应选用齿轮或蜗杆传动。

3. 多级传动的合理布置

在多级传动中，各类传动机构的布置顺序不仅影响传动的平稳性和传动效率，而且对整个传动装置的结构尺寸也有很大影响。常用多级传动布置的一般原则如下。

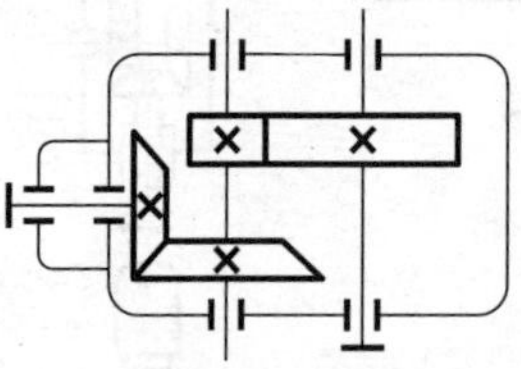

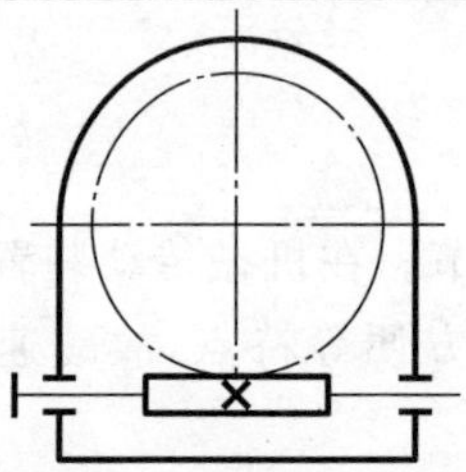

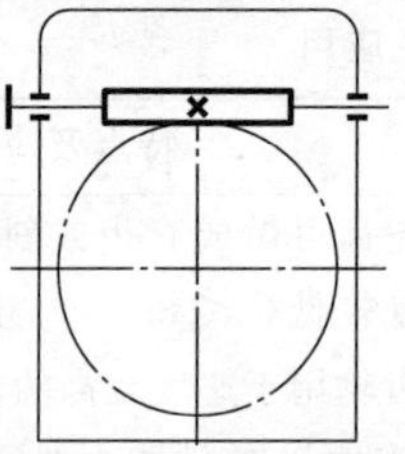

(1) 带传动应布置在高速级,链传动、开式齿轮传动则应布置在低速级。
(2) 斜齿轮传动应布置在高速级,直齿轮传动则应布置在低速级。
(3) 圆锥齿轮若尺寸过大会使加工困难,锥齿轮传动应布置在高速级,并限制其传动比。
(4) 蜗杆传动与齿轮传动组成多级传动时,一般情况下蜗杆传动应布置在高速级,齿轮传动则布置在低速级。

2.2 选择电动机

选择电动机,主要是根据工作机的工作情况以及运动和动力参数选择电动机的类型、结构形式、功率和转速,确定所用的电动机型号。

1. 选择电动机的类型和结构形式

工业上一般选用 Y 系列三相交流异步电动机。常用 Y 系列笼型三相异步电动机。这类电动机属于一般用途的全封闭自扇冷式电动机,其结构简单、工作可靠、启动性能好、价格低廉、维护方便。适用于非易燃、非易爆、无腐蚀性和无特殊要求的机械上,如金属切削机床、运输机、风帆、搅拌机、农业机械、食品机械等;也适用于某些对启动转矩有较高要求的机械,如压缩机等。

需要经常启动、制动和反转的机械设备(如起重、提升机械设备等),要求电动机具有较小的转动惯量和较大的过载能力,宜选 YZ(笼型)和 YZR(绕线型)系列异步电动机。

同一系列的电动机有不同的防护及安装形式,可根据具体要求选用。常用 Y 系列三相异步电动机的技术数据、外形和安装尺寸见第 17 章。

2. 选择电动机的容量

选择电动机容量,就是确定电动机的功率。电动机的容量(功率)选择是否合适,对电动机的工作和经济性都有影响。容量小于工作要求,则不能保证工作机的正常工作,或使电动机因长期超载运行而过早损坏;容量选得过大,则电动机的价格高,传动能力又不能充分利用,而且由于电动机经常在轻载下运转,其效率和功率因数都较低,从而造成能源的浪费。

对于载荷比较稳定、长期运转的机械(如运输机等),通常按照电动机的额定功率选择,而不必校核电动机的发热和启动转矩。

(1) 工作机所需功率 P_w。

工作机所需功率 P_w 应由工作机的工作阻力和运动参数(线速度或转速)计算求得。在课程设计中,可按设计任务书给定的工作机参数计算,公式如下:

$$P_w = \frac{T n_w}{9550} (\text{kW}) \qquad (2\text{-}1)$$

$$P_w = \frac{F v}{1000} (\text{kW}) \qquad (2\text{-}2)$$

式中:F——工作机的工作阻力,N;

v——工作机的线速度,如运输机输送带的线速度,m/s;

T——工作机的阻力矩,N·m;

n——工作机的转速，如运输机滚筒的转速，r/min。

运输带速度 v 与卷筒直径 D(mm)、卷筒转速 n_w 的关系为：

$$v=\frac{\pi D n_w}{60\times1000}(\mathrm{m/s}) \tag{2-3}$$

(2) 电动机所需功率 P_d。

考虑传动装置的功率损失，电动机的输出功率为：

$$P_d=\frac{P_w}{\eta} \tag{2-4}$$

式中：η——从电动机至工作机主动轴之间的总效率，即：

$$\eta=\eta_1\eta_2\cdots\eta_n \tag{2-5}$$

式中：η_1、η_2、…、η_n——传动系统中每一个传动副、每一个联轴器及每一对轴承的效率，其值可由表 2-2 中查取。

表 2-2 常用机械传动的效率简表

<table>
<tr><th colspan="2">类别</th><th>传动效率 η</th><th colspan="2">类别</th><th>传动效率 η</th></tr>
<tr><td rowspan="6">齿轮传动</td><td rowspan="3">圆柱齿轮</td><td rowspan="2">闭式：0.96～0.98（7～9 级精度）</td><td rowspan="2">带传动</td><td>平带</td><td>0.95～0.98</td></tr>
<tr><td>V 带</td><td>0.94～0.97</td></tr>
<tr><td>开式：0.94～0.96</td><td colspan="2" rowspan="2">滚子链传动</td><td>闭式：0.94～0.97</td></tr>
<tr><td rowspan="3">圆锥齿轮</td><td rowspan="2">闭式：0.94～0.97（7～8 级精度）</td><td>开式：0.90～0.93</td></tr>
<tr><td rowspan="3">轴承一对</td><td rowspan="2">滑动轴承</td><td>润滑不良 0.94～0.97</td></tr>
<tr><td>开式：0.92～0.95</td><td>润滑良好 0.97～0.99</td></tr>
<tr><td rowspan="4">蜗杆传动</td><td>自锁</td><td>0.40～0.45</td><td>滚动轴承</td><td>0.98～0.995</td></tr>
<tr><td>单头</td><td>0.70～0.75</td><td rowspan="3">联轴器</td><td>弹性联轴器</td><td>0.99～0.995</td></tr>
<tr><td>双头</td><td>0.75～0.82</td><td>齿式联轴器</td><td>0.99</td></tr>
<tr><td>三头和四头</td><td>0.80～0.92</td><td>十字沟槽联轴器</td><td>0.97～0.99</td></tr>
</table>

其他运行状态下电动机容量的选择方法可参阅有关电力传动（电力拖动）和选择电动机的资料。计算总效率时应注意以下几点。

① 资料中查出的效率数值为一范围时，加工作条件差、加工精度低、用润滑脂润滑或维护不良时则应取低值，反之可取高值，一般可取中间值。

② 轴承效率是指一对轴承的效率。

③ 当动力经过每一个运动副时，都会产生功率损耗，故计算效率时应逐一计入。

(3) 确定电动机的额定功率 P_{ed}。

根据计算出的电动机所需功率 P_d 可选电动机的额定功率 P_{ed}，应使 P_{ed} 等于或大于 P_d。

3. 选择电动机的转速

除了选择合适的电动机系列和容量外，还要选择适当的电动机转速，以便确定满足工作机要求的电动机型号。容量相同的同类型电动机，有几种不同的转速可供设计者选择，如三相异步电动机的同步转速，一般有 3000r/min(2 极)、1500r/min (4 极)，1000r/min (6 极)及

750r/min(8极)共4种。电动机同步转速愈高,磁极对数愈少,其重量愈轻、外廓尺寸愈小、价格愈低;但是电动机转速与工作机转速相差过多势必使总传动比加大,致使传动装置的外廓尺寸和重量增加,价格提高。而选用较低转速的电动机时,情况正好相反,即传动装置的外廓尺寸和重量减小,而电动机的尺寸和重量增大,价格提高。因此确定电动机转速时,应进行分析比较,权衡利弊,选择合适的电动机转速。

设计中常选用同步转速为1500r/min或1000r/min两种电动机,如无特殊要求,一般不选用750r/min和3000r/min的电动机。

设计计算传动装置时,通常用工作机所需电动机功率进行计算,而不用电动机的额定功率P_{ed}。只有当有些通用设备为留有储备能力以备发展,或为适应不同工作的需要,要求传动装置具有较大的通用性和适应性时,才按额定功率P_{ed}来设计传动装置。传动装置的输入转速可按电动机额定功率时的转速,即满载转速计算,这一转速与实际工作转速相差不大。

4. 确定电动机型号

根据选定的电动机类型、结构形式、功率和转速,由表17-1、表17-2查出电动机型号及额定功率、满载转速、外形和安装尺寸(如中心高、轴伸及键连接尺寸、机座尺寸)等参数的数据,并列表记录备用(参看第13页例题)。

2.3 确定传动装置的总传动比及其分配

1. 计算总传动比

由电动机的满载转速n_m和工作机主动轴的转速n_w可确定传动装置的总传动比为:

$$i=\frac{n_m}{n_w} \tag{2-6}$$

传动装置总传动比是各级传动比的连乘积,即:

$$i=i_1 i_2 \cdots i_n \tag{2-7}$$

设计多级传动装置时,需将总传动比分配到各级传动机构。

2. 合理分配各级传动比

各级传动比如何取值是设计中的一个重要问题。分配传动比时通常应考虑以下几个方面。

(1) 各级传动机构的传动比应在推荐值范围之内,不应超过最大值,以利发挥其性能,并使结构紧凑,表2-3列出了常用机械传动的单级传动比推荐值。

(2) 应使各级传动机构的结构尺寸协调、均匀。例如,由V带传动和齿轮传动组成的传动装置,V带传动的传动比不能过大,否则会使大带轮的半径超过减速器的中心高,造成尺寸不协调,并给机座设计和安装带来困难。

(3) 应使传动装置外形轮廓尺寸紧凑、重量轻。如图2.2所示的两级圆柱齿轮减速器,在传动比和中心距相同的条件下,方案(b)具有较小的外形尺寸。

(4) 在减速器设计中常使各级大齿轮直径相近,以使大齿轮有相近的浸油深度,如图 2.2(b)所示。高、低速两级大齿轮直径相近,且低速级大齿轮直径稍大,其浸油深度也稍深一些,这样有利于浸油润滑。

(5) 应避免传动零件之间发生干涉碰撞。例如,当高速级传动比过大时就可能产生高速级大齿轮与低速轴发生干涉,如图 2.3 所示。

表 2-3 常用机械传动的单级传动比推荐值

类型	平带传动	V带传动	圆柱齿轮传动	圆锥齿轮传动	蜗杆传动	链传动
推荐值	2~4	2~4	3~6	直齿 2~3	10~40	2~5
最大值	5	7	10	直齿 6	80	7

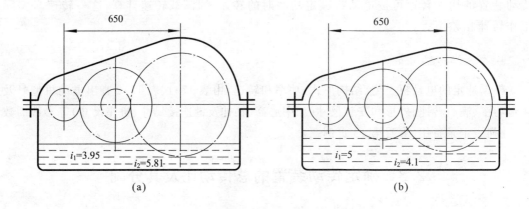

图 2.2 两级圆柱齿轮减速器的传动比分配

设计两级以上的减速器时,合理分配各级传动比是非常重要的。各类标准减速器的传动比皆有规定,这里推荐一些传动比的分配方法,供设计非标准减速器时参考。

(1) 对于两级卧式圆柱齿轮减速器,为使两级大齿轮有相近的浸油深度,高速级传动比 i_1 和低速级传动比 i_2 可按下列方法分配。

展开式和分流式:$i_1=(1.1\sim 1.5)i_2$

同轴式:$i_1=i_2$

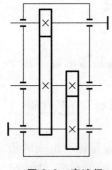

图 2.3 高速级大齿轮与低速轴生成干涉

(2) 对于圆锥—圆柱齿轮减速器,为使大圆锥齿轮直径不致过大,高速级圆锥齿轮传动比可取 $i_2=0.25i$,且 $i_1\leqslant 3$,此处 i 为减速器总传动比。

(3) 对于齿轮—蜗杆减速器,常取低速级圆柱齿轮传动比 $i_2=(0.03\sim 0.06)i$,这里 i 为减速器总传动比。

传动比分配时要考虑各方面要求和限制条件,可以有不同的分配方法,常需拟订多种分配方案进行比较。

以上分配的各级传动比只是初始值,待有关传动零件参数确定后,再验算传动装置的实际传动比是否符合设计任务书的要求。如果设计要求中没有特别规定工作机转速或速度的误差范围,则一般传动装置的传动比允许误差可按±(3~5)%考虑。

2.4　计算传动装置的运动和动力参数

为了进行传动零件的设计计算，需计算传动装置各轴的转速、功率和转矩。计算时可先将各轴从高速轴至低速轴依次编号，如Ⅰ轴、Ⅱ轴、Ⅲ轴……，再按顺序逐级计算。

当已知电动机额定功率 P_{ed}、满载转速 n_m、各级传动比及传动效率后，即可计算各轴的转速、功率和转矩。

1. 各轴转速 n(r/min)

图 2.4 所示传动装置中各轴转速为：

$$\left.\begin{aligned} n_{\mathrm{I}} &= n_m \\ n_{\mathrm{II}} &= \frac{n_{\mathrm{I}}}{i_1} = \frac{n_m}{i_1} \\ n_{\mathrm{III}} &= \frac{n_{\mathrm{II}}}{i_2} = \frac{n_m}{i_1 \cdot i_2} \end{aligned}\right\} \tag{2-8}$$

式中　i_1、i_2——相邻两轴间的传动比，这里分别表示高速级和低速级的传动比。

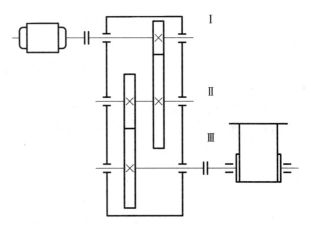

图 2.4　带式运输机的传动装置简图

2. 各轴输入功率 P (kW)

各轴输入功率分别为：

$$\left.\begin{aligned} P_{\mathrm{I}} &= P_{ed} \cdot \eta_{01} \\ P_{\mathrm{II}} &= P_{\mathrm{I}} \cdot \eta_{12} = P_{ed} \cdot \eta_{01} \cdot \eta_{12} \\ P_{\mathrm{III}} &= P_{\mathrm{II}} \cdot \eta_{23} = P_{ed} \cdot \eta_{01} \cdot \eta_{12} \cdot \eta_{23} \end{aligned}\right\} \tag{2-9}$$

式中　η_{01}——电机与Ⅰ轴之间联轴器的效率；

η_{12}——高速级传动的效率，包括高速级齿轮副和Ⅰ轴上的一对轴承的效率；

η_{23}——低速级传动的效率，包括低速级齿轮副和Ⅱ轴上的一对轴承的效率。

应注意：在计算各轴功率时，对于通用机器常以电动机额定功率 P_{ed} 作为设计功率；对于专业机器(或用于指定工况的机器)，则常用电动机的输出功率 P_d(根据工作机的需要确定的功率)作为设计功率。

3. 各轴输入转矩 T(N・m)

图 2.4 所示传动装置中各轴转矩为：

$$\left.\begin{aligned} T_{\mathrm{I}} &= 9550\frac{P_{\mathrm{I}}}{n_{\mathrm{I}}} \\ T_{\mathrm{II}} &= 9550\frac{P_{\mathrm{II}}}{n_{\mathrm{II}}} \\ T_{\mathrm{III}} &= 9550\frac{P_{\mathrm{III}}}{n_{\mathrm{III}}} \end{aligned}\right\} \tag{2-10}$$

将以上计算结果整理后列于表 2-4 中，供以后设计计算时使用。

表 2-4 计算结果整理表

项目	电动机轴	高速轴Ⅰ	中间轴Ⅱ	低速轴Ⅲ
转速(r/min)				
功率(kW)				
转矩(N·m)				
传动比				
效率				

2.5 设计计算举例

例 2.1 设计一带式输送机的传动装置,传动装置的运动简图如图 2.5 所示。已知输送带的卷筒的有效拉力 $F=2000\text{N}$,输送带速度 $v=1.4\text{m/s}$,卷筒直径 $D=400\text{mm}$,输送机在常温下连续工作,载荷平稳,工作环境轻度粉尘,无其他特殊要求,现场有三相交流电源。要求对该带式输送机传动装置进行总体设计。

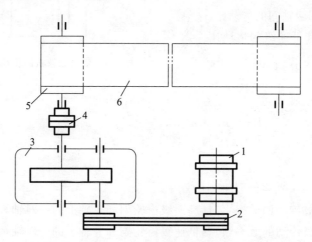

1—电动机 2—带传动 3—减速器 4—联轴器 5—滚筒 6—传送带

图 2.5 传动装置的运动简图

(1)选择电动机。

① 电动机类型的选择。

按工作要求和工作条件,选用一般用途的 Y 系列全封闭自扇冷式笼型三相异步电动机。

② 选择电动机容量。

按式(2-2)得出工作机所需功率为:

$$P_w = \frac{Fv}{1000} = \frac{2000 \times 1.4}{1000} = 2.8 \text{ (kW)}$$

传动装置的总效率为:

$$\eta = \eta_1 \eta_2^2 \eta_3 \eta_4 \eta_5$$

按表 2-2 确定各部分的效率为:V 带传动效率 $\eta_1=0.96$;滚动轴承(每一对)效率 $\eta_2=$

0.99；圆柱齿轮传动效率 $\eta_3=0.97$；弹性联轴器效率 $\eta_4=0.99$；卷筒轴滑动轴承效率 $\eta_5=0.96$。则：

$$\eta=0.96\times0.99^2\times0.97\times0.99\times0.96\approx0.867$$

按式(2-4)得出电动机所需功率为：

$$P_\mathrm{d}=\frac{P_\mathrm{w}}{\eta}=\frac{2.8}{0.867}\approx3.23\ (\mathrm{kW})$$

因载荷平稳，电动机的额定功率 P_ed 大于 P_d 即可，由表 17-1 选 Y132M1—6 型电动机，额定功率为 4 kW。

③ 确定电动机的转速。

输送机卷筒的转速为：

$$n_\mathrm{w}=\frac{60\times1000v}{\pi D}=\frac{60\times1000\times1.4}{\pi\times400}\approx66.87(\mathrm{r/min})$$

一般选用同步转速为 1000r/min 或 1500r/min 的电动机作为原动机。

通常，V 带传动常用传动比范围 $i_1=2\sim4$，单级圆柱齿轮传动比范围 $i_2=3\sim5$，则电动机转速可选范围为：

$$n'_\mathrm{d}=n_\mathrm{w}i'_1i'_2=(2\times3\sim4\times5)\times66.87=401.22\sim1337.4(\mathrm{r/min})$$

符合这一同步转速的范围有 750r/min、1000r/min、1500r/min。根据前述若选用 750r/min 同步转速的电动机，则电动机重量大、价格昂贵；1000r/min、1500r/min 的电动机，从其重量、价格以及传动比等考虑，选用 Y132M1—6 型电动机。电动机主要性能参数、尺寸见表 2-5。

表 2-5 电动机主要性能参数、尺寸

电动机型号	额定功率 (kW)	电动机满载转速 (r/min)	轴径(mm)	启动转矩/ 额定转矩	最大转矩/额定转矩
Y132M1—6	4	960	24	2.0	2.0

(2) 计算传动装置的总传动比及分配各级传动比。

① 传动装置的总传动比。

由前面计算得输送机卷筒的转速 $n_\mathrm{w}\approx66.87\mathrm{r/min}$，则总传动比为：

$$i_{总}=\frac{n_\mathrm{m}}{n_\mathrm{w}}\approx\frac{960}{66.87}=14.356$$

② 分配各级传动比。

根据表 2-3 推荐传动比的范围，选取 V 带传动的传动比 $i_1=3$，则一级圆柱齿轮减速器的传动比为：

$$i_2=\frac{i_{总}}{i_1}=\frac{14.356}{3}\approx4.785$$

(3) 计算传动装置的运动参数和动力参数。

0 轴——电动机轴：

$$P_0=P_\mathrm{d}=3.23(\mathrm{kW})$$

$$n_0=n_\mathrm{m}=960(\mathrm{r/min})$$

$$T_0=9550\frac{P_0}{n_0}\approx32.13(\mathrm{N\cdot m})$$

1 轴——高速轴：

$$P_1 = P_0 \eta_{01} = 3.23 \times 0.96 \approx 3.1(\text{kW})$$

$$n_1 = \frac{n_0}{i_1} = 320(\text{r/min})$$

$$T_0 = 9550\frac{P_1}{n_1} = 9550\frac{3.1}{320} \approx 92.52(\text{N} \cdot \text{m})$$

2 轴——低速轴：

$$P_2 = P_1 \eta_{12} = P_1 \eta_2 \eta_3 = 3.1 \times 0.99 \times 0.97 \approx 2.98(\text{kW})$$

$$n_2 = \frac{n_1}{i_2} = \frac{320}{4.785} \approx 66.87(\text{r/min})$$

$$T_2 = 9550\frac{P_2}{n_2} = 9550\frac{2.96}{66.87} \approx 425.59(\text{N} \cdot \text{m})$$

3 轴——卷筒轴：

$$P_3 = P_2 \eta_{23} = P_2 \eta_4 \eta_5 = 2.98 \times 0.99 \times 0.96 \approx 2.83(\text{kW})$$

$$n_3 = n_w = 66.87(\text{r/min})$$

$$T_3 = 9550\frac{P_3}{n_3} = 9550\frac{2.98}{66.87} \approx 404.16(\text{N} \cdot \text{m})$$

将计算的运动参数和动力参数列于表 2-6 中。

表 2-6　计算所得运动参数和动力参数

<table>
<tr><th>参数 \ 轴名</th><th>0 轴</th><th>1 轴</th><th>2 轴</th><th>3 轴</th></tr>
<tr><td>转速(r/min)</td><td>960</td><td>320</td><td>66.87</td><td>66.87</td></tr>
<tr><td>输入功率(kW)</td><td>3.23</td><td>3.1</td><td>2.98</td><td>2.83</td></tr>
<tr><td>输入转矩(N·m)</td><td>32.13</td><td>92.52</td><td>425.59</td><td>404.16</td></tr>
<tr><td>传动比</td><td colspan="2">3</td><td colspan="2">4.785</td></tr>
<tr><td>效率</td><td colspan="4">0.96　|　0.99　|　0.97　|　0.99　|　0.96</td></tr>
</table>

第 3 章　传动零件的设计计算

传动零件作为减速器的核心部件,它直接决定装置的传动性能和结构尺寸,因此,在装配图设计之前应先设计传动零件。若传动装置中除减速器外还有其他传动零件时,为了使减速器设计的原始数据比较准确,通常应先设计减速器外部的传动零件。

本章主要提出各种传动零件的设计要点,具体计算过程可参考相关教材。另外,本章中通过例题详细说明带轮和斜齿圆柱齿轮的设计计算过程,最后还列举了带轮、齿轮等零件结构设计的参考数据。

3.1　减速器外传动零件的设计

减速器外传动零件通常采用 V 带传动、链传动和开式齿轮传动等,下面逐一说明设计中需要注意的要点。

1. V 带传动

V 带传动设计所需的已知条件包括原动机种类、所需传递功率、主动轮和从动轮的转速(或传动比)、工作要求、外廓尺寸和传动位置的要求等。

V 带传动由计算确定的参数包括带的型号、带轮的基准直径、基准长度、中心距、小带轮包角、带的根数、压轴力、带轮材料及结构尺寸等。

设计过程中应注意以下问题。

(1) 对于安装在减速器或电动机轴上的带轮外径应与减速器、电动机中心高相协调,避免与机座或其他零、部件发生碰撞;如果不相适应,则应考虑重新选择带轮直径。

(2) 带轮轮毂内孔直径应与相配的轴径相适应。

(3) 轮毂的长度 L 一般可参照经验公式确定。例如,带轮安装在电动机轴上,则轮毂的长度应按电动机的轴伸长度来确定。

2. 链传动

链传动设计所需的已知条件包括载荷特性、工作情况、传递功率、主动轮和从动轮的转速、外廓尺寸、传动布置方式以及润滑条件等。

滚子链传动由计算确定的参数包括链的型号、链节数、排数、链轮齿数、中心距、链轮直径、压轴力和结构尺寸等。

设计时需要注意以下问题。

(1) 在保证强度足够的前提下,尽量选取较小的链节距。

(2) 当采用单排链使传动尺寸过大时,可改用双排或多排链。

(3) 大、小链轮的齿数最好为奇数或不能整除链节数,一般限定 $z_{min} \leqslant 17$,而 $z_{max} \leqslant 120$。

(4) 为避免使用过渡链节,链节数最好为偶数。

(5) 设计时应检查链轮直径尺寸、轴孔尺寸、轮毂孔尺寸等是否与减速器、工作机的其他零件相适应。

(6) 设计中还要考虑润滑和链轮的布置。

3. 开式齿轮传动

开式齿轮传动设计所需的已知条件包括传递功率、转速、传动比、工作条件和尺寸限制等。

设计内容包括材料选择、齿轮传动参数的确定(如齿数、模数、螺旋角、变位系数、中心距、齿宽等)、齿轮几何尺寸和结构、作用在轴上力的大小和方向。

设计过程中需注意以下问题。

(1) 一般用于低速传动,为使支撑结构简单,常选用直齿。

(2) 当开式齿轮传动为悬臂布置时,其轴的刚度较小,故齿宽系数宜取得小些,以减轻齿轮偏载的程度。

(3) 开式齿轮传动一般只需按齿根弯曲疲劳强度进行计算,但考虑到磨损对轮齿强度的影响,应将按强度计算出的模数增大 10%～20%。

(4) 由于润滑及密封条件差、灰尘大,所以要注意材料配对的选择,使之具有良好的减摩耐磨性能。

(5) 尺寸参数确定后,应检查传动的外廓尺寸,如果与其他零件发生干涉或碰撞,则应改参数重新计算。

3.2 减速器内传动零件的设计

减速器内传动零件包括圆柱齿轮、锥齿轮和蜗轮、蜗杆等。在减速器外部传动件设计完成后,可进行减速器内部传动零件的设计计算。

1. 圆柱齿轮传动

圆柱齿轮传动设计所需的已知条件、设计内容与开式齿轮传动设计基本相同,其具体过程可参考相关教材。

圆柱齿轮传动设计中应注意以下问题。

(1) 齿轮材料及热处理方法。当齿轮的直径 d_a≤400～500mm 时,一般应选择锻造毛坯;当 d_a>400～500mm 时,因受到锻造设备能力的限制,故多采用铸造毛坯。当齿轮直径与轴的直径相差不大时,应将齿轮和轴做成一体,选择齿轮材料时要兼顾轴的要求。同一减速器内各级大小齿轮的材料最好对应相同,以减少材料牌号和简化工艺要求。

(2) 齿轮传动的几何参数和尺寸。齿轮传动的几何参数和尺寸应分别进行标准化、圆整或计算其精确值。如模数必须标准化,中心距应尽量圆整;分度圆、齿顶圆和齿根圆直径、螺旋角、变位系数等啮合尺寸必须计算其精确值。要求长度尺寸精确到小数点后 2～3 位(单位为 mm),角度精确到秒。为了便于制造和测量,中心距尽量圆整或尾数为 0 或 5。对于直齿圆柱齿轮传动可以通过调整模数 m 和齿数 z,或角变位来达到;对斜齿圆柱齿轮传动还可通过调整螺旋角 β 来实现中心距尾数圆整的要求。

(3) 齿轮的结构尺寸。齿轮的结构尺寸(如轮毂直径和长度、轮辐的厚度和孔径、轮缘长度和内径等)都应按设计资料给定的经验公式计算后进行圆整。

(4) 齿宽的确定。齿宽 B 应是一对齿轮的工作宽度,为易于补偿齿轮轴向位置误差,应使小齿轮宽度大于大齿轮宽度,若大齿轮宽度取 B,则小齿轮宽度取 $B_1 = B+(5\sim10)$mm。

2. 圆锥齿轮传动

圆锥齿轮传动设计中要注意以下问题。

(1) 直齿圆锥齿轮的锥距 R、分度圆直径 d(大端)等几何尺寸,应按大端模数和齿数精确计算至小数点后 3 位数值,不能圆整。

(2) 两轴交角为 90°时,分度圆锥角 δ_1 和 δ_2 可以由齿数比 $u=\dfrac{z_2}{z_1}$ 算出,其中小锥齿轮齿数 z_1 可取 17~25。u 值的计算应达到小数点后 4 位。δ 值的计算应精确到秒。

(3) 大、小圆锥齿轮的齿宽应相等,按齿宽系数 $\psi_R=\dfrac{b}{R}$ 计算出 b 的数值应圆整。

3. 蜗杆传动

蜗杆传动设计中需注意以下问题。

(1) 蜗杆副材料的选择一般是在初估滑动速度的基础上选择材料的。待蜗杆传动尺寸确定后,应校核滑动速度和传动效率,若与初估值有较大出入,则应重新修正计算,其中包括检查材料选择是否恰当。(初估滑动速度可由公式 $v_s=5.2\times10^{-4}n_2\sqrt[3]{T_2}$ m/s,其中,n_2 为蜗杆转速,r/min;T_2 为蜗轮轴转矩,N·m。)

(2) 为了便于加工,蜗杆和蜗轮的螺旋线方向应尽量取为右旋。

(3) 模数 m 和蜗杆分度圆直径 d_1 要符合标准规定。在确定 m、d_1、z_2 后,计算中心距应尽量圆整成整数为 0 或 5,为此常需将蜗杆传动做成变位传动,变位系数应在 $1\geqslant x\geqslant-1$ 之间,如果不符合,则应调整 d_1 值或改变蜗轮 1~2 个齿数。

(4) 蜗杆分度圆的圆周速度 $v\leqslant4\sim5$m/s 时,一般将蜗杆下置;$v>4\sim5$m/s 时,则将蜗杆上置。

3.3 联轴器的选择

减速器通常通过联轴器与电动机轴、工作机轴相联接。联轴器的选择包括联轴器类型和尺寸(或型号)等的合理选择。

联轴器类型应根据工作要求选定,具体原则如下。

(1) 联接电动机轴与减速器高速轴的联轴器,由于轴的转速较高,故一般应选用具有缓冲、吸振作用的弹性联轴器,如弹性套柱销联轴器、弹性柱销联轴器等。

(2) 减速器低速轴与工作机轴联接用的联轴器,由于转速较低,传递的力矩大,且减速器轴与工作机轴之间往往有较大的轴线偏移,故常常选用刚性可移式联轴器,如滚子链联轴器、齿式联轴器等。

(3) 对于中小型减速器,其输出轴与工作机轴的轴线偏移不很大时,也可选用弹性柱销联轴器这类可移式联轴器。

(4) 所选联轴器孔径的范围应与被连接两轴的直径相适应。应注意减速器高速轴外伸端轴径与电动机的轴径不能相差很大,否则难以选择合适的联轴器。电动机选定后,其轴径是一定的,应注意调整高速轴外伸端的直径。

3.4 设计计算示例

下面以 V 带传动和斜齿圆柱齿轮传动为例详细说明传动零件的设计过程。

1. V 带传动设计计算示例

已知条件:

传递功率 $P=22\mathrm{kW}$、主动轮转速 $n_1=970\mathrm{r/min}$、减速比 $i=3.2$、三班工作制、传动比误差小于 3%。

课程设计说明(V 带传动设计)可参照表 3-1 格式:

表 3-1 V 带传动的设计计算

设计项目	设计计算过程	设计结果
1. 确定计算功率 P_{ca}	由参考文献[15]表 8-7 查得 $K_A=1.3$,故: $P_{ca}=K_A P=1.3\times 22=28.6(\mathrm{kW})$	$P_{ca}=28.6(\mathrm{kW})$
2. 确定 V 带的截型	根据 P_{ca} 及 n_1 查参考文献[15]图 8-10 确定选用 C 形带	选用 C 形带
3. 确定带轮基准直径 d_{d1}、d_{d2}	(1) 由参考文献[15]表 8-6 和表 8-8 查得 d_{d1}。 (2) 验算带速 v 为: $v=\dfrac{\pi d_{d1} n_1}{60\times 1000}=\dfrac{\pi\times 200\times 970}{60\times 1000}\approx 10.16(\mathrm{m/s})$ (3) 计算大带轮直径 d_{d2} 为: $d_{d2}=id_{d1}=3.2\times 200=640(\mathrm{mm})$ (4) 实际传动比为: $i'=\dfrac{630}{200}=3.15$ 传动比误差为: $\Delta i=\dfrac{3.2-3.15}{3.2}\times 100\%=1.56\%$	取 $d_{d1}=200\mathrm{mm}$ $v\approx 10.16\mathrm{m/s}<25\mathrm{m/s}$ 查参考文献[15]表 8-8 取 $d_{d2}=630\mathrm{mm}$ $\Delta i<2\%$,满足要求
4. 确定带长 L_d 及中心距 a	(1) 初取中心距 a_0。 由估算公式参考文献[15]公式(8-20)得: $0.7(d_{d1}+d_{d2})\leqslant a_0\leqslant 2(d_{d1}+d_{d2})$ 得 $581\leqslant a_0\leqslant 1660$,取 $a_0=1000\mathrm{mm}$ (2) 确定带长 L_d。 由计算公式参考文献[15]公式(8-22)得: $L_{d0}=2a_0+\dfrac{\pi}{2}(d_{d1}+d_{d2})+\dfrac{(d_{d2}-d_{d1})^2}{4a_0}$ $L_{d0}=2\times 1000+\dfrac{\pi}{2}(200+630)+\dfrac{(630-200)^2}{4\times 1000}\approx 3350\mathrm{mm}$	$a_0=1000\mathrm{mm}$ 查参考文献[15]表 8-2 取 $L_{d0}=3550\mathrm{mm}$

（续）

设计项目	设计计算过程	设计结果
4. 确定带长 L_d 及中心距 a	（3）计算实际中心距。 由计算公式参考文献[15]公式(8-23)得： $a = a_0 + \dfrac{L_d - L_{d0}}{2} = 1000 + \dfrac{3550 - 3350}{2} = 1100 \text{mm}$	$a = 1100 \text{mm}$
5. 验算包角 α_1	由计算公式参考文献[15](8-25)得： $\alpha_1 = 180° - \dfrac{d_{d2} - d_{d1}}{a} \times 57.3°$ $\alpha_1 = 180° - \dfrac{630 - 200}{1100} \times 57.3° = 157.6°$	$\alpha_1 > 120°$
6. 确定 V 带的根数	由计算公式参考文献[15](8-26)得： $z_1 = \dfrac{P_{ca}}{(P_1 + \Delta P_1)K_\alpha K_L}$ 查参考文献[15]表 8-4a 和表 8-4b 得： $P_1 = 4.63 \text{kW}, \Delta P_1 = 0.83 \text{kW}$ 查参考文献[15]表 8-5 得：$K_\alpha = 0.95$ 查参考文献[15]表 8-2 得：$K_L = 0.98$ 则 $z = \dfrac{28.6}{(4.63 + 0.83) \times 0.95 \times 0.98} = 5.62$	取 $z = 6$ 根
7. 确定初拉力 F_0	由计算公式参考文献[15]公式(8-27)得： $F_0 = 500 \dfrac{P_{ca}}{vz}(\dfrac{2.5}{K_\alpha} - 1) + qv^2$ 查参考文献[15]表 8-3 得：$q = 0.3 \text{kg/m}$ 则 $F_0 = 500 \times \dfrac{28.6}{10.16 \times 6}(\dfrac{2.5}{0.95} - 1) + 0.3 \times 10.16^2 = 413.7(\text{N})$	$F_0 = 413.7 \text{N}$
8. 计算压轴力	由计算公式参考文献[15]公式(8-28)得： $F_e = 2zF_0 \sin \dfrac{\alpha_1}{2} = 2 \times 6 \times 413.7 \times \sin \dfrac{157.6°}{2} = 4870(\text{N})$	$F_e = 4870 \text{N}$
9. V 带轮结构设计	略（参考 3.5 节传动零件的结构设计）	

2. 斜齿圆柱齿轮传动设计计算示例

已知条件：

传递功率 $P = 10.5 \text{kW}$、小齿轮转速 $n_1 = 1200 \text{r/min}$、减速比 $i = 4.62$、传动比误差小于 4%、预期寿命 5 年、每天工作两班、动力为电动机、单向运转、工作中有中等冲击、齿轮非对称布置、在整个工作使用期限内，工作时间大约占 25%。

课程设计说明（斜齿圆柱齿传动的设计）可参照表 3-2 格式。

表 3-2　斜齿圆柱齿轮传动的设计计算

设计项目	设计计算过程	设计结果
1. 选择齿材料、热处理及精度等级	(1) 小齿轮 45 钢调质,齿面平均硬度取 HBS260； 　　大齿轮 45 钢正火,齿面平均硬度取 HBS200 (2) 初估圆周速度 $v=3.5\text{m/s}$,选用 8 级精度	小齿轮 HBS260 大齿轮 HBS200 8 级精度
2. 参数选择	(1) 取小齿轮齿数：$z_1=26$ 　　大齿轮齿数：$z_2=iz_1=4.62\times26=120.12$ 　　圆整取：$z_2=120$ 　　齿数比：$u=\dfrac{z_2}{z_1}=\dfrac{120}{26}=4.615$ (2) 计算传动比误差为： 　　$\Delta i=\dfrac{4.615-4.62}{4.62}\times100\%=-0.11\%$ (3) 查参考文献[15]表 10-7 取齿宽系数 $\psi_d=1$(非对称布置)	$z_1=26$ $z_2=120$ $u=4.615$ 合格 $\psi_d=1$
3. 计算小齿轮转矩 T_1	$T_1=9.55\times10^6\dfrac{P}{n_1}=9.55\times10^6\times\dfrac{10.5}{1200}$ 　　$=8.34\times10^4(\text{N}\cdot\text{mm})$	$T_1=$ $8.34\times10^4(\text{N}\cdot\text{mm})$
4. 确定载荷系数	(1) 使用系数 K_A。 　　由已知条件查参考文献[15]表 10-2,取 $K_A=1.25$ (2) 动载系数 K_v。由 $\dfrac{zv}{100}=\dfrac{26\times3.5}{100}=0.91$ 　　查参考文献[15]图 10-8 取 $K_v=1.08$ (3) 齿向载荷分布系数 K_β。 　　由 $\psi_d=1$ 及已知条件查参考文献[15]表 10-4 和图 10-13,取 $K_\beta=1.14$ (4) 齿间载荷分布系数 K_α。 　　初取 $\beta=15°$,由计算公式得： 　　端面重合度 $\varepsilon_\alpha=[1.88-3.2(\dfrac{1}{z_1}+\dfrac{1}{z_1})]\cos\beta\approx1.67$ 　　纵向重合度 $\varepsilon_\beta=\dfrac{\psi_d z_1 \text{tg}\beta}{\pi}\approx2.22$ 　　总重合度 $\varepsilon_\gamma=\varepsilon_\alpha+\varepsilon_\beta=3.89$ 　　查参考文献[15]表 10-3 得 $K_\alpha=1.43$ (5) 载荷系数 $K=K_A K_v K_\beta K_\alpha=2.20$	$K_A=1.25$ $K_v=1.08$ $K_\beta=1.14$ $\varepsilon_\alpha\approx1.67$ $\varepsilon_\beta\approx2.22$ $\varepsilon_\gamma=3.89$ $K_\alpha=1.43$ $K=2.20$
5. 求总工作时间 t_h	$t_h=5\times300\times16\times25\%=6000\text{h}$	$t_h=6000\text{h}$
6. 按齿面接触疲劳强度设计(允许少量点蚀)	(1) 求许用接触应力。 　　由计算公式参考文献[15]公式(10-13),应力循环次数 N_{H1}、N_{H2} 分别为： 　　$N_{H1}=60\times1\times1200\times6000\approx4.32\times10^8$ 　　$N_{H2}=\dfrac{60\times1\times1200\times6000}{4.64}\approx9.31\times10^7$ 　　查参考文献[15]图 10-19,取寿命系数 $Z_{N1}=1.14$、$Z_{N2}=1.22$	 $N_{H1}\approx4.32\times10^8$ $N_{H2}\approx9.31\times10^7$ $Z_{N1}=1.14$ $Z_{N2}=1.22$

(续)

设计项目	设计计算过程	设计结果
6. 按齿面接触疲劳强度设计（允许少量点蚀）	查参考文献[15]图 10-21e，取接触疲劳极限： $\sigma_{\text{Hlim}1}=600\text{MPa}$、$\sigma_{\text{Hlim}2}=540\text{MPa}$ 参照参考文献[15]第 206 页内容取安全系数 $S_{\text{Hmin}1}=S_{\text{Hmin}2}=1$ 由计算式参考文献[15]公式(10-12)（普通齿轮）得： $[\sigma_H]_1 = \dfrac{\sigma_{\text{Hlim}1} Z_{N1}}{S_{\text{Hmin}1}} = \dfrac{600 \times 1.14}{1} = 684\text{MPa}$ $[\sigma_H]_2 = \dfrac{\sigma_{\text{Hlim}2} Z_{N2}}{S_{\text{Hmin}2}} = \dfrac{540 \times 1.22}{1} = 659\text{MPa}$ (2) 弹性系数 Z_E，查参考文献[15]表 10-6 得： $Z_E = 189.8\sqrt{\text{MPa}}$ (3) 节点区域系数 Z_H，查参考文献[15]图 10-30 按 $\beta=15°$ 取 $Z_H=2.42$ (4) 重合度系数，由于 $\varepsilon_\beta=2.2>1$，因此取 $\varepsilon_\beta=1$，计算公式得： $Z_\varepsilon = \sqrt{1/\varepsilon_\alpha} = \sqrt{1/1.67} \approx 0.77$ (5) 螺旋角系数 Z_β，由计算公式得： $Z_\beta = \sqrt{\cos\beta} = \sqrt{\cos 15°} = 0.98$ (6) 所需小齿轮直径 d_1，由计算公式得： $d_1 \geqslant \sqrt[3]{\dfrac{2KT_1}{\psi_d} \cdot \dfrac{u+1}{u} \left(\dfrac{Z_E Z_H Z_\varepsilon Z_\beta}{[\sigma_H]}\right)^2}$ $= \sqrt[3]{\dfrac{2\times 2.2\times 8.34\times 10^4}{1} \cdot \dfrac{4.615+1}{4.615}\left(\dfrac{189.8\times 2.42\times 0.77\times 0.98}{659}\right)^2}$ $\approx 49.80(\text{mm})$ (7) 验算圆周速度。 $v = \dfrac{\pi d_1 n_1}{60\times 1000} = \dfrac{\pi \times 49.80 \times 1200}{60\times 1000} \approx 3.13(\text{m/s})$ 与初估值接近，所以 d_1、K 不必修正	$\sigma_{\text{Hlim}1}=600\text{MPa}$ $\sigma_{\text{Hlim}2}=540\text{MPa}$ $S_{\text{Hmin}1}=S_{\text{Hmin}2}=1$ $[\sigma_H]_1=684\text{MPa}$ $[\sigma_H]_2=659\text{MPa}$ $Z_E=189.8\sqrt{\text{MPa}}$ $Z_H=2.42$ $Z_\varepsilon \approx 0.77$ $Z_\beta=0.98$ $d_1=49.80\text{mm}$
7. 确定传动的几何尺寸	(1) 确定中心距 a。 初估中心距为： $a_0 = \dfrac{d_1(1+u)}{2} = \dfrac{49.8\times(1+4.615)}{2} \approx 139.814(\text{mm})$ 圆整取 $a=150\text{mm}$ (2) 确定模数 m_n。 $m_n = \dfrac{2a\cos\beta}{z_1+z_2} = \dfrac{2\times 150\cos 15°}{26+120} \approx 1.986(\text{mm})$ 取 $m_n=2\text{mm}$ (3) 确定实际螺旋角 β。 $\beta = \arccos\dfrac{m_n(z_1+z_2)}{2a} = \arccos\dfrac{2\times(26+120)}{2\times 150} = 13°15'41''$ (4) 确定分度圆直径 d_1、d_2。 $d_1 = \dfrac{m_n z_1}{\cos\beta} = \dfrac{2\times 26}{\cos 13°15'41''} \approx 53.425(\text{mm})$ $d_2 = \dfrac{m_n z_2}{\cos\beta} = \dfrac{2\times 120}{\cos 13°15'41''} \approx 246.575(\text{mm})$	$a=150\text{mm}$ $m_n=2\text{mm}$ $\beta=13°15'41''$ 与初选螺旋角接近 $d_1\approx 53.425\text{mm}$ $d_2\approx 246.575\text{mm}$

（续）

设计项目	设计计算过程	设计结果
7. 确定传动的几何尺寸	(5) 确定齿宽 b。 $b=\psi_d d_1=1\times 53.425=53.425(\text{mm})$ 取小齿轮 $b_1=60\text{mm}$，大齿轮 $b_2=55\text{mm}$	$b_1=60\text{mm}$ $b_2=55\text{mm}$
8. 齿根弯曲疲劳强度校核	(1) 许用弯曲应力$[\sigma_F]_1$、$[\sigma_F]_2$。 由计算公式参考文献[15]公式(10-13)，应力循环次数 N_{F1}、N_{F2}分别为： $N_{F1}=60\times 1\times 1200\times 6000\approx 4.32\times 10^8$ $N_{F2}=\dfrac{60\times 1\times 1200\times 6000}{4.64}\approx 9.31\times 10^7$ 查参考文献[15]图 10-19，取寿命系数 $Y_{N1}=Y_{N2}=1$ 查参考文献[15]图 10-21e，取接触疲劳极限： $\sigma_{Flim\,1}=220\text{MPa}$、$\sigma_{Flim\,2}=200\text{MPa}$ 参照参考文献[15]第 206 页内容取安全系数 $S_{Fmin\,1}=S_{Fmin\,2}=1.4$ 由计算公式参考文献[15]公式(10-12)(普通齿轮)得 $[\sigma_F]_1=\dfrac{2\sigma_{Flim\,1}Y_{N1}}{S_{Fmin\,1}}=\dfrac{2\times 220\times 1}{1.4}\approx 314\text{MPa}$ $[\sigma_F]_2=\dfrac{2\sigma_{Flim\,2}Y_{N2}}{S_{Fmin\,2}}=\dfrac{2\times 200\times 1}{1.4}\approx 286\text{MPa}$ (2) 确定当量齿数 Z_{V1}、Z_{V2}。 $Z_{V1}=\dfrac{Z_1}{\cos^3\beta}=\dfrac{26}{\cos^3 13°15'41''}\approx 28.2$ $Z_{V2}=\dfrac{Z_2}{\cos^3\beta}=\dfrac{120}{\cos^3 13°15'41''}\approx 130$ (3) 确定齿形系数 Y_{Fa1}、Y_{Fa2}。 查参考文献[15]表 10-5 取：$Y_{Fa1}=2.55$、$Y_{Fa2}=1.81$ (4) 确定应力修正系数 Y_{Sa1}、Y_{Sa2}。 查参考文献[15]表 10-5 取：$Y_{Sa1}=1.61$、$Y_{Sa2}=1.81$ (5) 确定重合度系数 Y_ε，由计算公式得： $Y_\varepsilon=0.25+\dfrac{0.75}{\varepsilon_\alpha}=0.25+\dfrac{0.75}{1.67}\approx 0.7$ (6) 确定螺旋角系数 Y_β。 由于由 $\varepsilon_\beta=2.2>1$，所以取 $\varepsilon_\beta=1$ $Y_\beta=1-\dfrac{\varepsilon_\beta\beta}{120}=1-\dfrac{13°15'41''}{120°}\approx 0.89$ 7) 齿根弯曲疲劳应力 σ_{F1}、σ_{F2}；由参考文献[15]公式(10-16)得： $\sigma_{F1}=\dfrac{2KT_1}{bd_1m_n}Y_{Fa1}Y_{Sa1}Y_\varepsilon Y_\beta$ $=\dfrac{2\times 2.2\times 8.34\times 10^4}{54\times 53.425\times 2}\times 2.55\times 1.61\times 0.7\times 0.89$ $\approx 163(\text{MPa})<[\sigma_F]_1$ $\sigma_{F2}=\sigma_{F1}\dfrac{Y_{Fa2}Y_{Sa2}}{Y_{Fa1}Y_{Sa1}}=163\times\dfrac{2.16\times 1.81}{2.55\times 1.61}\approx 155(\text{MPa})<[\sigma_F]_2$	$N_{F1}\approx 4.32\times 10^8$ $N_{F2}\approx 9.31\times 10^7$ $Y_{N1}=Y_{N2}=1$ $\sigma_{Flim\,1}=220\text{MPa}$ $\sigma_{Flim\,2}=200\text{MPa}$ $S_{Fmin\,1}=S_{Fmin\,2}=1.4$ $[\sigma_F]_1\approx 314\text{MPa}$ $[\sigma_F]_2\approx 286\text{MPa}$ $Z_{V1}\approx 28.2$ $Z_{V2}\approx 130$ $Y_{Fa1}=2.55$ $Y_{Fa2}=1.81$ $Y_{Sa1}=1.61$ $Y_{Sa2}=1.81$ $Y_\varepsilon=0.7$ $Y_\beta\approx 0.89$ $\sigma_{F1}=163\text{MPa}$ $\sigma_{F2}\approx 155\text{MPa}$ 因此弯曲疲劳强度足够
9. 齿轮结构设计	略(参考 3.5 节传动零件的结构设计)	

3.5 传动零件的结构设计

3.5.1 普通 V 带轮

1. V 带轮的结构应满足以下要求

(1) 质量小、结构工艺性好、无过大的铸造内应力。
(2) 质量分布均匀,转速高时要经过动平衡。
(3) 轮槽工作面要精细加工(表面粗糙度一般为 $\sqrt[3.2]{}$),以减少带的磨损。
(4) 各轮槽的尺寸和角度应保持一定的精度,以使载荷分布较为均匀等。

2. 带轮的材料

(1) 主要采用铸铁,常用材料的牌号为 HT150 和 HT200。
(2) 转速较高时宜采用铸钢(或用钢板冲压后焊接而成)。
(3) 小功率时可用铸铝或塑料。

3. 结构尺寸

V 带轮槽型尺寸见表 3-3,普通 V 带轮结构及其尺寸见表 3-4。

表 3-3　V 带轮槽型尺寸(GB 10412—1989 摘录)　　　　　(单位:mm)

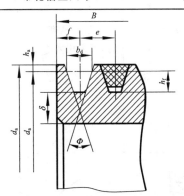

项目	符号	槽型						
		Y	Z SPZ	A SPA	B SPB	C SPC	D	E
基准宽度(节宽)	$b_d(b_p)$	5.3	8.5	11.0	14.0	19.0	27.0	32.0
基准线上槽深	h_{amin}	1.6	2.0	2.75	3.5	4.8	8.1	9.6
基准线下槽深	h_{fmin}	4.7	7.0 9.0	8.7 11.0	10.8 14.0	14.3 19.0	19.9	23.4
槽间距	e	8±0.3	12±0.3	15±0.3	19±0.4	25.5±0.5	37±0.6	44.5±0.7

（续）

项目		符号	槽型						
			Y	Z SPZ	A SPA	B SPB	C SPC	D	E
第一槽对称面至端面的距离		f	7±1	8±1	10^{+2}_{-1}	12.5^{+2}_{-1}	17^{+2}_{-1}	23^{+3}_{-1}	29^{+4}_{-1}
最小轮缘厚		δ_{min}	5	5.5	6	7.5	10	12	15
带轮宽		B	$B=(z-1)e+2f$　　z 为轮槽数						
外径		d_a	$d_a=d_d+2h_a$						
轮槽尺寸	32°	相应的基准直径 d_d	≤60	—	—	—	—	—	—
	34°		—	≤80	≤118	≤190	≤315	—	—
	36°		>60	—	—	—	—	≤475	≤600
	38°		—	>80	>118	>190	>315	>475	>600
	极限偏差		±1°			±30′			

表 3-4　普通 V 带轮结构及其尺寸　　（单位：mm）

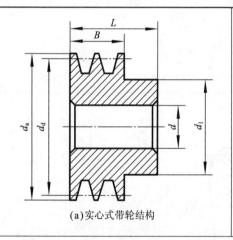

(a)实心式带轮结构

带轮基准直径 $d_d \leqslant 2.5d$（d 为轴的直径，单位为 mm）时，可采用实心式结构

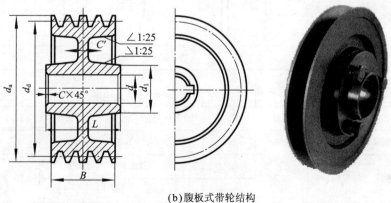

(b)腹板式带轮结构

当 $2.5d \leqslant d_d \leqslant 300$mm 时，带轮通常采用腹板式带轮结构

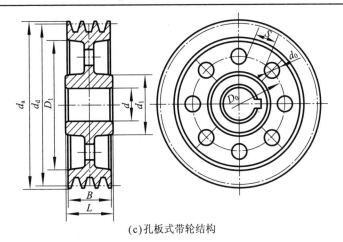

（续）

(c)孔板式带轮结构

当 $D_1-d_1\geqslant 100$mm 时，带轮通常采用孔板式结构

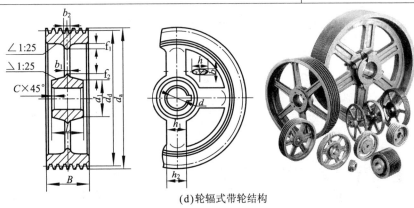

(d)轮辐式带轮结构

当 $d_d>300$mm 时，带轮通常采用轮辐式带轮结构

槽型	轮槽数	轮缘宽度 B	轮毂长度 l / 带轮直径 d_a 系列值						孔径 d 系列
Z	1	16	28/50～150	32/160～250					12、14、16、18、20、22、24、25、28、30
	2	28	35/50～125	40/140～250	45/280～355	50/400			16、18、20、22、24、25、28、30、32、35
	3	40	40/50～150	45/160～250	50/280～400	55/500～600	64/630		16、18、20、22、24、25、28、30、32、35
	4	52	52/50～280	55/315～400	60/500～600	64/630			20、22、24、25、28、30、32、35
A	1	20	35/75～140	40/150～224	45/250				16、18、20、22、24、25、28、30
	2	35	45/75～160	50/180～315	60/355～500				16、18、20、22、24、25、28、30、32、35、38、40
	3	50	50/75～280	60/315～355	65/400～630				

（续）

槽型	轮槽数	轮缘宽度 B	$\frac{轮毂长度 l}{带轮直径 d_a}$系列值						孔径 d 系列
A	4	65	$\frac{45}{75\sim90}$	$\frac{50}{95\sim160}$	$\frac{60}{180\sim355}$	$\frac{65}{400}$	$\frac{70}{450\sim630}$		20、22、24、25、28、30、32、35、38、40
	5	80	$\frac{50}{75\sim90}$	$\frac{60}{95\sim160}$	$\frac{65}{180\sim280}$	$\frac{70}{315\sim560}$	$\frac{75}{630}$		24、25、28、30、32、35、38、40
B	1	25	$\frac{35}{125\sim140}$	$\frac{40}{150\sim200}$	$\frac{45}{224\sim250}$				18、20、22、24、25、28、30
	2	44	$\frac{45}{125\sim160}$	$\frac{50}{170\sim280}$	$\frac{60}{315\sim450}$	$\frac{65}{500}$			32、35、38、40
	3	63	$\frac{50}{125\sim224}$	$\frac{60}{250\sim355}$	$\frac{65}{400\sim450}$	$\frac{75}{500\sim630}$	$\frac{85}{710}$		32、35、38、40、42、45、50、55
	4	82	$\frac{50}{125\sim150}$	$\frac{60}{160\sim224}$	$\frac{65}{250\sim355}$	$\frac{70}{400\sim450}$	$\frac{75}{500\sim600}$	$\frac{90}{630\sim710}$	
	5	101	$\frac{50}{110}$	$\frac{60}{132\sim160}$	$\frac{70}{170\sim355}$	$\frac{80}{400\sim450}$	$\frac{90}{500\sim600}$	$\frac{105}{630\sim710}$	32、35、38、40、42、45、50、55
	6	120	$\frac{60,65}{125\sim150,160}$	$\frac{70}{170\sim180}$	$\frac{80,90}{200,280\sim355}$	$\frac{100}{400\sim450}$	$\frac{105}{500\sim600}$	$\frac{115}{630\sim710}$	
C	3	85	$\frac{55}{200\sim210}$	$\frac{70}{170\sim180}$	$\frac{80,90}{200,280\sim355}$	$\frac{100}{400\sim450}$	$\frac{105}{500\sim600}$	$\frac{115}{630\sim710}$	42、45、50、55、60、65
	4	110.5	$\frac{60}{200\sim210}$	$\frac{65,70}{224\sim236,250}$	$\frac{75,80}{265\sim315,355}$	$\frac{85,90}{355\sim450,500}$	$\frac{90,100}{500,560\sim710}$	$\frac{165,110}{750,800\sim1000}$	
	5	136.5	$\frac{65,70}{200\sim236}$	$\frac{75,80}{250\sim315}$	$\frac{85,90}{335\sim400}$	$\frac{95,100}{450\sim560}$	$\frac{105,110}{600\sim800}$	$\frac{115,120}{900,1000}$	
	6	161.5	$\frac{70,75}{200\sim236}$	$\frac{80,85}{250\sim315}$	$\frac{90,95}{335\sim400}$	$\frac{100,105}{450\sim560}$	$\frac{110,115}{600\sim800}$	$\frac{120,125}{900,1000}$	
	7	187	$\frac{75,80}{200\sim250}$	$\frac{85,90}{265\sim315}$	$\frac{95,100}{335\sim400}$	$\frac{105,110}{500,560}$	$\frac{115,120}{600\sim800}$	$\frac{125,130}{900,1000}$	60、65

3.5.2 齿　轮

齿轮的结构设计与齿轮的几何尺寸、毛坯、材料、加工方法、使用要求及经济性等因素有关。进行齿轮的结构设计时，必须综合地考虑上述各方面的因素。通常是先按齿轮的直径大小选定合适的结构形式，然后再根据荐用的经验数据进行结构设计。齿轮结构及其尺寸详见表 3-5。

表 3-5 齿轮结构及其尺寸　　　　　　　　　　（单位：mm）

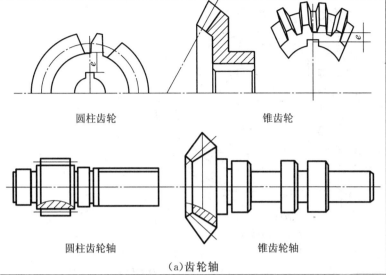 圆柱齿轮　　　　锥齿轮 圆柱齿轮轴　　　　锥齿轮轴 (a) 齿轮轴	对于直径很小的钢制齿轮，当为圆柱齿轮时，若齿根键槽底部的距离 $e<2m_t$（m_t 为端面模数）；当为锥齿轮时，按齿轮小端尺寸计算而得的 $e<1.6m$ 时，均应将齿轮和轴做成一体，叫做齿轮轴。当 e 值超过上述尺寸时，齿轮与轴以分开制造才合理
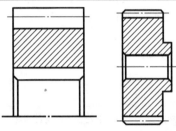 (b) 实心结构的齿轮	当齿顶圆直径 $d_a \leqslant 160$mm 时，可以做成实心结构的齿轮，但航空产品中的齿轮，虽 $d_a \leqslant 160$mm，也有做成腹板式的

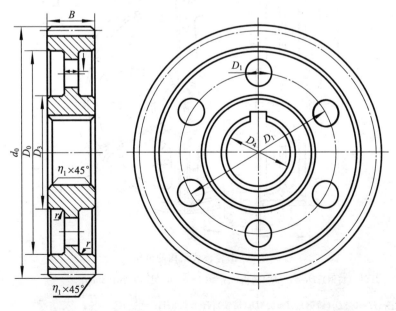

圆柱齿轮

(c) 腹板式结构的齿轮

（续）

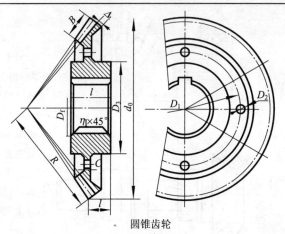

圆锥齿轮

(c) 腹板式结构的齿轮（续）

当齿顶圆直径 $d_a<500$mm 时，可做成腹板式结构，腹板上开孔的数目按结构尺寸大小及需要而定。

$D_1\approx(D_0+D_3)/2;D_2\approx(0.25\sim0.35)(D_0-D_3);D_3\approx1.6D_4$（钢材）；$D_3\approx1.7D_4$（铸铁）；$n_1\approx0.5$mm；$r\approx5$mm。

圆柱齿轮　　　　　　　　　圆锥齿轮

$D_0\approx d_a-(10\sim14)$mm　　　$l\approx(1\sim1.2)D_4$

$C\approx(0.2\sim0.3)B$　　　　　　$C\approx(3\sim4)$mm

尺寸 J 由结构设计而定；$\Delta_1=(0.1\sim0.2)B$

常用齿轮的 C 值不应小于 10mm，航空用齿轮可取 $C\approx(3\sim6)$mm

当齿顶直径 400mm$<d_a<1000$mm 时，可做成轮辐截面为"十"字形的轮辐式结构的齿轮。

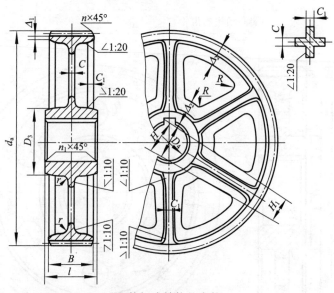

(d) 轮辐式结构的齿轮

$B<240$mm；$D_3=1.6D_4$（铸钢）；$D_3=1.7D_4$（铸铁）；$\Delta_1\approx(3\sim4)m_n$，但不应小于 8mm；
$\Delta_2\approx(1\sim1.2)\Delta_1$；$H\approx0.8D_4$（铸钢）；$H\approx0.9D_4$（铸铁）；$H_1\approx0.8H$；$C=\dfrac{H}{5}$；$C_1=\dfrac{H}{6}$；
$R=0.5H$；$1.5D_4>l\geqslant B$；轮辐数常取为 6

第 4 章 减速器装配图设计

4.1 概 述

装配图用来表达减速器的整体结构、轮廓形状、各零部件的结构及相互关系,也是指导装配、检验、安装及检修工作的技术文件。

装配图设计所涉及的内容较多,设计过程复杂,往往要边计算、边画图、边修改直至最后完成装配工作图。减速器装配图的设计过程一般有以下几个阶段:

(1) 装配图设计的准备。
(2) 初步绘制装配草图及进行轴系零件的计算。
(3) 减速器轴系部件的结构设计。
(4) 减速器箱体和附件的设计。
(5) 完成装配工作图。

装配图设计的各个阶段不是绝对分开的,会有交叉和反复。在进行某些零件设计时,可能会对前面已进行的设计作必要的修改。

开始绘制减速器装配图前,应做好必要的准备工作,主要有以下几方面:

(1) 装拆或参观减速器,阅读有关资料,了解和熟悉减速器的结构。
(2) 根据已进行的设计计算,汇总和检查绘制装配图时所必须的技术资料和数据:
① 传动装置的运动简图;
② 各传动零件的主要尺寸数据,如齿轮节圆直径、齿顶圆直径、齿轮宽、中心距、圆锥齿轮分度圆锥角等;
③ 联轴器型号、半联轴器毂孔长度、毂孔直径以及有关安装尺寸要求;
④ 电动机的有关尺寸,如中心高、轴径、轴伸出长度等。
(3) 初选滚动轴承的类型及轴的支承形式(两端固定或一端固定、一端游动等)。
(4) 确定减速器箱体的结构形式(整体式或剖分式)和轴承盖形式(凸缘式或嵌入式)。
(5) 选定图纸幅面及绘图的比例。装配图应用 A0 或 A1 图纸绘制,并尽量采用 1∶1 或者 1∶2 的比例尺绘图。

装配图的绘制推荐采用常用的规定画法和简化画法(参阅第 7 章)。

本章先阐述圆柱齿轮减速器装配图的设计步骤和方法,然后再讨论圆锥齿轮减速器和蜗杆减速器装配图设计的特点。

4.2 减速器的构造

减速器的型式很多,主要由传动零件(齿轮或蜗杆)、轴、轴承、箱体及其附件所组成,其中最简单最常用的型式为单级圆柱齿轮减速器。如图 4.1~图 4.3 所示为单级减速器的结构图,其基本结构有三大部分:

(1) 齿轮、蜗杆、轴及轴承组合；

(2) 箱体；

(3) 减速器附件。下面对这三部分的结构加以介绍与分析。

4.2.1 齿轮、轴及轴承组合

1. 齿轮

假设轴的直径为 d，齿轮齿根圆的直径为 d_f，则当 $d_f - d \leqslant (6 \sim 7)m_n$ 时，则齿轮与轴制成一体，称为齿轮轴；而当 $d_f - d \leqslant (6 \sim 7)m_n$ 时，采用齿轮与轴分开为两个零件的结构，如低速轴与大齿轮。此时齿轮与轴的周向固定采用平键联接。

2. 轴与轴承组合

当轴承受径向载荷和不大的轴向载荷时，可以采用深沟球轴承。当轴向载荷较大时，应采用角接触球轴承、圆锥滚子轴承或深沟球轴承与推力轴承的组合结构。

3. 轴上零件的定位和固定

轴上零件如齿轮与轴承等利用轴肩、轴套和轴承盖作轴向固定，轴向间隙用垫片进行调整。齿轮的周向定位一般采用平键联接。滚动轴承则采用与轴之间的过盈配合进行周向固定。

4. 齿轮与轴承的润滑

齿轮多采用浸油润滑。当浸油齿轮圆周速度较高时，轴承采用飞溅润滑。当浸油齿轮圆周速度 $v \leqslant 2\text{m/s}$ 时，应采用润滑脂润滑轴承，为避免可能溅起的稀油冲掉润滑脂，以及斜齿轮啮合时热油对轴承的冲刷，可采用挡油环。为防止润滑油流失和外界灰尘进入箱内，在轴承端盖和外伸轴之间装有密封元件。

4.2.2 箱体

减速器箱体按其结构形状分为剖分式和整体式，剖分式箱体最为常用；剖分式箱体分为箱盖和箱座两部分，即上箱盖和下箱座用螺栓联接成一体。图 4.1～图 4.3 均为剖分式箱体。箱体外形应力求简单并具有一定的厚度，轴承座的联接螺栓应尽量靠近轴承座孔。而轴承座旁的凸台，应具有足够的承托面，以便放置联接螺栓，并保证足够的操作空间。为保证箱体的刚度，在轴承孔附近加支撑肋。为保证减速器安置在基础上的稳定性并尽可能减少箱体底座平面的加工面积，箱体底座一般不采用完整的平面。箱体油池底面做成一定的斜度，以便顺利有效地放油。箱体各部分的结构尺寸参阅表 4-1。

箱体应具有足够的强度和刚度。由于灰铸铁具有很好的铸造性能和减振性能，箱体通常用灰铸铁制造。对于重载或承受冲击载荷的减速器也可以采用铸钢箱体。单体生产的减速器，为了简化工艺、降低成本，常采用钢板焊接的箱体。

表 4-1　铸铁减速器箱体结构尺寸(如图 4.1、图 4.2、图 4.3)

名称	符号	尺寸关系		
		齿轮减速器	圆锥齿轮减速器	蜗杆减速器
箱座壁厚	δ	$\delta=0.025a+\Delta\geqslant 8$ $\delta_1=0.02a+\Delta\geqslant 8$ 式中:$\Delta=1$(单级),$\Delta=3$(双级[①]); a 为低速级中心距,对于圆锥齿轮减速器, $a^{②}=\dfrac{d_{m1}+d_{m2}}{2}$		$0.04a+3\geqslant 8$
箱盖壁厚	δ_1			上置式:$\delta_1=\delta$ 下置式:$\delta_1=0.85\delta\geqslant 8$
箱体凸缘厚度	b、b_1、b_2	箱座 $b=1.5\delta$;箱盖 $b_1=1.5\delta_1$;箱底座 $b_2=2.5\delta$		
加强肋厚	m、m_1	箱座 $m=0.85\delta$;箱盖 $m_1=0.85\delta_1$		
地脚螺钉直径	d_f	$0.036a+12$	$0.018(d_{m1}+d_{m2})+1\geqslant 12$	$0.036a+12$
地脚螺钉数目	n	$a\leqslant 250,n=4$ $a>250\sim 500,n=6$ $a>500,n=8$	$n=\dfrac{\text{箱氏座凸缘周长之半}}{200\sim 300}\geqslant 4$	
轴承旁联接螺栓直径	d_1	$0.75d_f$		
箱盖、箱座联接螺栓直径	d_2	$(0.5\sim 0.6)\ d_f$;螺栓间距 $L\leqslant 150\sim 200$		
轴承盖螺钉直径和数目	d_3、n	见表 9-9		
轴承盖(轴承座端面)外径	D_2	见表 9-9、表 9-10;$s\approx D_2$,s 为轴承两侧联接螺栓间的距离		
观察孔盖螺钉直径	d_4	$(0.3\sim 0.4)d_f$		
d_f、d_1、d_2 至箱外壁距离;d_f、d_2 至凸缘边缘的距离	C_1、C_2	见下表		
轴承旁凸台高度和半径	h、R_1	h 由结构确定;$R_1=C_2$		
箱体外壁至轴承座端面距离	l_1	$C_1+C_2+(5\sim 10)$		

螺栓直径	M8	M10	M12	M16	M20	M24	M27	M30
$C_{1\min}$	13	16	18	22	26	34	34	40
$C_{2\min}$	11	14	16	20	24	28	32	34

注:① 对圆锥-圆柱齿轮减速器、按双级考虑;a 按低速级圆柱齿轮传动中心距取值。

② d_{m1}、d_{m2} 为两圆锥齿轮的平均直径。

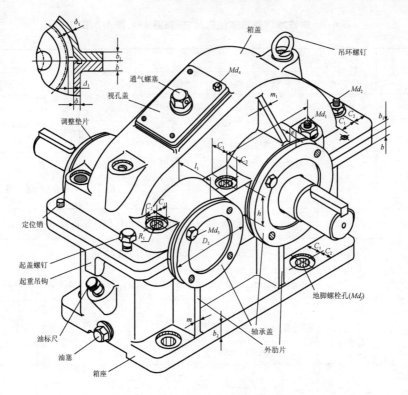

图 4.1 单级圆柱齿轮减速器构造图

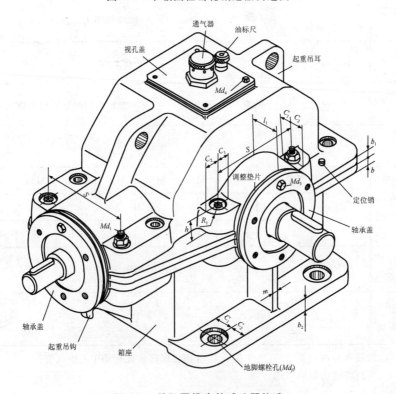

图 4.2 单级圆锥齿轮减速器构造

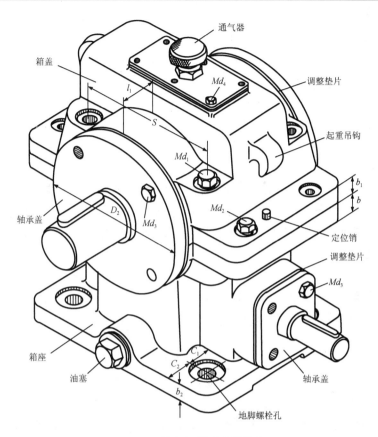

图 4.3 单级蜗杆减速器构造

4.2.3 附件

为了保证减速器的正常工作,减速器箱体通常设置一些装置或附件,以便于减速器润滑油池的注油、排油、检查油面高度、检查齿轮啮合情况、加工及拆装检修时箱盖与箱座的精确定位、吊装等辅助零件和部件的合理选择和设计。

(1) 观察孔盖板。

为检查传动零件的啮合情况,并向箱内注入润滑油,应在箱体的适当位置设置观察孔,观察孔一般设在上箱盖顶部能直接观察到齿轮啮合的部位,在观察孔上通过螺钉安装观察孔盖板;为保证具有较好的密封性,以防润滑油外渗和灰尘进入箱体,盖板的底部垫有纸制封油垫片;为使孔盖能紧贴箱体,在箱盖上应加工出凸台。

(2) 通气器。

减速器工作时,箱体内温度升高,气体膨胀,压力增大。为使箱内热胀气体能自由排出,以保持箱内外压力平衡,不致使润滑油沿分箱面或沿轴伸密封件等处缝隙渗漏,通常在箱体顶部或观察孔盖上装设通气器。

(3) 定位销。

为保证剖分式箱体的轴承座孔加工和装配精度,应在精加工轴承孔前,在箱盖与箱座的联接凸缘上配装定位销。两销相距应尽量远些,以提高定位精度。对称箱体应呈对称布置,以免错装。

(4)油面指示器。

为了检查减速器内油池油面的高度,经常保持油池内有适量的油,一般在箱体便于观察、油面较稳定的部位,通常在低速级传动件附近的箱壁上装设油面指示器。常用的油面指示器有油标尺和油面指示螺钉两种。

(5)放油螺塞。

在换油时,为了排放污油和清洗剂,应在油池的最低位置处开设放油孔,平时用螺塞将放油孔堵住,放油螺塞和箱体接合面间应加密封垫圈。

(6)启盖螺钉。

为加强密封效果,通常在装配时于箱体剖分面上涂以水玻璃或密封胶,因而在拆卸时往往因胶结紧密难于开盖。为此常在箱盖联接凸缘的适当位置,加工出 1~2 个螺孔,旋入圆柱端或平端的启盖螺钉。启盖螺钉的大小可同于凸缘联接螺栓,其上的螺纹长度应大于箱盖联接凸缘的厚度。

(7)起吊装置。

为了便于拆卸及搬运,通常在箱体设置起吊装置,如在箱盖上安装吊环螺钉或铸出吊耳、吊钩,在箱座上铸出吊钩。图 4.1~图 4.3 中上箱盖装有两个吊环螺钉,下箱座铸出 4 个吊钩。

4.3 减速器的润滑

减速器的润滑包括齿轮副(或蜗杆蜗轮)啮合处的润滑以及轴承的润滑。减速器良好的润滑可以降低传动件及轴承的摩擦功耗、减少磨损、提高传动效率、降低噪声、改善散热,防止生锈等。

4.3.1 传动件的润滑

齿轮传动的润滑大多采用润滑油润滑,润滑油在啮合面上形成油膜,减少摩擦与磨损,此外,还起冷却作用。根据传动的圆周速度、传递载荷及工作温度选用适宜的润滑油,润滑油的黏度是选择润滑油的重要指标。传递载荷越大,要求润滑油黏度越大。工作温度越高,润滑油的黏度也应越大。一般情况下,速度越高,油黏度应该越小。常用的润滑方式有浸油式与喷油式两种。

1.浸油润滑

浸油润滑是将齿轮、蜗杆或蜗轮等浸入油中,通过传动件回转将粘在上面的油液带至啮合面进行润滑,同时油池中的油也被甩上箱壁,借以散热。这种润滑方式适用于齿轮圆周速度 $V \leqslant 12 \text{m/s}$、蜗杆圆周速度 $V \leqslant 10 \text{m/s}$ 的场合。对于速度虽较高,但工作时间持续不长的传动,也可以采用浸油润滑。

为了保证轮齿啮合的充分润滑,控制搅油的功耗损失和发热量,传动件浸入油中深度不宜太浅或太深,应选择合适的浸油深度,具体参考表 4-2。一般以圆柱齿轮或蜗轮的整个齿高 h,如图 4.4 所示,蜗杆的整个螺纹牙高浸入油中为适中,但不应小于 10mm,圆锥齿轮则应将整个齿宽(至少是半个齿宽)浸入油中。对于二级传动,当高速级的大齿轮浸入油中时,低速级的大齿轮往往浸油过多，不过对于圆周速度 $V<(0.5\mathrm{m/s}\sim0.8\mathrm{m/s})$ 的低速级大齿轮，浸油深度可达 1/6～1/3 的分度圆半径。二级传动的高速级齿轮亦可以采用带油轮的办法来润滑，如图 4.5 所示。

表 4-2　浸油润滑时的浸油深度

减速器类型		传动件浸油深度
单级圆柱齿轮减速器		$m<20$ 时：约为一个齿高，但不小于 10mm； $m\geqslant20$ 时：约为 0.5 个齿高（m 为齿轮模数）
二级或多级圆柱齿轮减速器		高速级：约为 0.7 个齿高，但不小于 10mm； 低速级：按圆周速度大小而定，速度大者取小值； $v_s=0.8\sim12\mathrm{m/s}$ 时：约 1 个齿高（不小于 10mm）～1/6 齿轮半径； $v_s\leqslant0.5\sim0.8\mathrm{m/s}$ 时：小于（1/6～1/3）齿轮半径；
圆锥齿轮减速器		整个齿宽浸入油中（至少半个齿宽）
蜗杆减速器	蜗杆下置式	≥1 个蜗杆齿高，但油面不应高于蜗杆轴承最低滚动体中心
	蜗杆上置式	同低速级圆柱大齿轮的浸油深度

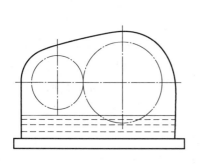

图 4.4　浸油润滑

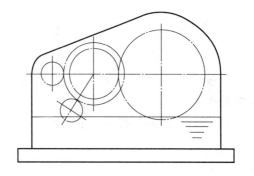

图 4.5　带油轮的浸油润滑

对于传动件采用浸油润滑的减速器，为避免浸油零件运转时搅起沉积在箱底的杂质，齿顶圆到油池底面的距离不小于 30～50mm，此外还应使箱体能容纳一定量的润滑油，以保证润滑和散热。

对于单级减速器，每传递 1kW 功率所需油量 V_0 约为 350～700$\mathrm{cm^3}$（小值用于低黏度油，大值用于高黏度油）。多级减速器需油量按级数成比例增加。油池高度按需油量确定为

$$h_0=V_0\times10^{-6}\frac{P}{S} \tag{4-1}$$

式中，V_0——减速器传递 1kW 功率的需油量（$\mathrm{cm^3}$）；

P——减速器功率（kW）；

S——箱座底面积（$\mathrm{m^2}$）。

2. 喷油润滑

当齿轮圆周速度 $v>12\mathrm{m/s}$，或蜗杆圆周速度 $v>10\mathrm{m/s}$ 时，则不能采用浸油润滑，因为粘在轮齿上的油会被离心力甩掉而送不到啮合面，而且搅油过甚，会使油温升高，油起泡和

氧化，使箱底的污物进入啮合区，此时宜采用喷油润滑，如图 4.6 所示。当 $v \leqslant 25\text{m/s}$ 时，喷嘴位于啮入、啮出端均可，当 $v > 25\text{m/s}$ 时，喷嘴应位于啮出端，以便及时冷却啮合过的轮齿。

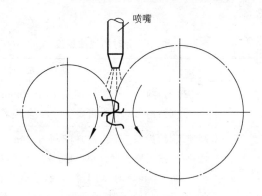

图 4.6 喷油式润滑

4.3.2 轴承的润滑

根据轴颈速度的大小，轴承可以采用油飞溅润滑或脂润滑。

1. 油飞溅润滑

当浸油齿轮圆周速度大于 2m/s 时，一般可以靠油的飞溅直接润滑轴承，箱座中油池的润滑油被旋转的齿轮溅起飞溅到箱盖的内壁上，沿内壁流到分箱面坡口后，然后通过回油沟经轴承盖进入轴承，这时必须在端盖上开缺口，如图 4.7(a) 所示。为防止装配时缺口没有对准油沟而将油路堵塞，可将端盖端部直径取小些。

2. 脂润滑

当高速级大齿轮的圆周速度小于 2m/s 时，应采用脂润滑。润滑脂的填充量为轴承空间的 1/2～1/3，每 6 个月左右更换一次。为防止润滑油与润滑脂混杂，应在轴承靠近箱体内壁一侧加密封装置或挡油板，如图 4.7(b) 所示。

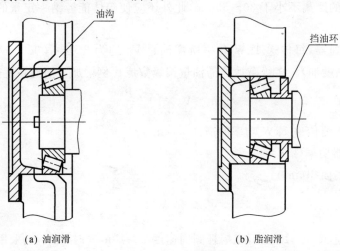

(a) 油润滑 (b) 脂润滑

图 4.7 轴承的润滑

4.4 减速器装配草图的绘制(第一阶段)

初绘装配草图是设计减速器装配图的第一阶段,基本内容为:在选定箱体结构形式(例如剖分式)的基础上,确定各传动件之间及箱体内壁位置;通过轴的结构设计初选轴承型号;确定轴承位置、轴的跨度以及轴上所受各力作用点的位置;对轴、轴承及键联接等进行校核计算。

1. 视图选择与布置图面

减速器装配图通常用3个视图并辅以必要的局部视图来表达。绘制装配图时,应根据传动装置的运动简图和由计算得到的减速器内部齿轮的直径、中心距,参考同类减速器图样(可参阅第10章减速器装配图图例),估计减速器的外形尺寸,合理布置三个主要视图。同时,还要考虑标题栏、明细表、技术要求、尺寸标注等所需要的图面位置。

2. 确定齿轮位置和箱体内壁线

圆柱齿轮减速器装配图设计时,一般从主视图和俯视图开始。在主视图和俯视图位置画出齿轮的中心线,再根据齿轮直径和齿宽绘出齿轮轮廓位置。为保证全齿宽接触,通常使小齿轮较大齿轮宽5~10mm。

然后按表4-3推荐的资料确定各零件之间的位置,并绘出箱体内壁线和轴承内侧端面的初步位置,如图4.8和图4.9所示。

表 4-3 减速器零件的位置尺寸　(mm)

代号	名称	荐用值	代号	名称	荐用值
Δ_1	齿顶圆至箱体内壁的距离	$\geqslant 1.2\delta$,δ 为箱座壁厚	Δ_7	箱底至箱底内壁的距离	≈ 20
Δ_2	齿轮端面至箱体内壁的距离	$>\delta$(一般取$\geqslant 10$)	H	减速器中心高	$\geqslant R_a + \Delta_6 + \Delta_7$
Δ_3	轴承端面至箱体内部的距离 轴承用脂润滑时 轴承用油润滑时	$\Delta_3 = 10 \sim 12$ $\Delta_3 = 3 \sim 5$	L_1	箱体内壁至轴承座孔端面的距离	$=\delta + C_1 + C_2 + (5\sim 10)$ C_1、C_2 见表3-1
Δ_4	旋转零件间的轴向距离	$10\sim 15$	e	轴承端盖凸缘厚度	见表9-9
Δ_5	齿轮顶圆至轴表面的距离	$\geqslant 10$	L_2	箱体内壁轴向距离	
Δ_6	大齿轮齿顶圆至箱底内壁的距离	$>30\sim 50$(表3-3)	L_3	箱体轴承座孔端面间的距离	

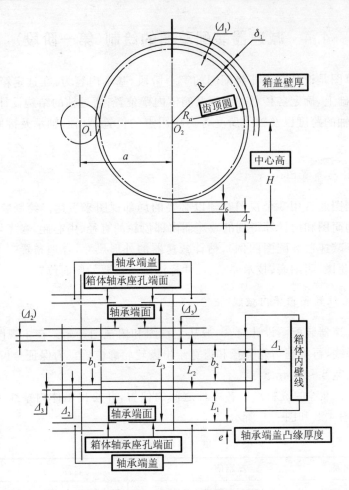

图 4.8 单级齿轮减速器草图绘制

为了避免因箱体铸造误差造成齿轮与箱体间的距离过小甚至齿轮与箱体相碰,应使大齿轮齿顶圆、齿轮端面至箱体内壁之间分别留有适当距离 Δ_1 和 Δ_2。高速级小齿轮一侧的箱体内壁线还应考虑其他条件才能确定,所以暂不画出。

在设计两级展开式齿轮减速器时,还应注意使两个大齿轮端面之间留有一定的距离 Δ_4;并使中间轴上大齿轮与输出轴之间保持距离 Δ_5(图 4.2),如不能保证,则应调整齿轮传动的参数。

3. 确定箱体轴承座孔端面位置

根据箱体壁厚 δ 和由表 4-1 确定的轴承旁螺栓的位置尺寸 C_1、C_2,按表 4-3 初步确定轴承座孔的长度 L_1,可画出箱体轴承座孔外端面线,如图 4.8 和图 4.9 所示。

4. 初算轴的直径

按扭转强度估算各轴的直径,即

$$d \geqslant A\sqrt[3]{\frac{P}{n}}(\text{mm}) \tag{4-2}$$

式中,P——轴所传递的功率,kW;

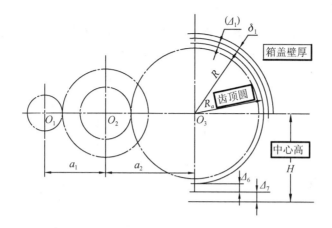

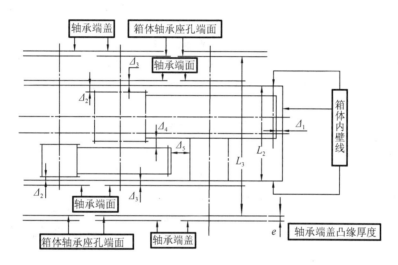

图 4.9 双级齿轮减速器草图绘制

n——轴的转速，r/min；

A——由材料的许用扭转应力所确定的系数，其值见相应教材。

利用式(4-2)估算轴径时，应注意以下几点：

(1) 对于外伸轴，由上式求出的直径，为外伸段的最小直径；对于非外伸轴，计算时应取较大的 A 值，估算的轴径可作为安装齿轮处的直径。

(2) 计算轴径处有键槽时，应适当增大轴径以补偿键槽对轴强度的削弱。

(3) 外伸段装有联轴器时，外伸段的轴径应与联轴器毂孔直径相适应；外伸轴段用联轴器与电动机轴相联时，应注意外伸段的直径与电动机的直径不能相差太大（参阅第 3 章有关联轴器选择）。

5. 轴的结构设计

轴的结构设计是在初算轴径的基础上进行的。为满足轴上零件的定位、紧固要求和便于轴的加工和轴上零件的装拆，通常将轴设计成阶梯轴。轴的结构设计的任务是合理确定阶梯轴的形状和全部结构尺寸。

1) 轴的各段直径

(1) 轴上装有齿轮、带轮和联轴器处的直径,如图 4.10 中的 d_3 和 d 应取标准值(参照表 7-4)。而装有密封元件和滚动轴承处的直径,如 d_1、d_2、d_3,则应与密封元件和轴承的内孔径尺寸一致。轴上两个支点的轴承,应尽量采用相同的型号,便于轴承座孔的加工。

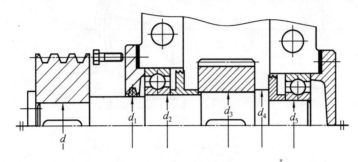

图 4.10　轴的结构示例

(2) 相邻轴段的直径不同即形成轴肩。当轴肩用于轴上零件定位和承受轴向力时,应具有一定的高度,如图 4.10 中 $d-d_1$,$d_3-d_4-d_5$ 所形成的轴肩。一般的定位轴肩,当配合处轴的直径<80mm 时,轴肩处的直径差可取 6~10mm。用作滚动轴承内圈定位时,轴肩的直径应按轴承的安装尺寸要求取值(见表 11-2~表 11-3)。

如果,两相邻轴段直径的变化仅是为了轴上装拆方便或区分加工表面时,两直径略有差值即可,例如取 1~5mm(如图 4.10 中 d_1-d_2,d_2-d_3 的变化),也可以采用相同公称直径而取不同的公差数值。

(3) 为了降低应力集中,轴肩处的过渡圆角不宜过小。用作零件定位的轴肩,零件毂孔的倒角(或圆角半径)应大于轴肩处过渡圆角半径,以保证定位的可靠(图 4.11),一般配合表面处轴肩和零件孔的圆角、倒角尺寸见表 7-6。装滚动轴承处轴肩的过渡圆角半径应按轴承的安装尺寸要求取值(见表 11-3)。

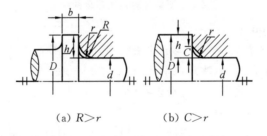

(a) $R>r$　　　(b) $C>r$

图 4.11　轴肩处的过渡圆角确定

(4) 需要磨削加工的轴段常设置砂轮越程槽(越程槽尺寸见表 7-8);车制螺纹的轴段应有退刀槽(螺纹退刀槽尺寸见表 7-5)。

应注意,直径相近的轴段,其过渡圆角、越程槽、退刀槽尺寸应一致,以便于加工。

2) 轴的各段长度

各轴段的长度主要取决于轴上零件(传动件、轴承)的宽度以及相关零件(箱体轴承座、轴承端盖)的轴向位置和结构尺寸。

(1) 对于安装齿轮、带轮、联轴器的轴段,当这些零件靠其他零件(套筒、轴端挡圈等)顶住来实现轴向固定时,该轴段的长度应略短于相配轮毂的宽度,以保证固定可靠,如图 4.10

中安装齿轮和带轮的轴段。

(2) 安装滚动轴承处轴段的轴向尺寸由轴承位置和宽度来确定。

根据以上对轴各段直径尺寸设计和已选的轴承类型,可初选轴承型号,查出轴承宽度和轴承外径等尺寸。轴承内侧端面的位置(轴承端面至箱体内壁的距离 Δ_3)可按表 4-3 确定。

应注意,轴承在轴承座中的位置与轴承润滑方式有关。轴承采用脂润滑时,常需在轴承旁设封油盘(图 4.17)。当采用油润滑时,轴承应尽量靠近箱体内壁,可只留少许距离(Δ_3 值较小),如图 4.18 所示。

确定了轴承位置和已知轴承的尺寸后,即可在轴承座孔内画出轴承的图形。

(3) 轴的外伸段长度取决于外伸轴段上安装的传动件尺寸和轴承盖的结构。如采用凸缘式轴承盖,应考虑装拆轴承盖螺栓所需要的距离(图 4.10)。当外伸轴装有弹性套柱销联轴器时,应留有装拆弹性套柱销的必要距离(图 4.12)。

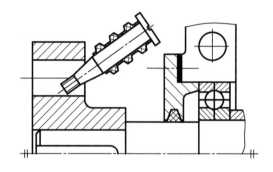

图 4.12 轴的外伸段长度确定

3) 轴上键槽的尺寸和位置

平键的剖面尺寸根据相应的轴段直径确定,键的长度应比轴段长度短。键槽不要太靠近轴肩处,以避免由于键槽加重轴肩过渡圆角处的应力集中。键槽应靠近轮毂装入侧轴段端部,以便装配时轮毂的键槽容易对准轴上的键。

当轴上有多个键时,若轴径相差不大,各键可采取相同的剖面尺寸;同时,轴上各键应布置在轴的同一方位,以便于轴上键槽的加工。

按照以上所述方法,可设计轴的结构,并在图 4.8 或图 4.9 的基础上,初步绘出减速器装配草图。图 4.13 所示为单级圆柱齿轮减速器的初绘装配草图内容。

6. 轴、轴承及键联接的校核计算

1) 确定轴上应力作用点和轴承支点距离

由初绘装配草图,可确定轴上传动零件受力点的位置和轴承支点间的距离(图 4.13)。圆锥滚子轴承和角接触球轴承的支点与轴承端面间的距离可查轴承标准(见表 11-2、表 11-3)。

2) 轴的校核计算

轴的强度校核计算按照教材中介绍的方法进行。若校核后强度不够,则应采取适当的措施提高轴的强度。如轴的强度裕量过大,应待轴承及键联接验算后,综合考虑各方面情况再决定如何修改。

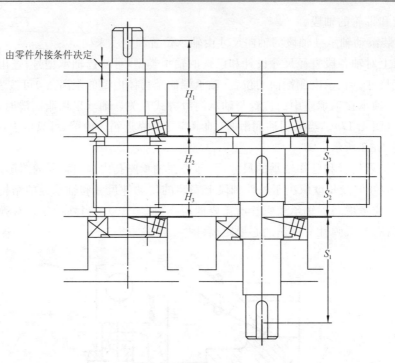

图 4.13 减速器草图绘制之二

3) 滚动轴承的寿命校核计算

滚动轴承的寿命可与减速器的寿命或减速器的检修期大致相符。若计算的寿命达不到要求,可考虑选另一种系列的轴承,必要时可改变轴承类型。

4) 键联接强度的校核计算

对键联接主要是校核其挤压强度。若键联接的强度不够,应采取必要的修改措施,如增加键长、改用双键等。

4.5 轴系部件的结构设计(第二阶段)

这一阶段的主要工作内容是设计传动零件和轴的支承的具体结构。

1. 齿轮的结构设计

齿轮的结构与所选材料、齿轮尺寸及毛坯的制造方法有关。设计时可参考教材及本书第 3 章表 3-5 有关齿轮结构设计资料和图例,确定和画出齿轮的结构。

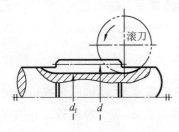

图 4.14 齿轮与轴制成一体

若齿轮的直径与轴的直径相差不大时,齿轮与轴制成一体,称为齿轮轴。对于齿轮轴,当齿轮的齿根圆直径 d_f 小于轴径 d 时,可采用图 4.14 所示结构。

2. 滚动轴承的组合设计

1) 轴的支承结构型式和轴系的轴向固定

按照对轴系轴向位置的不同限定方法,轴的支承结构可分为三种基本形式,即两端固定支承、一端固定、一端游动支承和两端游动支承。它们的结构特点和应用场合可参阅相应教材。

普通齿轮减速器,其轴的支承跨距较小,较常采用两端固定支承。轴承内圈在轴上可用轴肩或套筒作轴向定位,轴承外圈用轴承盖作轴向固定。

设计两端固定轴承盖时,应留适当的轴向间隙,以补偿工作时轴的热伸长量。对于固定间隙轴承(如深沟球轴承),可在轴承盖与箱体轴承座端面之间(采用凸缘式轴承盖时,见图 4.10)或在轴承盖与轴承外圈之间(采用嵌入式轴承盖时,见图 4.15)设置调整垫片,在装配时通过调整来控制轴向间隙。

对于可调间隙的轴承(如圆锥滚子轴承或角接触球轴承),则可利用调整垫片或螺纹件来调整轴承游隙,以保证轴系的游动和轴承的正常运转。图 4.16 所示为采用嵌入式轴承盖时利用螺纹件来调整轴承游隙。

2) 轴承盖的结构

轴承盖的作用是固定轴承、承受轴向载荷、密封轴承座孔、调整轴系位置和轴承间隙等。其类型有凸缘式和嵌入式两种。

凸缘式轴承盖用螺钉固定在箱体上,调整轴系位置或轴系间隙时不需开箱盖,密封性也较好。

嵌入式轴承盖不用螺栓联接,结构简单,但密封性差。在轴承盖中设置 O 形密封圈能提高其密封性能,适用于油润滑。另外,采用嵌入式轴承盖时,利用垫片调整轴向间隙要开启箱盖。

当轴承用箱体内的油润滑时,轴承盖的端部直径应略小些并在端部开槽,使箱体剖分面上输油沟内的油可经轴承盖上的槽流入轴承(参阅图 4.7 和图 4.18)。

设计时,可参照表 14-6 和表 14-7 确定轴承盖各部尺寸,并绘出其结构。

3) 滚动轴承的润滑与密封

(1) 滚动轴承的润滑。减速器滚动轴承的润滑方式可参阅 4.3.2 节选择。

(2) 滚动轴承内部的封油盘和挡油盘。当轴承用润滑脂润滑时,为了防止轴承中的润滑脂被箱内齿轮啮合时挤出的油冲刷、稀释而流失,需在轴承内侧设置封油盘(图 4.17)

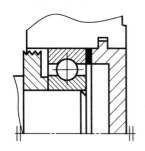 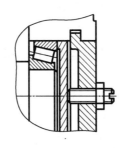 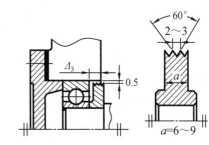

图 4.15 轴上零件的轴向固定　　图 4.16 轴承游隙调整　　图 4.17 轴承内侧设置封油盘

当采用油润滑时,若轴承旁的小齿轮的齿顶圆小于轴承的外径,为防止齿轮啮合时(特别是斜齿轮啮合时)所挤出的热油大量冲向轴承内部,增加轴承的阻力,常设置挡油盘,如图 4.18 所示。挡油盘可是冲压件(成批生产时),也可车制而成。

(3) 轴承伸出的密封。在减速器输入轴和输出轴的外伸段,应在轴承盖的轴孔内设置密封圈。密封装置分为接触式和非接触式两类,并有多种形式,其密封效果也不同。为了提高密封效果,必要时可采取两个或两个以上的密封件或不同类型的密封构成的组合是密封

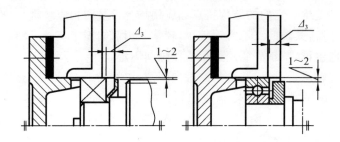

图 4.18 轴承内侧设置挡油板

装置。

设计时可参阅教材及本书第 18 章减速器装配图图例,选择适当的密封形式,确定有关结构尺寸并绘出其结构。

按照上述设计内容和方法逐一完成减速器各轴系零件的结构设计和轴承组合的设计。图 4.19 所示为这阶段所绘装配图的基本内容。

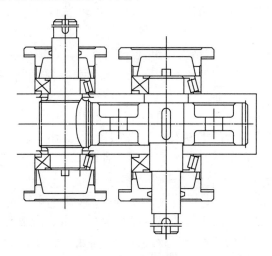

图 4.19 减速器装配图之三

4.6 减速器箱体和附件设计(第三阶段)

本阶段的设计绘图工作应在三个视图上同时进行,必要时可增加局部视图。绘图时应先按箱体,后附件,先主体,后局部的顺序进行。

1. 箱体的结构设计

箱体起着支承轴系、保证传动件和轴系正常运转的重要作用。在已确定箱体结构形式(如剖分式)和箱体毛坯制造方法(如铸造箱体)以及前两阶段已进行的装配草图设计的基础上,可全面地进行箱体的结构设计。

1) 箱座高度

对于传动件采用浸油润滑的减速器,箱座高度除了应满足齿顶圆刀油池底面的距离不小于 30~50mm 外,还应使箱体能容纳一定量的润滑油,以保证润滑和散热。

对于单级减速器,每传递 1kW 功率所需油量约为 $350\sim700\text{cm}^3$(小值用于低黏度油,大值用于高黏度油)。多级减速器需油量按级数成比例增加。

设计时,在离开大齿轮齿顶圆为 $30\sim50\text{mm}$ 处,画出箱体油池底面线,并初步确定箱座高度,为

$$H \geqslant \frac{d_{a2}}{2} + (30\sim50) + \Delta_7 \qquad (4\text{-}3)$$

式中,d_{a2}——大齿轮齿顶圆直径,

Δ_7——为箱座底面之箱座油池底面的距离(见表 4-3)。

再根据传动件的浸油深度(表 4-2)确定油面高度,即可计算出箱体的贮油量。若贮油量不能满足有求,应适当将箱底面下移,增加箱座高度。

2) 箱体要有足够的刚度

(1) 箱体的壁厚。

箱体要有合理的壁厚。轴承座、箱体底座等处承受的载荷较大,其壁厚应更厚些。箱座、箱盖、轴承座、底座凸缘等的壁厚可参照表 4-1 确定。

(2) 轴承座螺栓凸台的设计。

为提高剖分式箱体轴承座的刚度,轴承座两侧的的联接螺栓应尽量靠近,为此需要在轴承座旁边设置螺栓凸台,如图 4.20 所示。

轴承座旁螺栓凸台的螺栓孔间距 $S \approx D_2$,D_2 为轴承盖外径。若 S 值过小,螺栓孔容易与轴承盖螺钉孔或箱体轴承座旁的输油沟相干涉。

螺栓凸台高度 h(图 4.20)与扳手空间的尺寸有关。参照表 4-1 确定螺栓直径和 C_1、C_2,根据 C_1 用作图法可确定凸台的高度 h。为了便于制造,应将箱体上各轴承座旁螺栓凸台设计成相同高度。

(3) 设置加强肋板。

为了提高轴承座附近箱体的强度,在平壁式箱体上可适当设置加强肋板。箱体还可设计成凸壁带内肋板的结构。肋板厚度可参照表 4-1。

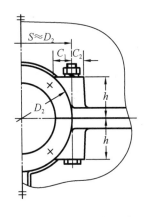

图 4.20 轴承座旁螺拴凸台设置

3) 箱盖外轮廓的设计

箱盖顶部外轮廓常以圆弧和直线组成。大齿轮所在的一侧的箱盖外表面圆弧半径 $R = \left(\frac{d_{a2}}{2}\right) + \Delta_1 + \delta_1$,$\delta_1$ 为箱盖壁厚。通常情况下,轴承座旁螺栓凸台处于箱盖圆弧内侧。

高速轴一侧箱盖外廓圆弧半径应根据结构由作图确定。一般可使高速轴轴承座螺栓凸台位于箱盖圆弧内侧,如图 4.21。轴承座螺栓凸台的位置和高度确定后,取 $R > R'$ 画出箱盖圆弧。若取画箱盖圆弧,则螺栓凸台将位于箱盖圆弧外侧。

当在主视图上确定了箱盖基本外廓后,便可在 3 个试图上详细画出箱盖的结构。

4) 箱体凸缘尺寸

箱盖与箱座联接凸缘、箱底座凸缘要有一定宽度,可参考表 4-1 确定。

轴承座外端面应向外凸出 $5\sim10\text{mm}$(图 4.21),以便切削加工。箱体内壁至轴承座孔外端面的距离 L_1(轴承座孔长度)为

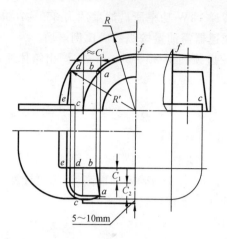

图 4.21 箱体凸缘尺寸

$$L_1 = \delta + C_1 + C_2 + (5\sim10) \text{ mm}$$

箱体凸缘联接螺栓应合理布置,螺栓间距不应过大,一般减速器不大于 150~200mm,大型减速器可能再大些。

5) 导油沟的形式和尺寸

当利用箱内传动件溅起来的油润滑轴承时,通常在箱座的凸缘面上开设导油沟,使飞溅到箱盖内壁上的油经导油沟进入轴承(图 4.22)。

导油沟的布置和油沟尺寸见图 4.22。导油沟可以铸造[图 4.23(a)],也可铣制而成。图 4.23(b)所示为用圆柱端铣刀铣制的油沟,图 4.23(c)为用盘铣刀铣制的油沟。铣制油沟由于加工方便、油流动阻力小,故较常应用。

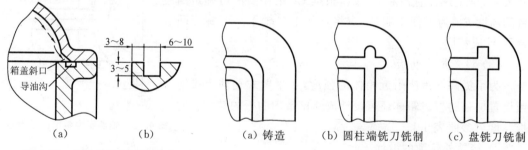

图 4.22 导油沟的布置及尺寸　　　　图 4.23 导油沟的加工方式

2. 减速器附件设计

减速器各种附件的作用见 4.2.3 节。设计时应选择和确定这些附件的结构,并将其设置在箱体的合适位置。

(1) 窥视孔。

窥视孔应设在箱盖顶部能够看到齿轮啮合区的位置,其大小以手能深入箱体进行检查操作为宜。窥视孔处应设计凸台以便于加工。视孔盖可用螺钉紧固在凸台上,并应考虑密封,如图 4.24 所示。视孔盖的结构和尺寸可参照见 14.2 节,也可自行设计。

(2) 通气器。

通气器。通气器设置在箱盖顶部或视孔盖上。较完善的通气器内部制成一定曲路,并

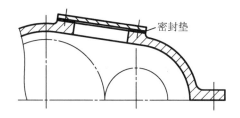

图 4.24 窥视孔位置

设置金属网,常见通气器的结构和尺寸见 14.3 节。

选择通气器类型时应考虑其对环境的适应性,其规格尺寸应与减速器大小相适应。

(3) 油面指示器。

油面指示器应设置在便于观察且油面较稳定的部位,如低速轴附近。

常用的油面指示器有圆形油标、长形油标、管状油标、油标尺等型式。其结构和尺寸见 12.3 节。

油标尺(图 4.25)的结构简单,在减速器中较常采用。油标尺上有表示最高及最低油面的刻线。装有隔离套的油尺[图 4.25(b)],可以减轻油搅动的影响。

油标尺安装位置不能太低,以避免油溢出油标尺座孔。油标尺座凸台的画法可参照图 4.26。

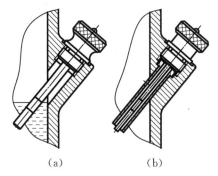

图 4.25 油标尺结构

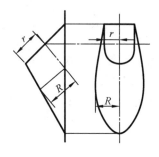

图 4.26 油标尺座凸台的画法

(4) 放油孔和螺塞。

放油孔应设置在油池的最低处,平时用螺塞堵住(图 4.27)。采用螺柱螺塞时,箱座上装螺塞处应设置凸台,并加封油垫片。放油孔不能高于油池底面,以避免油排不净。图 4.27 所示两种结构均可,图 4.27(b)有半边螺孔,其攻螺纹工艺性较差。放油螺塞的结构和尺寸见 14.1 节。

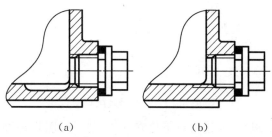

图 4.27 放油孔的两种结构

(5) 起吊装置。

吊环螺钉可按其中量选择,其结构尺寸见表 14-11。为保证起吊安全,调换螺钉应完全拧入螺孔。箱盖安装吊环螺钉处应设置凸台,以使吊环螺钉孔有足够的深度。

箱盖吊耳、吊钩和箱座吊钩的结构尺寸参照表 14-9,设计时可根据具体条件进行适当修改。

(6) 定位销。

常采用圆锥销做定位销。两定位销间的距离越远越可靠,因此,通常将其设置在箱体联接凸缘的对角处,并应作非对称布置。定位销的直径 $d \approx 0.8 d_2$ (d_2 见表 4-1),其长度应大于箱盖、箱座凸缘厚度之和。圆锥销的尺寸见表 10-3。

(7) 起盖螺钉。

起盖螺钉设置在箱盖联接凸缘上,其螺纹有效长度应大于箱盖凸缘厚度(图 4.28)。起盖螺钉直径可与凸缘联接螺钉相同,螺钉端部制成圆柱形并光滑倒角或制成半球形。

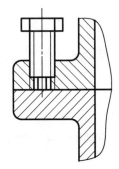

图 4.28 起盖螺钉

完成箱体和附件设计后,可画出如图 4.29 所示的减速器装配草图。

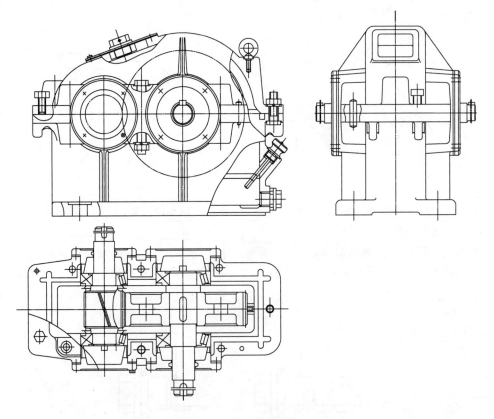

图 4.29 减速器装配草图

减速器装配草图完成后,应进行以下检查:所绘制装配图是否符合总的传动方案;传动件、轴承和轴承部件结构是否合理;箱体结构和附件设计是否合理;零部件的加工、装拆、润滑、密封等是否合适；视图的选择、表达方法是否合适，是否符合国家制图标准等等。通过检查，对装配草图认真进行修改。

4.7 完成减速器装配工作图（第四阶段）

完整的装配工作图应包括表达减速器结构的各个视图、主要尺寸和配合、技术特性和技术要求、零件编号、零件明细栏和标题栏等。表达减速器结构的各个视图应在已绘制的装配草图基础上进行修改、补充，使视图完整、清晰并符合制图规范。装配图上应尽量避免用虚线表示零件结构。必须表达的内部结构或某些附件的结构，可采用局部视图或局部剖视图加以表示。

本阶段还应完成的各项工作内容分述如下。

1. 标注尺寸

装配图上应标注以下四方面的尺寸：

(1) 外形尺寸。减速器的总长、总宽和总高。

(2) 特性尺寸。如传动零件的中心距及偏差。

(3) 安装尺寸。减速器的中心高、轴外伸端配合轴段的长度和直径、地脚螺栓孔的直径和位置尺寸、箱座底面尺寸等。

(4) 配合尺寸。主要零件的配合尺寸、配合性质和精度等级。表 4-4 所列减速器主要零件的荐用配合及本书第 10 章减速器装配图例所采用的配合，可供设计时参考。

表 4-4　减速器主要零件的荐用配合

配合零件		荐用配合	装拆方法
一般齿轮、蜗轮、带轮、联轴器与轴	一般情况	$\dfrac{H7}{r6}$	用压力机
	较少拆装	$\dfrac{H7}{n6}$	用压力机
	小圆锥齿轮及经常拆装处	$\dfrac{H7}{m6}$、$\dfrac{H7}{k6}$	手锤装拆
滚动轴承内圈与轴	轻负荷 ($P \leqslant 0.07C$)	j6、k6	用温差法或压力机
	正常负荷 ($0.07C < P \leqslant 0.15C$)	k5、m5 m6、n6	
滚动轴承外圈与箱体轴承座孔		H7	用木锤或徒手装拆
轴承盖与箱体轴承座孔		$\dfrac{H7}{d11}$、$\dfrac{H7}{h6}$、$\dfrac{H7}{f9}$	徒手装拆
轴承套杯与箱体轴承座孔		$\dfrac{H7}{js6}$、$\dfrac{H7}{h6}$	

注：滚动轴承与轴和轴承座孔的配合可参阅表 15-10、表 15-11。

2. 注明减速器技术特征

减速器特性写在减速器装配图上的适当位置，可采用表格形式，其内容见表 4-5：

表 4-5 技术特性

输入功率 (kW)	输入转速 (r/min)	效率 η	总传动比 i	传动特性							
				高速级				低速级			
				m_n	z_2/z_1	β	精度等级	m_n	z_4/z_3	β	精度等级

3. 编写技术要求

装配图上应写明有关装配、调整、润滑、密封、检验、维护等方面的技术要求。一般减速器的技术要求，通常包括以下几方面的内容：

（1）装配前所有零件均应清除铁屑并用煤油或汽油清洗，箱体内不应有任何杂物存在，内壁应涂上防蚀材料。

（2）注明传动件及轴承所用润滑剂的牌号、用量、补充和更换的时间

（3）箱体剖分面及轴外伸段密封处均不允许漏油，箱体剖分面上不允许使用任何垫片，但允许涂刷密封胶或水玻璃。

（4）写明对传动侧隙和接触斑点的要求，作为装配时检查的依据。对于多极传动，当各级传动的侧隙和接触斑点要求不同时，应分别在技术要求中注明。

（5）对安装调整的要求。对可调游隙的轴承（如圆锥滚子轴承和角接触球轴承），应在技术条件中标出轴承游隙数值。对于两端固定支承的轴系，若采用不可调游隙的轴承（如深沟球轴承），则要注明轴承盖与轴承外圈端面之间应保留的轴向间隙（一般为 0.25～0.4mm）。

（6）其他要求，如必要时可对减速器试验、外观、包装、运输等提出要求。

在减速器装配图上写出技术要求条目和内容可参考图 18.1。

4. 零件编号

在装配图上应对所有零件进行编号，不能遗漏，也不能重复，图中完全相同的零件只编一个序号。

对零件编号时，可按顺时针或逆时针顺序依次排列引出指引线，各指引线不应相交。对螺栓、螺母和垫圈装有一组紧固件，可用一条公共的指引线分别编号。独立的组件、部件（如滚动轴承、通气器、油标等）可作为一个零件编号。零件编号时，可以不分标准件和非标准件统一编号；也可将两者分别进行编号。

装配图上零件序号的字体应大于标注尺寸的字体。

5. 编写零件明细表、标题栏

明细表列出了减速器装配图中表达的所有零件。对于每一个编号的零件，在明细表上

都要按序号列出其名称、数量、材料及规格。

标题栏应布置在图纸的右下角,用来注明减速器的名称、比例、图好、件数、重量、设计人姓名等。

标题栏和明细表的格式参照表 7-1～表 7-3。

完成以上工作后即可得到完整的装配工作图。图 18.1 为减速器装配工作图示例。

6. 检查装配图

装配工作图完成后,应再仔细地进行一次检查。检查的内容主要有:
(1) 视图的数量是否足够,减速器的工作原理、结构和装配关系是否表达清楚。
(2) 尺寸标注是否正确,各处配合与精度的选择是否适当。
(3) 技术要求和技术特性是否正确,有无遗漏。
(4) 零件编号是否有遗漏或重复,标题栏及明细栏是否符合要求。

装配工作图检查修改之后,待零件工作图完成后,再加深描粗。图上的文字和数字应按制图要求工整地书写,图面要保持整洁。

4.8 圆锥-圆柱齿轮减速器装配图设计的特点

圆锥-圆柱齿轮减速器装配图的设计内容和步骤与圆柱齿轮减速器大体相同,但其也存在一些不同的地方,现以圆锥-圆柱减速器装配图的设计为例,着重介绍这类减速器设计的特点。

1. 确定齿轮、箱体内壁和轴承座外端面位置

(1) 在装配图俯视图中画出传动件的中心线,根据设计计算所得齿轮设计参数,画出圆锥齿轮轮廓。圆锥齿轮的轮毂宽度,可以在确定轴径以后,根据推荐公式 $l=(1.5\sim 1.8)d$ 确定。然后按表 4-3 推荐的 Δ_2 值(图 4.30 中的 Δ_1),画出小圆锥齿轮一侧和大圆锥齿轮一侧的箱体内壁线。

(2) 圆锥-圆柱齿轮减速器的箱体通常设计成对称于小圆锥齿轮轴线的对称结构,以便于将中间轴和低速调头安装时可改变输出轴的位置。因此,在确定大圆锥齿轮一侧箱体内壁后,可对称地画出箱体另一侧的内壁线(图 4.30)。再根据箱体内壁确定小圆柱齿轮的端面位置,并依据计算所得几何尺寸画出圆柱齿轮的轮廓,一般使小齿轮的宽度较大齿轮的宽度大 5~10mm。在确定圆柱齿轮轮廓时,应使大圆柱齿轮端面与大圆锥齿轮端面间有一定的距离 Δ_4(图 4.30 中的 Δ_3),若间距太小,可适当加宽箱体;同时应注意大圆锥齿轮齿顶与低速轴之间、小圆锥齿轮端面与中间轴之间应保持一定距离 Δ_5(图 4.30 中的 l_7),参见表 4-3,对照图 4.30 所示。

(3) 箱体轴承座内端面位置根据表 4-1、表 4-3 中的推荐值确定,箱体上小圆锥齿轮轴轴承座外端面位置可待对该轴进行轴系结构设计时具体考虑。

2. 小圆锥齿轮轴轴系结构设计

圆锥-圆柱齿轮减速器各轴的轴系结构设计方法与圆柱齿轮减速器基本相同,所不同的

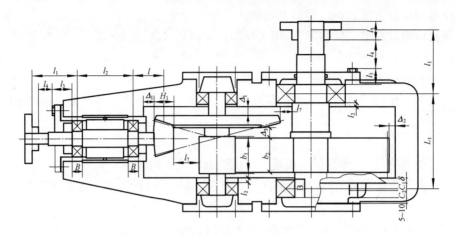

图 4.30 圆锥-圆柱齿轮减速器零件位置尺寸

是小圆锥齿轮轴的轴系结构设计。现将其设计方法阐述如下:

1) 小圆锥齿轮的悬臂长度和轴的支承跨距

小圆锥齿轮一般多采用悬臂结构,如图 4.31 所示,齿宽中点至轴承压力中心的轴向距离 L_a 为悬臂长度,为使轴系具有较大的刚度,设计时轴承支点距离 L_b 不宜设计过小,一般取 $L_b \approx 2L_a$ 或 $L_b \approx 2.5d$,d 为轴承处的轴径。同时应尽量减少悬臂长度,这样可以使轴系轴向尺寸更为紧凑。

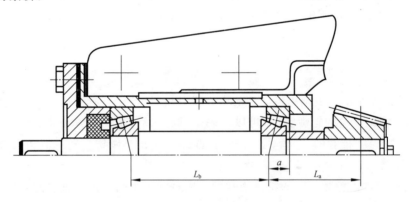

图 4.31 小圆锥齿轮轴系结构(正装)

2) 轴系支承结构设计

小圆锥齿轮轴一般较短,常采用两端固定的支承结构。对于圆锥滚子轴承或角接触球轴承,轴承有两种不同的布置方式,即正装和反装。图 4.31 所示为正装。当小圆锥齿轮齿顶圆直径大于套杯凸肩孔径时,一般采用齿轮与轴分开的结构有利于装拆;当小圆锥齿轮齿顶圆直径小于套杯凸肩孔径时,常将齿轮与轴制成齿轮轴的结构。不管齿轮与轴采用何种结构形式,只要轴承采用正装的布置方式,轴承均可在套杯外进行安装,轴承的游隙可通过轴承盖与套杯间的垫片来调整。

图 4.32 所示为轴承反装的情况,这种结构形式将使零件的安装不方便,轴承游隙的调整依靠圆螺母来进行,也很麻烦。反装可以增加支承的跨距,减少悬臂长度,有利于提高轴系刚度。但反装结构又将导致受径向载荷大的轴承(即靠近小圆锥齿轮的轴承)承受更大的轴向载荷。

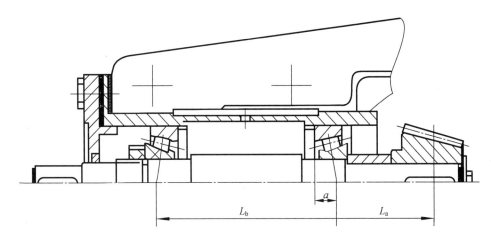

图 4.32 小圆锥齿轮轴系结构(反装)

3) 轴承套杯

为满足圆锥齿轮传动的啮合精度要求,装配时需要调整两个圆锥齿轮的轴向位置。通常将小圆锥齿轮轴和轴承放在套杯内,利用套杯凸缘与箱体轴承座端面之间的垫片来调整小圆锥齿轮的轴向距离,同时采用套杯结构也便于利用套杯的轴肩来固定轴承,如图 4.31、图 4.32 所示,套杯的具体结构和尺寸可以参见第 14 章表 14-8。

4. 箱座高度的确定

箱座高度可按与圆柱齿轮减速器相同的方法确定。在确定油面高度时,对于单级圆锥齿轮减速器按大圆锥齿轮的浸油深度(参见表 4-3)确定;对于圆锥-圆柱齿轮减速器,则要综合考虑大圆锥齿轮和低速级上大圆柱齿轮两者的浸油深度。可按大圆锥齿轮必要的浸油深度确定油面位置,然后检查是否符合低速级大圆柱齿轮的浸油深度要求。

圆锥-圆柱齿轮减速器的详细结构,可参阅第 18 章圆锥-圆柱齿轮减速器装配图图例。

4.9 蜗杆减速器装配图设计的特点

蜗杆减速器装配图的设计内容和步骤与圆柱齿轮减速器大体相同。这里以下置式蜗杆减速器为例来介绍蜗杆减速器装配图的设计特点。

蜗杆减速器通常设计成沿蜗轮轴线平面剖分的箱体结构,以便于蜗轮轴系的安装和调整。蜗杆与蜗轮的轴线呈空间交错,因此绘制蜗杆减速器装配图需在主视图和侧视图上同时进行。

1. 按蜗轮外圆确定箱体内壁和蜗杆轴承座位置

(1) 在主视图和侧视图位置上画出蜗杆、蜗轮的中心线后,根据设计计算所得蜗轮、蜗杆设计参数,画出蜗轮和蜗杆的轮廓。再由表 4-4 推荐的相关值,参照图 4.33,在主视图上可以确定箱体的内壁和外壁位置。

(2) 为提高蜗杆轴刚度,其支承距离应尽量减少,因此在设计时蜗杆轴承座通常设计成伸到箱体内部,在主视图上取蜗杆轴承座外凸台高为 5~10mm,可定出蜗杆轴承座外端面

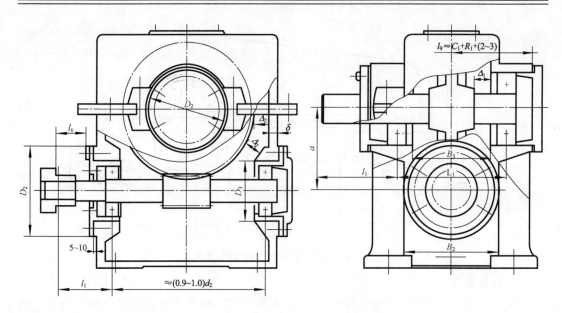

图 4.33 单级蜗杆减速器零件的位置尺寸

的位置,其外径一般与轴承盖凸缘外径 D_2 相同,如图 4.30 所示。为使轴承座尽量内伸,可将轴承座内伸端设计成斜面,设计时应注意使轴承座内伸端部与蜗轮外圆之间保持适当距离 Δ_2,并且斜面端部应具有一定的厚度(一般取其厚度 $\approx 0.4\times$ 内伸轴承座壁厚),由此可确定轴承座内端面位置,如图 4.33 所示。

2. 按蜗杆轴承座尺寸确定箱体宽度及蜗轮轴承座位置

箱体的宽度通常取为蜗杆轴承座外端面外径,即 $B_2 \approx D_2$,如图 4.33 所示,参考表 4-4 即可确定箱体宽度方向的外壁和内壁厚度。在此基础上计算出轴承座外端面至箱体外壁的距离,从而确定轴承座的外端面位置。

3. 蜗杆轴轴系结构设计

蜗轮减速器各轴的轴系结构设计方法与圆柱齿轮减速器基本相同,有所不同的是蜗杆轴的轴系结构设计,现将其设计方法阐述如下。

因蜗杆轴轴承承受的轴向载荷较大,所以一般选用圆锥滚子轴承或角接触球轴承。当轴向力很大时,可考虑选用双向推力球轴承承受轴向力。当蜗杆轴较短,且温升不很高时,蜗杆轴可采用两端固定的支承结构形式;当蜗杆轴较长,温升较大时,常采用一端固定、一端游动的支承方式,此时固定支承端一般设在轴的非外伸端,以便于轴承的调整,如图 4.33 主视图所示。

设计时应使蜗杆轴承座孔直径相同且大于蜗杆外径,以便于箱体上轴承座孔的加工和蜗杆的安装。蜗杆轴的固定端一般采用轴承套杯,便于轴承的固定,也便于将两个轴承座孔直径取得一致。

下置蜗杆及轴承一般采用浸油润滑,浸油深度≥1个蜗杆齿高,但油面不应高于蜗杆轴承最低滚动体中心,参见表 4-3。当油面高度符合轴承浸油深度要求而蜗杆齿尚未浸入油中,或蜗杆浸油太浅时,可在蜗杆两侧设置溅油轮,利用飞溅油来润滑传动件。此时轴承的浸油深度可适当降低。蜗杆外伸处应采用较可靠的密封装置,如橡胶唇形密封圈。

上置式蜗杆靠蜗轮浸油润滑,蜗轮的浸油深度参见表4-3,其轴承的润滑则采用脂润滑,或采用刮板润滑,如第18章参考图例中图所示。

4. 蜗轮的结构、蜗轮轴承的润滑

蜗轮的结构参见教材,为节省有色金属材料,除铸铁蜗轮或直径较小(一般指蜗轮直径<100~200mm)的青铜蜗轮外,多采用装配式结构,其轮缘为青铜等材料制造,轮芯用铸铁制造。

5. 箱体的高度

蜗杆减速器工作时发热较大,为保证散热,对于下置式蜗杆减速器,设计时常取蜗轮轴中心线高等于$(1.8\sim2)a$,a为蜗杆传动中心距。

6. 蜗杆减速器的散热

当箱体尺寸确定以后,对于连续工作的蜗杆减速器应进行热平衡计算。如散热能力不足,需采取散热措施。通常可适当增大箱体尺寸(如增加中心高)和在箱体上增设散热片,如还不能满足要求,则可考虑采取在蜗杆轴端设置风扇,在油池增设冷却水管等强迫冷却措施。

散热片一般垂直于箱体外壁布置。当安装风扇时,应注意使散热片布置与风扇气流方向一致。

单级蜗杆减速器的详细结构,可参阅第18章蜗杆减速器装配图图例。

4.10 减速器装配图常见错误示例

如图4.34所示为减速器装配图一些常见错误示例,分别说明如下:
(1) 轴承采用油润滑,但油不能导入油沟。
(2) 螺栓杆与被联接件螺栓孔表面应有间隙。
(3) 观察孔设计太小,不便于检查传动件啮合情况,并且没有设计垫片密封。
(4) 箱盖与箱座接合面应画成粗实线。
(5) 启盖螺钉设计过短,无法启盖。
(6) 油尺位置不够倾斜(或设计太靠上),使得油尺座孔难以加工,且油尺无法装拆。
(7) 放油螺塞孔端处的箱体没有设计凸起,螺塞有箱体之间没有封油圈,且螺塞位置设置过高,很难排干净箱体内的残油。(8)(16)轴承座孔的端面应设计成凸起的加工面,减少箱体表面的加工面积。
(9) 垫片的孔径太小,端盖不能装入。
(10) 轴套太厚,高于轴承内圈,不能通过轴承内圈来拆卸轴承。
(11) 输油沟的容易直接流回箱体内,不能很好地润滑轴承。
(12) 齿轮宽度相同,不能保证齿轮在全齿宽上啮合,且齿轮的啮合画法不对。
(13) 轴与齿轮轮毂的配合段同长,轴套不能可靠地固定齿轮。

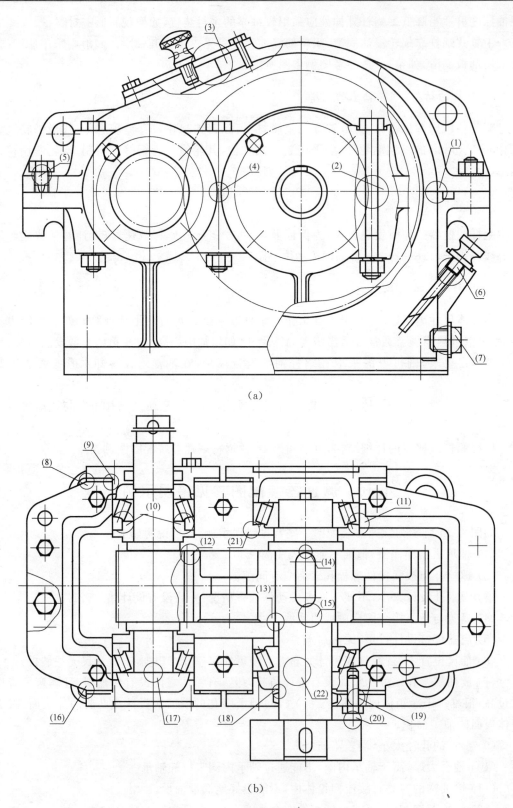

图 4.34 减速器装配图错误示例

(14) 键槽的位置紧靠轴肩,加大了轴肩处的应力集中。
(15) 键槽的位置离轴段端面太远,齿轮轮毂的键槽在装配时不易对准轴上的键。
(17) 轴承端盖在周向应对称开设多对缺口,以便于端盖在安装时其缺口容易与油沟对齐。
(18) 透盖不能与轴接触。
(19) 螺钉杆与端盖螺钉孔间应有间隙。
(20) 外接零件端面与箱体端盖距离太近,不便于端盖螺钉的拆卸。
(21) 轴承座孔应设计成通孔。
(22) 轴段太长,应设计成阶梯轴,以便于轴的加工和轴上零件的装拆。

第5章 零件工作图

5.1 零件工作图的设计要求

零件工作图是零件生产和检验的基本技术文件,它必须提供零件制造和检验的全部内容,既要反映设计意图,又要考虑加工的可行性和合理性。零件工作图在装配图设计之后绘制。零件的基本结构及尺寸应与装配图一致,不应随意更改,若必须更改,则装配图也应做相应的修改。

设计时要注意以下几点要求。

(1) 合理选择和安排视图。视图及剖视图的数量应尽量少,但需完整而清楚地表示出零件内部、外部的结构形状和尺寸大小。

(2) 标注尺寸要选好基准面。除长度尺寸链要留有封闭环以外,零件的所有尺寸都要标注,并且标注尺寸要便于零件加工,避免在加工时做任何计算。大部分尺寸应集中标注在最能反映零件特征的视图上。对配合尺寸及要求精确的几何尺寸,应标出尺寸的极限偏差,如配合的轴和孔、机体孔中心距等。

(3) 零件的所有表面都应注明表面粗糙度值。可将一种采用最多的表面粗糙度值集中标注在图纸的右上角。在不影响正常工作的情况下,尽量取较大的粗糙度值。零件图上还要标注必要的形位公差。普通减速器零件的形位公差等级可选用 6~8 级,特别重要的地方(如滚动轴承孔配合的轴颈处等)按 6 级选择,大多数按 8 级选择。

(4) 零件图上还要提出技术要求。它是不便用图形和符号表示,而在制造时又必须保证的要求。

(5) 对传动零件还要列出主要几何参数、精度等级及偏差表。

(6) 在图纸右下角应画出标题栏,格式见本书第 7 章表 7-1。

对不同类型的零件,其工作图的内容也各有特点,为此下面分轴类零件、齿轮零件、箱体零件一一详述于后。

5.2 轴类零件工作图

轴类零件是指圆柱体形状的零件(如轴、套筒等),它的设计要求主要包括以下内容。

1. 视图

轴类零件一般用一个主要视图表示,在有键槽和孔的部位,应增加必要的剖视图。对于轴上不容易表达清楚的砂轮越程槽、退刀槽、中心孔等,必要时绘制其局部放大图。

2. 尺寸标注

轴的各段尺寸应全部标注尺寸,凡是配合处都要标注尺寸极限偏差。标注轴的各段长度尺寸时首先应选好基准面,尽可能做到设计基准面、工艺基准面和测量基准面三者一致,并尽量考虑加工过程来标注尺寸。基准面常选择在传动零件定位面处或轴的端面处。对于长度尺寸精度要求较高的轴段,应尽量直接标注出其尺寸。标注尺寸时应避免出现封闭的尺寸链。如图5.1所示,其主要基准面选择在轴肩 I—I 处,它是齿轮的轴向定位面。当确定了轴肩 I—I 的位置,轴上各零件的位置即可随之确定。

考虑加工情况,取轴的两个端面作为辅助基准面。轴上键槽的位置尺寸、剖面尺寸及偏差均应标出。

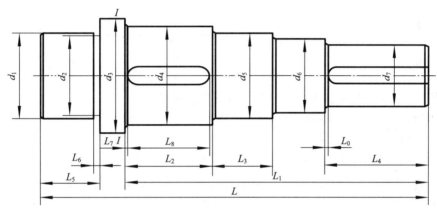

图 5.1 轴的标注

3. 形位公差的标注

轴类零件图上应标注出必要的形位公差,以保证加工精度和装配质量。减速器轴的形位公差标注项目见表5-1。

表 5-1 轴的形位公差标注项目

加工表面	标注项目	精度等级
与普通精度级滚动轴承配合的圆柱面	圆柱度	6
	跳动度	6~7
普通精度级滚动轴承的定位端面	端面圆跳动	6
与传动件配合的圆柱面	圆跳动	6~8
传动件的定位端面	端面圆跳动	6~8
平键键槽侧面	对称度	7~9

4. 表面粗糙度的标注

轴的所有表面都应注明表面粗糙度。轴的表面粗糙度参数 R_a 值可参照表5-2选择。

表 5-2 轴的表面粗糙度 R_a 推荐用值 (单位 μm)

<table>
<tr><td>加工表面</td><td colspan="4">R_a</td></tr>
<tr><td>与传动零件、联轴器配合的表面</td><td colspan="4">3.2～0.8</td></tr>
<tr><td>传动件及联轴器的定位端面</td><td colspan="4">6.3～1.6</td></tr>
<tr><td>与普通精度级滚动轴承配合的表面</td><td colspan="2">1.0(轴承内径≤80mm)</td><td colspan="2">1.6(轴承内径>80mm)</td></tr>
<tr><td>普通精度级滚动轴承的定位端面</td><td colspan="2">2.0(轴承内径≤80mm)</td><td colspan="2">2.5(轴承内径>80mm)</td></tr>
<tr><td>平键键槽</td><td colspan="2">3.2(键槽侧面)</td><td colspan="2">6.3(键槽底面)</td></tr>
<tr><td rowspan="4">密封处表面</td><td>毡圈</td><td colspan="2">橡胶密封</td><td rowspan="2">油沟、迷宫式</td></tr>
<tr><td colspan="3">密封处圆周速度(m/s)</td></tr>
<tr><td>≤3</td><td>>3～5</td><td>>5～10</td><td rowspan="2">3.2～1.6</td></tr>
<tr><td>1.6～0.8</td><td>0.8～0.4</td><td>0.4～0.2</td></tr>
</table>

5. 技术要求

轴类零件图上提出的技术要求一般有以下几项内容。

(1) 对材料的化学成分和机械性能的说明。

(2) 热处理方法、热处理后的硬度、渗碳深度等要求。

(3) 图中未注明的圆角、倒角尺寸。

(4) 其他必要的说明,例如图上未画中心孔,则应注明中心孔的类型及标准代号或在图上用指引线标出。

5.3 齿轮零件工作图

齿轮零件包括圆柱齿轮、圆锥齿轮和蜗轮蜗杆,它的设计要求包括以下内容。

1. 视图

齿轮类零件一般用两个视图表示。主视图通常采用通过齿轮轴线的全剖或半剖视图;侧视图则可采用以表达毂孔和键槽的形状、尺寸为主的局部视图。若齿轮是轮辐结构的,则应详细画出侧视图,并附加必要的局部视图,如轮辐的横剖视图等。

2. 尺寸的标注

齿轮的各径向尺寸以轴线为基准标出,齿宽方向(轴向)的尺寸以端面为基准标出。齿根圆是根据齿轮参数加工的结果,在图纸上可不标出,另外还应标注键槽尺寸。圆锥齿轮的锥角、锥距是保证啮合的重要参数,必须精确标注。锥角应精确到分,锥距应精确到0.01mm。同时还应标注基准面到锥顶的距离。

3. 公差和表面粗糙度的标注

齿轮类零件的配合尺寸及精度要求较高的尺寸,均应标注尺寸的偏差。对于配合表面、安装或测量基准面应标注形位公差。

4. 啮合特性表

齿轮类零件工作图上应编有啮合特性。表中列出齿轮的基本参数、精度等级及检验项目等。

5. 技术要求

技术要求的内容包括对材料、热处理、加工(如未注明的倒角、圆角半径等)、齿轮毛坯(锻件、铸件)等方面的要求。对于大尺寸齿轮或高速齿轮,还应考虑平衡试验的要求。

5.4 箱体零件工作图

箱体零件是指减速器的箱盖和箱座,它的设计要求包括以下内容。

1. 视图

箱座和箱盖一般用 3 个视图表示,并且常需局部视图、剖视图来表达一些不容易看清楚的局部结构。

2. 尺寸的标注

箱体结构较复杂,箱体图上要标注的尺寸很多。标注尺寸时应清晰正确、多而不乱,要避免遗漏和重复,避免出现封闭尺寸链。标注尺寸时应考虑加工和测量的要求,选择合适的标注基准。

箱座和箱盖高度方向的尺寸要以箱座底平面或箱体剖分面为基准标注;长度方向尺寸应以轴承座孔的中心线为主要基准进行标注;宽度方向的尺寸则以箱体宽度的对称中线为基准标注。箱体的结构形状尺寸(如箱体长宽高、壁厚、各种孔径、槽深等)以及影响减速器工作性能的尺寸(如轴承座孔中心距等)均应直接标出,以便于箱体的制造。

箱体的所有圆角、倒角、铸造斜度等必须标注或在技术要求中说明。

标注尺寸时应注意箱盖与箱座某些尺寸的对应关系。

3. 公差的标注

箱体零件图应标注的尺寸公差主要有以下内容。

(1) 所有配合尺寸的尺寸偏差。

(2) 轴承座孔中心距的极限偏差,其数值取$(0.7\sim0.8)f_a$,f_a为齿轮副或蜗杆副的中心距极限偏差;系数$(0.7\sim0.8)$是为了补偿由于轴承制造误差和配合间隙而引起的轴线偏移。

(3) 箱体的形位公差可参照表 5-3 选择标注。

表 5-3 箱体的形位公差推荐标注项目

加工表面和标注项目	精度等级
箱体剖分面的平面度	7~8
轴承座孔的圆柱度	7(适于普通精度级轴承)
轴承座孔端面对孔中心线的垂直度	7~8
两轴承座孔的同轴度	6~7
轴承座孔轴线的平行度	6~7(应参考齿轮副轴线平行度公差 f_x、f_y)

4. 表面粗糙度的标注

箱体主要加工表面的粗糙度 R_a 的推荐用值见表 5-4。

表 5-4　箱体表面粗糙度 R_a 值　　　　　　　　　　（单位：μm）

加工表面	R_a
箱体剖分面	3.2~1.6
定位销孔	1.6~0.8
轴承座孔（适于普通精度级轴承）	3.2~1.6
轴承座孔外端面	3.2
其他配合表面	6.3~3.2
其他非配合表面	12.5~6.3

5. 技术要求

箱体零件图上提出的技术要求一般包括以下内容。

(1) 对铸件质量的要求（如不允许有砂眼、渗漏现象等）。

(2) 铸件应进行时效处理及对铸件清砂、表面防护（如涂漆等）的要求。

(3) 对未注明的倒角、圆角、铸造斜度的说明。

(4) 箱盖与箱座配作加工（如配作定位销孔、轴承座孔和外端面等）的说明。

(5) 其他必要说明，如轴承座孔中心线的平行度或垂直度要求在图中未标注时，可在技术要求中说明。

第6章　编写设计说明书及准备答辩

6.1　设计计算说明书的内容与要求

1. 设计计算说明书的内容

设计计算说明书是整个设计计算过程的整理和总结，是图纸设计的理论依据，同时也是审核设计的重要技术文件之一。设计计算说明书应在完成全部设计计算及图纸后进行编写，具体内容视设计任务而定。

以减速样为主的机械传动装置设计，其计算说明书大致包括以下内容：

(1) 目录(标题、页次)；

(2) 设计任务书(设计题目)；

(3) 传动方案的拟定；

(4) 电动机的选择；

(5) 传动比的分配；

(6) 传动系统运动和动力参数的计算；

(7) 传动零件的设计计算；

(8) 轴的设计(按扭转强度初步估算轴的直径，轴的结构设计)；

(9) 滚动轴承的选择和计算；

(10) 联轴器的选择、键联接的选择及验算；

(11) 润滑方式、润滑剂及密封形式的选择；

(12) 轴的校核计算(按弯、扭复合强度进行校核，精确验算轴的安全系数，画出轴的弯、扭矩图)；

(13) 减速器附件的选择及说明；

(14) 其他技术说明；

(15) 设计小结(如简要说明课程设计的体会，设计优缺点的分析等)；

(16) 参考文献(资料编号、编者姓名、文献名、出版地、出版单位、出版年月)。

2. 对设计计算说明书的要求

(1) 系统地说明设计过程中所考虑的问题及一切计算，并应包括与计算有关的必要的简图，如传动方案简图、有关零件的结构简图、轴的受力分析简图、弯矩和扭矩图等。

(2) 要求计算正确完整，文字简明通顺，编写整齐清晰。计算部分只需列出公式，将有关数据代入，略去演算过程，得出计算结果，然后在每页的右面一栏(结果栏)内列出取用的数值，并有“合用”、“安全”等结论。

(3) 说明书一般用16开纸，按合理的顺序及规定的格式编写，注明页次并编写目录最后加封面(图 6.1)装订成册。

机械设计课程设计说明书

设计题目 _____
_____学院_____专业
班级_____学号_____
设计人_____
指导老师_____

(校名)
年　月　日

图 6.1　说明书封面

3. 设计计算说明书编写示例（见表6-1）

表6-1 设计计算说明书编写示例

设计计算及说明	结果
…… 1. 电动机选择如下。 (1) 确定电动机类型。 根据电源及工作机工作条件，选择卧式封闭型Y系列三相交流异步电动机。 (2) 确定电动机功率。 ① 计算工作机所需功率： $$P_w = \frac{Fv}{1000} = \frac{1600 \times 1.2}{1000} \approx 1.92 \text{kW}$$ ② 计算电动机的输出功率P_d： $$P_d = \frac{P_w}{\eta}$$ 由表2-4查取V带传动、滚动轴承、齿轮传动、联轴器的效率分别为： 　　$\eta_1 = 0.96$ 　　$\eta_2 = 0.99$ 　　$\eta_3 = 0.98$ 　　$\eta_4 = 0.99$ 则传动装置的总效率为： $$\eta = \eta_1 \eta_2^3 \eta_3 \eta_4 = 0.96 \times 0.99^3 \times 0.98 \times 0.99 \approx 0.90$$ 则： $$P_d = \frac{P_w}{\eta} = \frac{1.92}{0.90} \approx 2.13 \text{kW}$$ 按表17-1确定电动机额定功率为$P_{ed} = 2.2$kW (3) 确定电动机的转速。 根据工作机对转速的要求确定电动机的转速 (4) 确定电动机的型号。 根据所确定的电动机的类型、额定功率及转速确定电动机的型号 2. 高速级齿轮传动设计如下。 (1) 齿轮材料、精度及参数选择。 根据传动的功率、转矩及齿轮的工作环境确定： 　　小齿轮：45钢，调质，$HB_1 = 240$ 　　大齿轮：45钢，正火，$HB_2 = 190$ 　　齿数：$z_1 = 23$ 　　　　$z_2 = 72$ 　　齿数比：$u = \frac{z_2}{z_1} = \frac{72}{23} \approx 3.13$ 　　精度等级：选8级精度（GB 10095—1988） 　　初选螺旋角b：$b = 13°$ 　　齿宽系数y_d：$y_d = 0.8$ (2) 齿轮许用应力$[d]_H$、$[d]_F$。 ……	$P_w \approx 1.92$kW $h \approx 0.90$ $P_{ed} = 2.2$kW $z_1 = 23$ $z_2 = 72$ $u \approx 3.13$ 8级精度

(续)

设计计算及说明	结果
……	
(3) 按齿面接触强度计算和确定齿轮尺寸。	
……	
……	
(4) 验算齿根弯曲强度。	
……	
……	

6.2 课程设计总结与答辩

答辩是课程设计的最后环节。通过准备答辩,可以系统地回顾和总结下面的内容:方案确定、受力分析、材料选择、工作能力计算、主要参数及尺寸确定、结构设计、设计资料和标准的运用、工艺性、使用、维护等各方面的知识;全面分析本次设计的优缺点,总结今后在设计中应注意的问题;初步掌握机械设计的方法和步骤,提高分析和解决工程实际问题的能力。

在答辩前,应将装订好的设计计算说明书、叠好的图纸一起装入资料袋内,准备进行答辩。

设计答辩工作应对每个学生单独进行,根据设计图纸、设计计算说明书和答辩中回答问题的情况,结合设计过程中的表现评定成绩。

第二部分 课程设计常用标准和规范

第7章 常用数据和标准

7.1 明细栏和标题栏格式

GB/T 10609.1—1989 和 GB/T 10609.2—1989 分别对标题栏和明细栏的组成做了一般规定，允许按实际需要增加或减少。考虑课程设计的实际情况，推荐格式见表 7-1、表 7-2、表 7-3。

表 7-1 明细表格式

6	MDE-56-1-106	机座	1	HT15-33			
5	MDE-56-105	通气器	1				
4	MDE-56-1-104	窥视孔盖	1	HT15-33			
3	MDE-56-1-103	垫片	1	压纸板			
2	MDE-56-1-102	机盖	1	HT15-33			
1	MDE-56-1-101	密封盖	1				
序号	代号	名称	数量	材料	单重	总重	备注
8	40	44	8	38	10	12	20

表 7-2 装配图标题栏格式

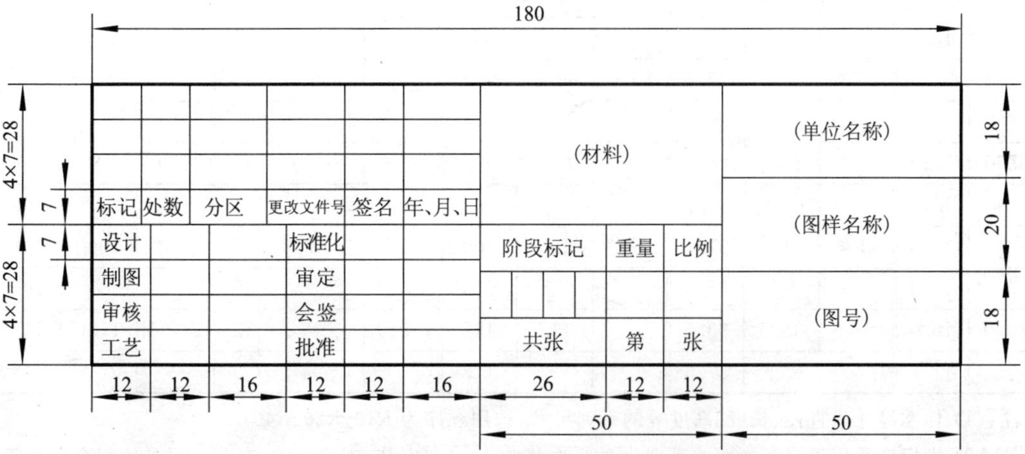

表 7-3 零件工作图标题栏格式

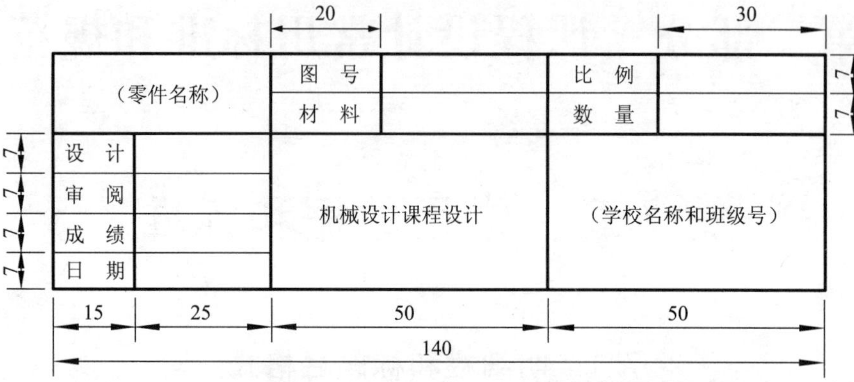

7.2 标准尺寸(直径、长度、高度等)

标准尺寸(直径、长度、高度等)见表 7-4。

表 7-4 标准尺寸(直径、长度、高度等)(摘自 GB 2822—1981) (单位:mm)

$R10$	$R20$	$R10$	$R20$	$R40$	$R10$	$R20$	$R40$	$R10$	$R20$	$R40$	$R10$	$R20$	$R40$
1.25	1.25	12.5	12.5	12.5	40.0	40.0	40.0	125	125	125	400	400	400
	1.40			13.2			42.5			132			425
1.60	1.60		14.0	14.0		45.0	45.0		140	140		450	450
	1.80			15.0			47.5			150			475
2.00	2.00	16.0	16.0	16.0	50.0	50.0	50.0	160	160	160	500	500	500
	2.24			17.0		53				170			530
2.50	2.50		18.0	18.0		56.0	56.0		180	180		560	560
	2.80			19.0			60			190			600
3.15	3.15	20.0	20.0	20.0	63.0	63.0	63.0	200	200	200	630	630	630
	3.55			21.2			67			212			670
4.00	4.00		22.4	22.4		71	71		224	224		710	710
	4.50			23.6			75			236			750
5.00	5.00	25.0	25.0	25.0	80.0	80.0	80.0	250	250	250	800	800	800
	5.60			26.5			85.0			265			850
6.30	6.30		28.0	28.0		90.0	90.0		280	280	900	900	900
	7.10			30.0			95.0			300			950
8.00	8.00	31.5	31.5	31.5	100	100	100	315	315	315	1000	1000	1000
	9.00			33.5			106			335			1060
10.0	10.0		35.5	35.5		112	112		355	355		1120	1120
	11.2			37.5			118			375			1180

注:(1) 标准尺寸为直径、长度、高度等的系列尺寸,选用顺序为 $R10$、$R20$、$R40$;

(2) 本标准适用于有互换性或系列化要求的主要尺寸(如安装、连接尺寸,有公差要求的配合尺寸等)

7.3 中心孔与中心孔表示方法

中心孔与中心孔表示方法分别见表 7-5、表 7-6。

表 7-5 中心孔(摘自 GB/T 145—2001) （单位:mm）

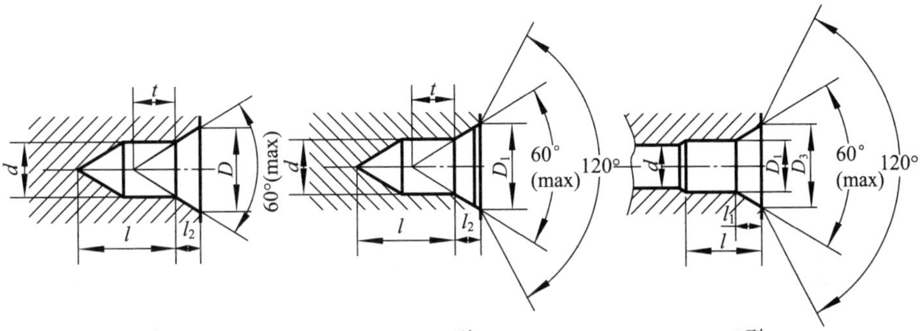

A型 不带护锥中心孔

B型 带护锥中心孔

C型 带螺纹中心孔

d	D、D_1		l_2(参考)		t(参考)	d	D_1	D_3	l	l_1(参考)	选择中心孔的参考数据		
A、B型	A型	B型	A型	B型	A、B型		C型				工件最大质量(kg)	原料端部最小直径 D_0	轴状原料最大直径 D_c
1.60	3.35	5.00	1.52	1.99	1.4								
2.00	4.25	6.30	1.95	2.54	1.8						120	8	>10~18
2.50	5.30	8.00	2.42	3.20	2.2						200	10	>18~30
3.15	6.70	10.00	3.07	4.03	2.8	M3	3.2	5.8	2.6	1.8	500	12	>30~50
4.00	8.50	12.50	3.90	5.05	3.5	M4	4.3	7.4	3.2	2.1	800	15	>50~80
(5.00)	10.60	16.00	4.85	6.41	4.4	M5	5.3	8.8	4.0	2.4	1000	20	>80~120
6.30	13.20	18.00	5.98	7.36	5.5	M6	6.4	10.5	5.0	2.8	1500	25	>120~180
(8.00)	17.00	22.40	7.79	9.36	7.0	M8	8.4	13.2	6.0	3.3	2000	30	>180~220
10.00	21.20	28.00	9.70	11.66	8.7	M10	10.5	16.3	7.5	3.8	2500	35	>180~220

注:(1) A 型和 B 型中心孔的尺寸 l 取决于中心钻的长度;
(2) 括号内的尺寸尽量不采用;
(3) 选择中心孔的参考数值不属于 GB/T 145—2001 的内容,仅供参考。

表 7-6 中心孔表示方法(摘自 GB/T 4459.5—1999)

要求	符号	标注示例	解释
在完工的零件上要求保留中心孔	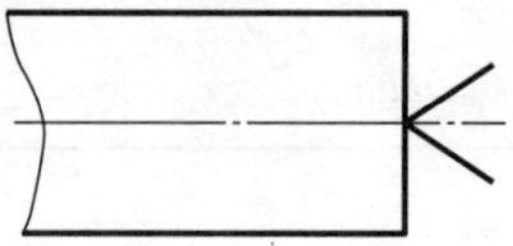	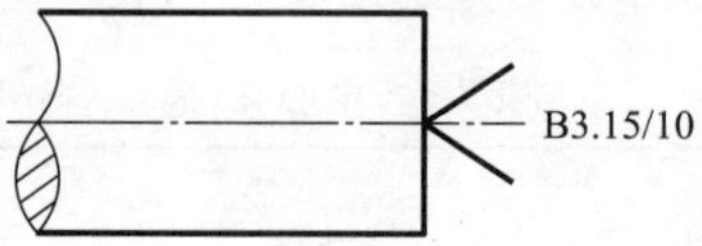 B3.15/10	要求做出 B 型中心孔,$d=3.15$,$D_{max}=10$ 在完工零件上要求保留
在完工的零件上可以保留中心孔	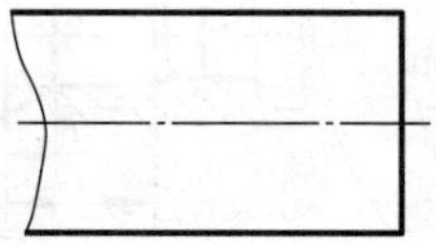	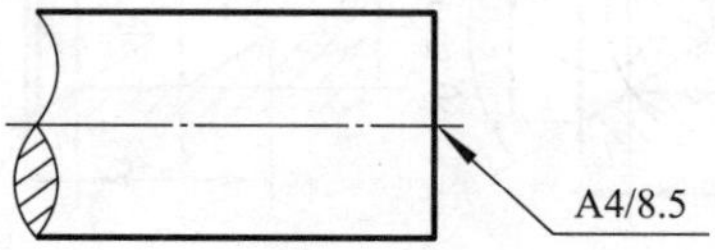 A4/8.5	用 A 型中心孔,$d=4$,$D_{max}=8.5$,在完工的零件上是否保留都可以
在完工的零件上不允许保留中心孔	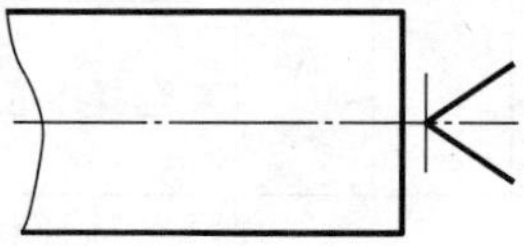	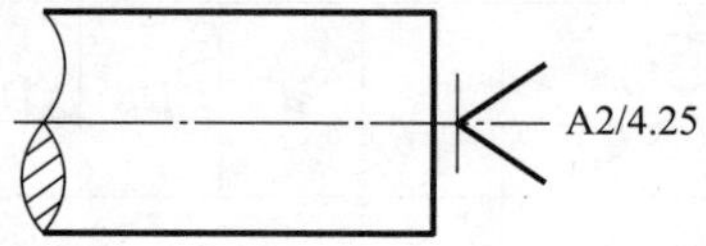 A2/4.25	用 A 型中心孔,$d=2$,$D_{max}=4.25$,在完工的零件上不允许保留

标注示例	解 释
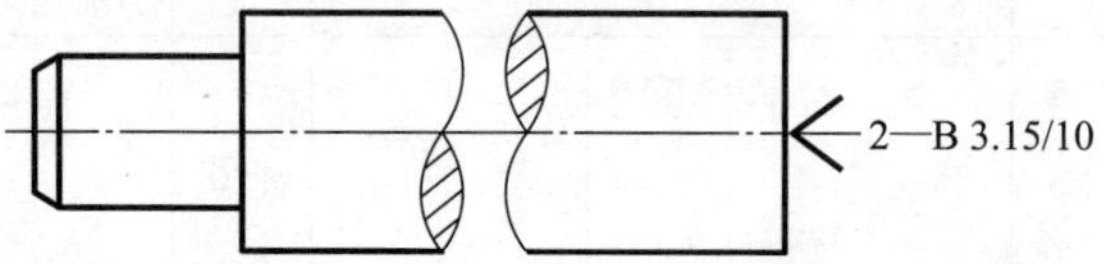 2—B 3.15/10	同轴的两端中心孔相同,可只在其一端标出,但应注出其数量
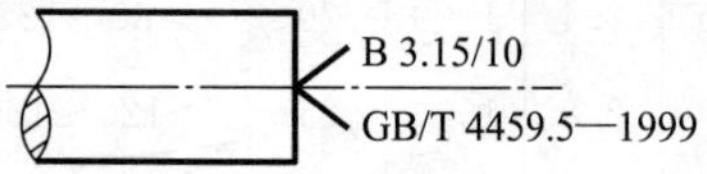 (a) 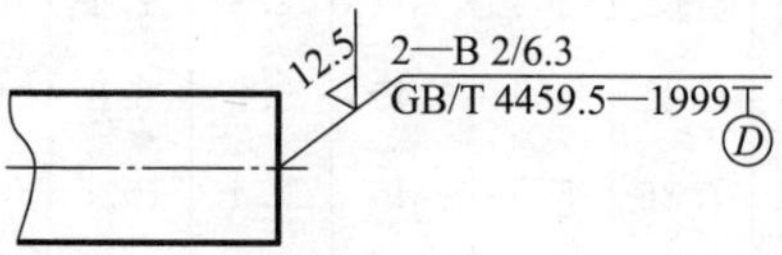 B 3.15/10 GB/T 4459.5—1999　　(b) 2—B 2/6.3 GB/T 4459.5—1999	1. 如需指明中心孔的标准代号时,则可标注的中心孔型号的下方[图(a)] 2. 中心孔工作表面的粗糙度应在引线上标出[图(b)]

7.4　一般用途圆锥的锥度与锥角

锥度与锥角系列见表 7-7。

表 7-7　锥度与锥角系列(摘自 GB/T 157—2001)

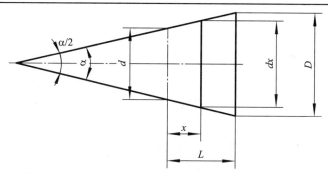

α

锥度：$C=\frac{D-d}{L}=2\tan\frac{\alpha}{2}$(锥度一般用比例或分式表示)

一般用途圆锥的锥度与锥角

基本值		推算值			应用举例
系列 1	系列 2	圆锥角 α		锥度 C	
120°		—	—	1∶0.288675	螺纹孔的内倒角、填料盒内填料的锥度
90°		—	—	1∶0.500000	沉头螺钉、螺纹倒角、轴的倒角
	75°	—	—	1∶0.651613	车床顶尖、中心孔
60°		—	—	1∶0.866025	车床顶尖、中心孔
45°		—	—	1∶1.207107	轻型螺旋管接口的锥形密合
30°		—	—	1∶1.866025	摩擦离合器
1∶3		18°55′28.7″	18.924644°	—	有极限矩的摩擦圆锥离合器
	1∶4	14°15′0.1″	14.250033°	—	—
1∶5		11°25′16.3″	11.421186°	—	易拆机件的锥形连接、锥形摩擦离合器
	1∶6	9°31′38.2″	9.522783°	—	—
	1∶7	8°10′16.4″	8.171234°	—	重型机床顶尖、旋塞
	1∶8	7°9′9.6″	7.152669°	—	联轴器和轴的圆锥面连接

7.5 回转面及端面砂轮越程槽

回转面及端面砂轮越程槽见表7-8。

表7-8 回转面及端面砂轮越程槽(摘自 GB 6403.5—1986) （单位:mm）

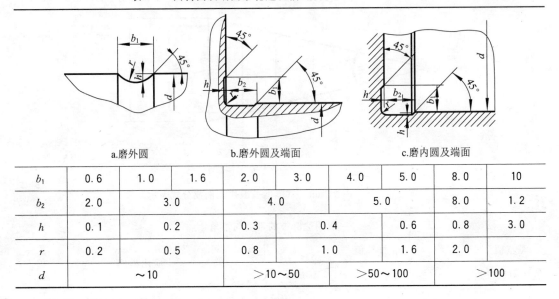

a.磨外圆　　　　　b.磨外圆及端面　　　　　c.磨内圆及端面

b_1	0.6	1.0	1.6	2.0	3.0	4.0	5.0	8.0	10
b_2	2.0	3.0		4.0			5.0	8.0	1.2
h	0.1	0.2		0.3		0.4	0.6	0.8	3.0
r	0.2	0.5		0.8		1.0	1.6	2.0	
d		~10			>10~50		>50~100	>100	

7.6 零件倒圆与倒角

零件倒圆与倒角见表7-9。

表7-9 零件倒圆与倒角(摘自 GB 6403.4—1986)

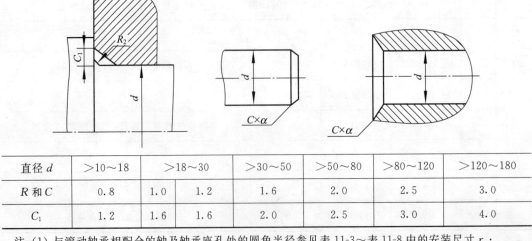

直径 d	>10~18	>18~30	>30~50	>50~80	>80~120	>120~180
R 和 C	0.8	1.0	1.2	1.6	2.0	2.5	3.0
C_1	1.2	1.6	1.6	2.0	2.5	3.0	4.0

注:(1) 与滚动轴承相配合的轴及轴承座孔处的圆角半径参见表11-3~表11-8中的安装尺寸 r_a；
(2) 一般采用45°，也可采用30°或60°；
(3) C_1 的数值不属于 GB 6403.4—1986,仅供参考。

7.7　铸件最小壁厚

铸件最小壁厚见表 7-10。

表 7-10　铸件最小壁厚　（单位：mm）

铸造方法	铸件尺寸	铸钢	灰铸铁	球墨铸铁	铜合金
砂型	＜200×200	6～8	5～6	6	3～5
	200×200～500×500	10～12	6～10	12	6～8
	＞500×500	18～25	15～20	—	—

注：箱体及支架零件筋厚度，可根据其质量及外形尺寸一般在 6～10mm 范围内选取。

7.8　铸造斜度与铸造过渡尺寸

铸造斜度与铸造过渡尺寸分别见表 7-11、表 7-12。

表 7-11　铸造斜度（摘自 JB/ZQ 4257—1986）

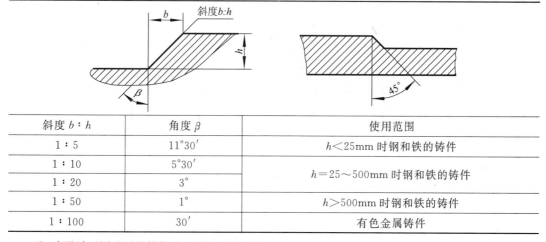

斜度 $b:h$	角度 β	使用范围
1∶5	11°30′	h＜25mm 时钢和铁的铸件
1∶10	5°30′	h＝25～500mm 时钢和铁的铸件
1∶20	3°	
1∶50	1°	h＞500mm 时钢和铁的铸件
1∶100	30′	有色金属铸件

注：当设计不同壁厚的铸件时，在转折点的斜角最大增到30°～45°。

表 7-12　铸造过渡尺寸（摘自 JB/ZQ 4254—1986）　（单位：mm）

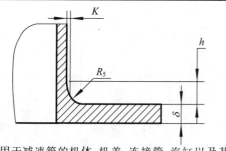

适用于减速箱的机体、机盖、连接管、汽缸以及其他各种连接法兰等铸件的过渡部分尺寸

铸铁和铸钢的厚度 δ	K	h	R
10～15	3	15	5
＞15～20	4	20	5
＞20～25	5	25	5
＞25～30	6	30	8
＞30～35	7	35	8
＞35～40	8	40	10
＞40～45	9	45	10
＞45～50	10	50	10

第 8 章　常用材料

8.1　黑色金属

常用黑色金属材料的具体情况见表 8-1～表 8-7。

表 8-1　普通碳素结构钢（摘自 GB/T 700—1988）

牌号	等级	力学性能													冲击实验		应用举例
		屈服点 σ_s（MPa）						抗拉强度 σ_b（MPa）	伸长率 δ_5（%）						温度（℃）	V 型冲击功（纵向）（J）	
		钢材厚度（直径）（mm）							钢材厚度（直径）（mm）								
		≤16	>16～40	>40～60	>60～100	>100～150	>150		≤16	>16～40	>40～60	>60～100	>100～150	>150			
		不小于							不小于							不小于	
Q195	—	(195)	(185)	—	—	—	—	315～390	33	32	—	—	—	—	—	—	塑性好，常用其轧制薄板、拉制线材、制钉和焊接钢管
Q215	A	215	205	195	185	175	165	335～410	31	30	29	28	27	26	—	—	金属结构件、拉杆、套圈、铆钉、螺栓、短轴、心轴、凸轮（载荷不大的）、垫圈、渗碳零件及焊接件
	B														20	27	
Q235	A	235	225	215	205	195	185	375～460	26	25	24	23	22	21	—	—	金属结构件，心部强度要求不高的渗碳或碳氮共渗零件吊钩、拉杆、套圈、汽缸、齿轮、螺栓、螺母、连杆、轮轴、楔、盖及及焊接件
	B														20	27	
	C														—		
	D														−20		

（续）

牌号	等级	力学性能													冲击实验		应用举例
		屈服点 σ_s(MPa)						抗拉强度 σ_b (MPa)	伸长率 δ_5(%)						温度（℃）	V型冲击功（纵向）(J)	
		钢材厚度（直径）(mm)							钢材厚度（直径）(mm)								
		≤16	>16 ~40	>40 ~60	>60 ~100	>100 ~150	>150		≤16	>16 ~40	>40 ~60	>60 ~100	>100 ~150	>150			
		不小于							不小于							不小于	
Q255	A	255	245	235	225	215	205	410~510	24	23	22	21	20	19	—	—	轴、轴销、刹车杆、螺母、螺栓、垫圈、连杆、齿轮以及其他强度较高的零件，焊接性尚可
	B														20	27	
Q275	—	275	265	255	245	235	225	490~610	20	19	18	17	16	15	—	—	

注：括号内的数值仅供参考。表中 A、B、C、D 为 4 种质量等级。

表 8-2　优质碳素结构钢（摘自 GB/T 699—1999）

牌号	推荐热处理（℃）			试样毛坯尺寸 (mm)	力学性能					钢材交货状态硬度（HBW）		应用举例
					抗拉强度 σ_b	屈服强度 σ_s	伸长率 δ_5	收缩率 ψ	冲击功 A_X	不大于		
	正火	淬火	回火		(MPa)		(%)		(J)	未热处理	退火钢	
					不大于							
08F	930	—	—	25	295	175	35	60	—	131	—	用于需塑性好的零件，如管子、垫片、垫圈；心部强度要求不高的渗碳和碳氮共渗零件，如套筒、短轴、挡块、支架、靠模、离合器盘等
10	930	—	—	25	335	205	31	55	—	137	—	用于制造拉杆、卡头、钢管垫片、垫圈、铆钉。这种钢无回火脆性，焊接性好，用来制造焊接零件

· 75 ·

（续）

牌号	推荐热处理(℃)			试样毛坯尺寸(mm)	力学性能					钢材交货状态硬度(HBW)		应用举例
					抗拉强度 σ_b	屈服强度 σ_s	伸长率 δ_5	收缩率 ψ	冲击功 A_X	不大于		
					(MPa)		(%)		(J)			
	正火	淬火	回火		不大于					未热处理	退火钢	
15	920	—	—	25	375	225	27	55	—	143	—	用于受力不大、韧性要求较高的零件、渗碳零件、紧固件、冲模锻件及不需要热处理的低负荷零件，如螺栓、螺钉、拉条、法兰盘及化工储器、蒸汽锅炉等
20	910	—	—	25	410	245	25	55	—	156	—	用于不经受很大应力而要求很大韧性的机械零件，如杠杆、轴套、螺钉、起重钩等。也用于制造压力＜ 6MPa、温度＜450℃、在非腐蚀介质中使用的零件，如管子、导管等。还可用于表面硬度高而心部强度要求不大的渗碳与氰化零件
25	900	870	600	25	450	275	23	50	71	170	—	用于制造焊接设备，以及经锻造、热冲压和机械加工的不承受高应力的零件，如轴、辊子、联轴器、垫圈、螺栓、螺钉及螺母等
35	870	850	600	25	530	315	20	45	55	197	—	用于制造曲轴、转轴、轴销、杠杆、连杆、横梁、链轮、圆盘、套筒钩环、垫圈、螺钉、螺母等。这种钢多在正火和调质状态下使用，一般不做焊接
40	860	840	600	25	570	335	19	45	47	217	187	用于制造辊子、轴、曲柄销、活塞杆、圆盘等
45	850	840	600	25	600	355	16	40	39	229	197	用于制造齿轮、齿条、链轮、轴、键、销、蒸汽透平机的叶轮、压缩机及泵的零件、轧辊等。可代替渗碳钢做齿轮、轴、活塞销等，但要经高频或火焰表面淬火
50	830	830	600	25	630	375	14	40	31	241	207	用于制造齿轮、拉杆、轧辊、轴、圆盘等

（续）

牌号	推荐热处理(℃)			试样毛坯尺寸(mm)	力学性能					钢材交货状态硬度(HBW)		应用举例
					抗拉强度 σ_b	屈服强度 σ_s	伸长率 δ_5	收缩率 ψ	冲击功 A_X	不大于		
					(MPa)		(%)		(J)			
	正火	淬火	回火		不大于					未热处理	退火钢	
55	820	820	600	25	645	380	13	35	—	255	217	用于制造齿轮、连杆、轮缘、扁弹簧及轧辊等
60	810	—	—	25	675	400	12	35	—	255	229	用于制造轧辊、轴、轮箍、弹簧、弹簧垫圈、离合器、凸轮、钢绳等
20Mn	910	—	—	25	450	275	24	50	—	197	—	用于制造凸轮轴、齿轮、联轴器、铰链、拖杆等
30Mn	880	860	600	25	540	315	20	45	63	217	187	用于制造螺栓、螺母、螺钉、杠杆及刹车踏板等
40Mm	860	840	600	25	590	355	17	45	47	229	207	用于制造承受疲劳负荷的零件，如轴、万向联轴器、曲轴、连杆及在高应力下工作的螺栓、螺母等
50Mn	830	830	600	25	645	390	13	40	31	255	217	用于制造耐磨性要求很高、在高负荷作用下的热处理零件，如齿轮、齿轮轴、摩擦盘、凸轮和截面在80mm以下的心轴等
60Mn	810	—	—	25	695	410	11	35	—	269	229	适于制造弹簧、弹簧垫圈、弹簧环和片以及冷拔钢丝(≤7mm)和发条等

注：表中所列正火推荐保温时间不少于30min，空冷；淬火推荐保温时间不少于30min，水冷；回火推荐保温时间不少于1h。

表 8-3 弹簧钢(摘自 GB/T 1222—1984)

牌号	推荐热处理(℃)			力学性能					交货状态硬度(HBW)		应用举例
				抗拉强度 σ_b	屈服强度 σ_s	伸长率 δ_5	伸长率 δ_{10}	收缩率 ψ	不大于		
	淬火温度	淬火介质	回火温度	(MPa)		(%)			热轧	冷拉+热处理	
				不大于							
65	840	油	500	981	785	—	9	35	285	321	调压调速弹簧,柱塞弹簧,测力弹簧,一般机械的圆、方螺旋弹簧
70	830		480	1030	834	—	8	30			
65Mn	830	油	540	981	785	—	8	30	302	321	小尺寸的扁、圆弹簧,座垫弹簧,发条、离合器簧片,弹簧环、刹车弹簧
55Si2Mn	870	油	480	1275	1177	—	6	30	302	321	汽车、拖拉机、机车的减震板簧和螺旋弹簧、汽缸安全阀,止回阀簧,250℃以下使用的耐热弹簧
55Si2MnB									321		
60Si2Mn							5	25			
60Si2MnA			440	1569	1373			20			
55CrMnA	830~860	油	460~510	1226	1079 ($\sigma_{0.2}$)	9	—	20	321	321	用于车辆、拖拉机上负荷较重、应力较大的板簧和直径较大的螺旋弹簧等
60CrMnA			460~520								
60Si2CrA	870	油	420	1765	1569	6	—	20	321(热轧+热处理)	321	用于高应力及温度在 300 ~350℃以下使用的弹簧,如调速器、破碎机、汽轮机汽封用弹簧等
60Si2CrVA	850		410	1863	1667						

注:(1) 表中所列性能适用于截面尺寸≤80mm 的钢材,对>80mm 的钢材允许其 δ、ψ 值较表内规定分别降低 1 个单位及 5 个单位;

(2) 除规定热处理上下限外,表中热处理允许偏差为:淬火±20℃;回火±50℃。

表 8-4　合金结构钢(摘自 GB/T 3077—1999)

牌号	热处理				试样毛坯尺寸(mm)	力学性能					钢材退火或高温回火供应状态布氏硬度 HB100/3 000 不大于	特性及应用举例
	淬火		回火			抗拉强度 σ_b	屈服强度 σ_s	伸长率 δ_5	收缩率 ψ	冲击功 A_X		
	温度(℃)	冷却剂	温度(℃)	冷却剂		(MPa)		(%)		(J)		
						不小于						
20Mn2	850 880	水、油	200 440	水、空	15	785	590	10	40	47	187	截面小时与 20Cr 相当，用于做渗碳小齿轮、小轴、钢套、链板等，渗碳淬火后硬度 56～62HRC
35Mn2	840	水	500	水	25	835	685	12	45	55	207	对于截面较小的零件可代替 40Cr，可做直径≤15mm 的重要用途的冷镦螺栓及小轴等，表面淬火后硬度 40～50HRC
45Mn2	840	油	550	水、油	25	885	735	10	45	47	217	用于制造在较高应力与磨损条件下的零件。在直径≤60mm 时与 40Cr 相当。可做万向联轴器、齿轮、齿轮轴、蜗杆、曲轴、连杆、花键轴和摩擦盘等，表面淬火后硬度 45～55HRC
35SiMn	900	水	570	水、油	25	885	735	15	45	47	229	除了要求低温(－20℃以下)及冲击韧性很高的情况外，可全面代替 40Cr 做调质钢，亦可部分代替 40CrNi，可做中小型轴类、齿轮等零件以及在 430℃ 以下工作的重要紧固件，表面淬火后硬度 45～55HRC
42SiMn	880	水	590	水	25	885	735	15	40	47	229	与 35SiMn 钢同。可代替 40Cr、34CrMo 钢做大齿圈，适于做表面淬火件，表面淬火后硬度 45～55HRC

（续）

牌号	热处理				试样毛坯尺寸	力学性能					钢材退火或高温回火供应状态布氏硬度 HB100/3 000 不大于	特性及应用举例
	淬火		回火			抗拉强度 σ_b	屈服强度 σ_s	伸长率 δ_5	收缩率 ψ	冲击功 A_X		
	温度（℃）	冷却剂	温度（℃）	冷却剂	（mm）	（MPa）		（%）		（J）		
						不小于						
20MnV	880	水、油	200	水、空	15	785	590	10	40	55	187	相当于 20CrNi 的渗碳钢，渗碳淬火后硬度 56～62HRC
40MnB	850	油	500	水、油	25	980	785	10	45	47	207	可代替 40Cr 做重要调质件，如齿轮、轴、连杆、螺栓等
37SiMn3MoV	870	水、油	650	水、空	25	980	835	12	50	63	269	可代替 34CrNiMo 等做高强度重负荷轴、曲轴、齿轮、蜗杆等零件，表面淬火后硬度 50～55HRC
20CrMnTi	第一次 880 第二次 870	油	200	水、空	15	1080	850	10	45	55	217	强度、韧性均高，是铬镍钢的代用品。用于承受高速、中等或重负荷以及冲击磨损等的重要零件，如渗碳齿轮、凸轮等，渗碳淬火后硬度 56～62HRC
20CrMnMo	850	油	200	水、空	15	1180	885	10	45	55	217	用于要求表面硬度高、耐磨、心部有较高强度、韧性的零件，如传动齿轮和曲轴等，渗碳淬火后硬度 56～62HRC
38CrMoAl	940	水、油	640	水、油	30	980	835	14	50	71	229	用于要求高耐磨性、高疲劳强度和相当高的强度且热处理变形最小的零件，如镗杆、主轴、蜗杆、齿轮、套筒、套环等，渗氮后表面硬度 1100HV

（续）

牌号	热处理				试样毛坯尺寸	力学性能					钢材退火或高温回火供应状态布氏硬度 HB100/3 000 不大于	特性及应用举例
	淬火		回火			抗拉强度 σ_b	屈服强度 σ_s	伸长率 δ_5	收缩率 ψ	冲击功 A_X		
	温度（℃）	冷却剂	温度（℃）	冷却剂	（mm）	（MPa）		（%）		（J）		
						不小于						
20Cr	第一次 880 第二次 780～820	水、油	200	水、空	15	835	540	10	40	47	179	用于要求心部强度较高，承受磨损、尺寸较大的渗碳零件，如齿轮、齿轮轴、蜗杆、凸轮、活塞销等；也可用于速度较大受中等冲击的调质零件，渗碳淬火后硬度56～62HRC
40Cr	850	油	520	水、油	25	980	785	9	45	47	207	用于承受交变负荷、中等速度、中等负荷、强烈磨损而无很大冲击的重要零件，如重要的齿轮、轴、曲轴、连杆、螺栓、螺母等零件，并用于直径大于400mm要求低温冲击韧性的轴与齿轮等，表面淬火后硬度48～55HRC
20CrNi	850	水、油	460	水、油	25	785	590	10	50	63	197	用于制造承受较高载荷的渗碳零件，如齿轮、轴、花键轴、活塞销等
40CrNi	820	油	500	水、油	25	980	785	10	45	55	241	用于制造要求强度高、韧性高的零件，如齿轮、轴、链条、连杆等
40CrNiMoA	850	油	600	水、油	25	980	835	12	55	78	269	用于特大截面的重要调质件，如机床主轴、传动轴、转子轴等

注：表中HB100/3000表示试验用球直径的平方为$100mm^2$，试验力为3000kgf(1kgf=9.80665KN)。

表 8-5 灰铸铁（摘自 GB/T 9439—1988）

牌号	铸件壁厚(mm) 大于	至	最小抗拉强度 σ_b(MPa)	硬度(HBW)	应用举例
HT100	2.5	10	130	110~166	盖、外罩、油盘、手轮、手把、支架等
	10	20	100	93~140	
	20	30	90	87~131	
	30	50	80	82~122	
HT150	2.5	10	175	137~205	端盖、汽轮泵体、轴承座、阀壳、管子及管路附件、手轮、一般机床底座、床身及其他复杂零件、滑座、工作台等
	10	20	145	119~179	
	20	30	130	110~166	
	30	50	120	141~157	
HT200	2.5	10	220	157~236	汽缸、齿轮、底架、箱体、飞轮、齿条、衬筒、一般机床铸有导轨的床身及中等压力(8MPa以下)油缸、液压泵和阀的壳体等
	10	20	195	148~222	
	20	30	170	134~200	
	30	50	160	128~192	
HT250	4.0	10	270	175~262	阀壳、油缸、气缸、联轴器、箱体、齿轮、齿轮箱外壳、飞轮、衬筒、凸轮、轴承座等
	10	20	240	164~246	
	20	30	220	157~236	
	30	50	200	150~225	
HT300	10	20	290	182~272	齿轮、凸轮、车床卡盘、剪床、压力机的机身、导板、转塔自动车床及其他重负荷机床铸有导轨的床身、高压油缸、液压泵和滑阀的壳体等
	20	30	250	168~251	
	30	50	230	161~241	
HT350	10	20	340	199~299	
	20	30	290	182~272	
	30	50	260	171~257	

注：灰铸铁的硬度由经验关系式计算。当 $\sigma_b \geq 196$ MPa 时，HBW=RH($100+0.438\sigma_b$)；当 $\sigma_b < 196$ MPa 时，HBW=RH($44+0.724\sigma_b$)。RH 称为相对硬度，一般取 0.80~1.20。

表 8-6 球墨铸铁（摘自 GB/T 1348—1988）

牌号	抗拉强度 σ_b (MPa) 最小值	屈服强度 $\sigma_{0.2}$ (MPa) 最小值	伸长率 δ(%)	供参考 布氏硬度 HBW	用途
QT400-18	400	250	18	130~180	减速器箱体、管路、阀体、阀盖、压缩机汽缸、拨叉、离合器壳等
QT400-15	400	250	15	130~180	
QT450-10	450	310	10	160~210	油泵齿轮、阀门体、车辆轴瓦、凸轮、犁铧、减速器箱体、轴承座等
QT500-7	500	320	7	170~230	

(续)

牌号	抗拉强度 σ_b	屈服强度 $\sigma_{0.2}$	伸长率 $\delta/\%$	供参考 布氏硬度 HBW	用途
	MPa				
	最小值				
QT600-3	600	370	3	190~270	曲轴、凸轮轴、齿轮轴、机床主轴、缸体、缸套、连杆、矿车轮、农机零件等
QT700-2	700	420	2	225~305	
QT800-2	800	480	2	245~335	
QT900-2	900	600	2	280~360	曲轴、凸轮轴、连杆、履带式拖拉机链轨板等

注：表中牌号系由单铸试块测定的性能。

表 8-7 一般工程用铸造碳钢（摘自 GB/T 11352—1989）

牌号	抗拉强度 σ_b	屈服强度 σ_b 或 $\sigma_{0.2}$	伸长率 σ	根据合同选拔		硬度		应用举例
				收缩率 ψ	冲击功 A_{kv}	正火回火（HBW）	表面淬火（HRC）	
	（MPa）		（%）		（J）			
	最小值							
ZG200-400	400	200	25	40	30	—	—	各种形状的机件，如机座、变速箱壳等
ZG230-450	450	230	22	32	25	≥131	—	铸造平坦的零件，如机座、机盖、箱体、铁砧台，工作温度在450℃以下的管路附件等。焊接性良好
ZG270-500	500	270	18	25	22	≥143	40~45	各种形状的机件，如飞轮、机架、蒸汽锤、桩锤、联轴器、水压机工作缸、横梁等。焊接性尚可
ZG310-570	570	310	15	21	15	≥153	40~50	各种形状的机件，如联轴器、汽缸、齿轮、齿轮圈及重负荷机架等
ZG340-640	640	340	10	18	10	169~229	45~55	起重运输机中的齿轮、联轴器及重要的机件等

注：(1) 各牌号铸钢的性能，适用于厚度为 100mm 以下的铸件，当厚度超过 100mm 时，仅表中规定的屈服强度 $\sigma_{0.2}$ 可供设计使用；
(2) 表中力学性能的试验环境温度为 (20±10)℃；
(3) 表中硬度值非 GB/T 11352—1989 内容，仅供参考。

8.2 型钢和型材

常用型钢和型材的介绍见表 8-8～表 8-13。

表 8-8 热轧等边角钢（摘自 GB/T 9787—1988）

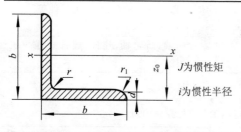

标记示例：

热轧等边角钢 $\dfrac{100\times100\times16-\text{GB/T}9787-1988}{\text{Q235}-\text{A}-\text{GB/T}700-1988}$

（碳素结构钢 Q235—A，尺寸为 100mm×100mm×16mm 的热轧等边角钢）

J 为惯性矩
i 为惯性半径

角钢号数	尺寸(mm)			截面面积 (cm²)	参考数值 x—x		重心距离 Z_0(cm)
	b	d	r		J_x(cm⁴)	i_x(cm)	
2	20	3	3.5	1.132	0.40	0.59	0.60
		4		1.459	0.50	0.58	0.64
2.5	25	3		1.432	0.82	0.76	0.73
		4		1.859	1.03	0.74	0.76
3	30	3	4.5	1.749	1.46	0.91	0.85
		4		2.276	1.84	0.90	0.89
3.6	36	3		2.109	2.58	1.11	1.00
		4		2.756	3.29	1.09	1.04
		5		3.382	3.95	1.08	1.07
4	40	3	5	2.359	3.59	1.23	1.09
		4		3.068	4.60	1.22	1.13
		5		3.791	5.53	1.21	1.17
4.5	45	3	5	2.659	5.17	1.40	1.22
		4		3.486	6.65	1.38	1.26
		5		4.292	8.04	1.37	1.30
		6		5.076	9.33	1.36	1.33
5	50	3	5.5	2.971	7.18	1.55	1.34
		4		3.897	9.26	1.54	1.38
		5		4.803	11.21	1.53	1.42
		6		5.688	13.05	1.52	1.46
5.6	56	3	6	3.343	10.19	1.75	1.48
		4		4.390	13.18	1.73	1.53
		5		5.415	16.02	1.72	1.57
		8		8.367	23.63	1.68	1.68

(续)

角钢号数	尺寸(mm)			截面面积 (cm^2)	参考数值 $x-x$		重心距离 Z_0(cm)
	b	d	r		J_x(cm^4)	i_x(cm)	
6.3	63	4	7	4.978	19.03	1.96	1.70
		5		6.143	23.17	1.94	1.74
		6		7.288	27.12	1.93	1.78
		8		9.515	34.46	1.90	1.85
		10		11.657	41.09	1.88	1.93
7	70	4	8	5.570	26.39	2.18	1.86
		5		6.875	32.21	2.16	1.91
		6		8.160	37.77	2.15	1.95
		7		9.424	43.09	2.14	1.99
		8		10.667	48.17	2.12	2.03
7.5	75	5	9	7.412	39.97	2.33	2.04
		6		8.797	46.95	2.31	2.07
		7		10.160	53.57	2.30	2.11
		8		11.503	59.96	2.28	2.15
		10		14.126	71.98	2.26	2.22
8	80	5	9	7.912	48.79	2.48	2.15
		6		9.397	57.35	2.47	2.19
		7		10.860	65.58	2.46	2.23
		8		12.303	73.49	2.44	2.27
		10		15.126	88.43	2.42	2.35
9	90	6	10	10.637	82.77	2.79	2.44
		7		12.301	94.83	2.78	2.48
		8		13.944	106.47	2.76	2.52
		10		17.167	128.58	2.74	2.59
		12		20.306	149.22	2.71	2.67
10	100	6	12	11.932	114.95	3.10	2.67
		7		13.796	131.86	3.09	2.71
		8		15.638	148.24	3.08	2.76
		10		19.261	179.51	3.05	2.84
		12		22.800	208.90	3.03	2.91
		14		26.256	236.53	3.00	2.99
		16		29.627	262.53	2.98	3.06

注：(1) 角钢长度为：角钢号 2~9，长度 4~12m；角钢号 10~14，长度 4~19m；
(2) $r_1 = d/3$。

表 8-9 热轧槽钢(摘自 GB/T 707—1988)

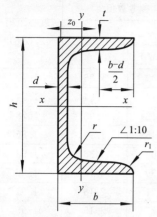

W_x, W_y 为截面系数

标记示例：

热轧槽钢 $\dfrac{180\times70\times9-\mathrm{GB/T}707-1988}{\mathrm{Q}235-\mathrm{A}-\mathrm{GB/T}700-1988}$

(碳素结构钢 Q235-A,尺寸为 180mm×70mm×9mm 的热轧槽钢)

型号	尺寸(mm)						截面面积 (cm²)	参考数值		重心距离 Z_0(cm)
								x—x	y—y	
	h	b	d	t	r	r_1		W_x	W_y	
								(cm³)		
5	50	37	4.5	7.0	7.0	3.5	6.93	10.4	3.55	1.35
6.3	63	40	4.8	7.5	7.5	3.8	8.45	16.1	4.50	1.36
8	80	43	5.0	8.0	8.0	4.0	10.25	25.3	5.79	1.43
10	100	48	5.3	8.5	8.5	4.2	12.75	39.7	7.80	1.52
12.6	126	53	5.5	9.0	9.0	4.5	15.69	62.1	10.2	1.59
14a	140	58	6.0	9.5	9.5	4.8	18.52	80.5	13.0	1.71
14b	140	60	8.0	9.5	9.5	4.8	21.32	87.1	14.1	1.67
16a	160	63	6.5	10.0	10.0	5.0	21.96	108	16.3	1.80
16	160	65	8.5	10.0	10.0	5.0	25.16	117	17.6	1.75
18a	180	68	7.0	10.5	10.5	5.2	25.70	141	20.0	1.88
18	180	70	9.0	10.5	10.5	5.2	29.30	152	21.5	1.84
20a	200	73	7.0	11.0	11.0	5.5	28.84	178	24.2	2.01
20	200	75	9.0	11.0	11.0	5.5	32.84	191	25.9	1.95
22a	220	77	7.0	11.5	11.5	5.8	31.85	218	28.2	2.10
22	220	79	9.0	11.5	11.5	5.8	36.25	234	30.1	2.03
25a	250	78	7.0	12.0	12.0	6.0	34.92	270	30.6	2.07
25b	250	80	9.0	12.0	12.0	6.0	39.92	282	32.7	1.98
25c	250	82	11.0	12.0	12.0	6.0	44.92	295	35.9	1.92
28a	280	82	7.5	12.5	12.5	6.2	40.03	340	35.7	2.10
28b	280	84	9.5	12.5	12.5	6.2	45.63	366	37.9	2.02
28c	280	86	11.5	12.5	12.5	6.2	51.23	393	40.3	1.95
32a	320	88	8.0	14.0	14.0	7.0	48.51	475	46.5	2.24
32b	320	90	10.0	14.0	14.0	7.0	54.91	509	49.2	2.16
32c	320	92	12.0	14.0	14.0	7.0	61.31	543	52.6	2.09
36a	360	96	9.0	16.0	16.0	8.0	60.91	660	63.5	2.44
36b	360	98	11.0	16.0	16.0	8.0	68.11	703	66.9	2.37
36c	360	100	13.0	16.0	16.0	8.0	75.31	746	70.0	2.34

注：槽钢长度为型号 5~8，长度为 5~12m；型号 10~18，长度为 5~19m；型号 20~36，长度为 6~19m。

表 8-10 热轧工字钢(摘自 GB/T 706—1988)

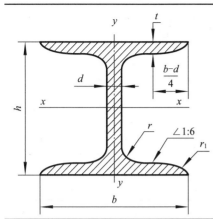

W_x, W_y 为截面系数

标记示例：

热轧工字钢 $\dfrac{400\times 144\times 12.5-\text{GB/T}706-1988}{\text{Q235-A}-\text{GB/T}700-1988}$

(碳素结构钢 Q235—A,尺寸为 400mm×144mm×12.5mm 的热轧工字钢)

型号	尺寸(mm)						截面面积 (cm^2)	参考数值	
								$x-x$	$y-y$
	h	b	d	t	r	r_1		W_x	W_y
								(cm^3)	
10	100	68	4.5	7.6	6.5	3.3	14.35	49.0	9.7
12.6	126	74	5.0	8.4	7.0	3.5	18.12	77.5	12.7
14	140	80	5.5	9.1	7.5	3.8	21.52	102	16.1
16	160	88	6.0	9.9	8.0	4.0	26.13	141	21.2
18	180	94	6.5	10.7	8.5	4.3	30.76	185	26.0
20a	200	100	7.0	11.4	9.0	4.5	35.58	237	31.5
20b	200	102	9.0	11.4	9.0	4.5	39.58	250	33.1
22a	220	110	7.5	12.3	9.5	4.8	42.13	309	40.9
22b	220	112	9.5	12.3	9.5	4.8	46.53	325	42.7
25a	250	116	8.0	13.0	10.0	5.0	48.54	402	48.3
25b	250	118	10.0	13.0	10.0	5.0	53.54	423	52.4
28a	280	122	8.5	13.7	10.5	5.3	55.40	508	56.6
28b	280	124	10.5	13.7	10.5	5.3	61.00	534	61.2
32a	320	130	9.5	15.0	11.5	5.8	67.16	692	70.8
32b	320	132	11.5	15.0	11.5	5.8	73.56	726	76.0
32c	320	134	13.5	15.0	11.5	5.8	79.96	760	81.2
36a	360	136	10.0	15.8	12.0	6.0	76.48	875	81.2
36b	360	138	12.0	15.8	12.0	6.0	83.68	919	84.3
36c	360	140	14.0	15.8	12.0	6.0	90.88	962	87.4
40a	400	142	10.5	16.5	12.5	6.3	86.11	1090	93.2
40b	400	144	12.5	16.5	12.5	6.3	94.11	1140	96.2
40c	400	146	14.5	16.5	12.5	6.3	102.11	1190	99.6
45a	450	150	11.5	18.0	13.5	6.8	102.45	1430	114
45b	450	152	13.5	18.0	13.5	6.8	111.45	1500	118
45c	450	154	15.5	18.0	13.5	6.8	120.45	1570	122
50a	500	158	12.0	20.0	14.0	7.0	119.30	1860	142
50b	500	160	14.0	20.0	14.0	7.0	129.30	1940	146
50c	500	162	16.0	20.0	14.0	7.0	139.30	2080	151

注:工字钢长度为型号 10~18,长度为 5~19m;型号 20~50,长度为 6~19m。

表 8-11　冷轧钢板和钢带(摘自 GB/T 708—1988)　　　　　　　(单位:mm)

厚度	0.20,0.25,0.30,0.35,0.40,0.45,0.55,0.60,0.65,0.70,0.75,0.80,0.90,1.00,1.1,1.2,1.3, 1.4,1.5,1.6,1.7,1.8,2.0,2.2,2.5,2.8,3.0,3.2,3.5,3.8,3.9,4.0,4.2,4.5,4.8,5.0

注:(1)本标准适用于宽度≥600mm、厚度为 0.2～5mm 的冷轧钢板和厚度不大于 3mm 的冷轧钢带;
　　(2)宽度系列为 600,650,700,(710),750,800,850,900,950,1000,1100,1250,1400,(1420),1500～2000(100 进位)。

表 8-12　热轧钢板(摘自 GB/T 709—1988)　　　　　　　(单位:mm)

厚度	0.50,0.55,0.60,0.65,0.70,0.75,0.80,0.90,1.0,1.2～1.6(0.1 进位),1.8,2.0,2.2,2.5,2.8, 3.0,3.2,3.5,3.8,3.9,4.0,4.5,5,6,7,8,9,10～22(1 进位),25,26～42(2 进位),45,48,50,52, 55～95(5 进位),100,105,110,120,125,130～160(10 进位),165,170,180～200(5 进位)

注:宽度系列为 600,650,700,710,750～1000(50 进位),1250,1400,1420,1500～3000(100 进位),3200～3800(200 进位)。

表 8-13　热轧圆钢直径和方钢边长尺寸(摘自 GB/T 702—2004)　　(单位:mm)

5.5	6	6.5	7	8	9	10	11	12	13	14	15	16	17	18	19	20	21
22	23	24	25	26	27	28	29	30	31	32	33	34	35	36	38	40	42
45	48	50	53	55	56	58	60	63	65	68	70	75	80	85	90	95	100
105	110	115	120	125	130	140	150	160	170	180	190	200	210	220	230	240	250

注:(1)本标准适用于直径为 5.5～250mm 的热轧圆钢和边长为 5.5～250mm 的热轧方钢;
　　(2)普通质量钢的长度为 4～10m(截面尺寸≤25mm),3～9m(截面尺寸>25mm);工具钢(截面尺寸>75mm)的长度为 1～6m,优质及特殊质量钢长度为 2～7m。

8.3 有色金属

常用有色金属的介绍见表 8-14。

表 8-14 铸造铜合金、铸造铝合金和铸造轴承合金

合金牌号	合金名称（或代号）	铸造方法	合金状态	力学性能（不低于） 抗拉强度 σ_b (MPa)	屈服强度 $\sigma_{0.2}$ (MPa)	伸长率 δ_5 (%)	布氏硬度 (HBW)	应用举例
铸造铜合金（摘自 GB/T 1176—1987）								
ZCuSn5Pb5Zn5	5-5-5 锡青铜	S、J、 Li、Lu	—	200 250	90 100	13	590 * 635 *	较高负荷、中速下工作的耐磨耐蚀件，如轴瓦、衬套、缸套及蜗轮等
ZCuSn10Pb	10-1 锡青铜	S J Li La	—	220 310 330 360	130 170 170 170	3 2 4 6	785 * 885 * 885 * 885 *	高负荷（20MPa 以下）和高滑动速度（8m/s）下工作的耐磨件，如连杆、衬套、轴瓦、蜗轮等
ZCuSn10Pb5	10-5 锡青铜	S J	—	195 245	—	10	685	耐蚀、耐酸件及破碎机衬套、轴瓦等
ZCuPb17Sn4Zn4	17-4-4 铅青铜	S J	—	150 175	—	5 7	540 590	一般耐磨件、轴承等
ZCuAl10Fe3	10-3 铝青铜	S J Li、La	—	490 540 540	180 200 200	13 15 15	980 * 1080 * 1080 *	要求强度高、耐磨、耐蚀的零件，如轴套、螺母、蜗轮、齿轮等
ZCuAl10Fe3Mn2	10-3-2 铝青铜	S J	—	490 540	—	15 20	1080 1175	
ZCuZn38	38 黄铜	S J	—	295	—	30	590 685	一般结构件和耐蚀件，如法兰、阀座、螺母等
ZCuZn40Pb2	40-2 铅黄铜	S J	—	220 280	120	15 20	785 * 885 *	一般用途的耐磨、耐蚀件，如轴套、齿轮等

（续）

合金牌号	合金名称（或代号）	铸造方法	合金状态	力学性能（不低于）抗拉强度 σ_b（MPa）	屈服强度 $\sigma_{0.2}$（MPa）	伸长率 δ_5（%）	布氏硬度（HBW）	应用举例
ZCuZn38Mn2Pb2	38-2-2 锰黄铜	S	—	245	—	10	685	一般用途的结构件，如套筒、衬套、轴瓦、滑块等
		J		345		18	785	
铸造铝合金（摘自 GB/T 1173—1995）								
ZAlSi12	ZL102 铝硅合金	SB、JB、RB、KB	F	145	—	4	50	汽缸活塞以及高温工作的承受冲击载荷的复杂薄壁零件
			T2	135				
		J	F	155		2		
			T2	145		3		
ZAlSi9Mg	ZL104 铝硅合金	S、J、R、K	F	145	—	2	50	形状复杂的高温静载荷或受冲击作用的大型零件，如扇风机叶片、水冷气缸头等
		J	T1	195		1.5	65	
		SB、RB、KB	T6	225		2	70	
		J、JB	T6	235		2	70	
ZAlMg5Si	ZL303 铝镁合金	S、J、R、K	F	145	—	1	55	高耐蚀性或在高温度下工作的零件
ZALZn11Si7	ZL401 铝锌合金	S、R、K	T1	195	—	2	80	铸造性能较好，可不进行热处理，用于形状复杂的大型薄壁零件，耐蚀性差
		J		245		1.5	90	
铸造轴承合金（摘自 GB/T 1174—1992）								
ZSnSb12Pb10Cu4	锡基轴承合金	J	—	—	—	—	29	汽轮机、压缩机、机车、发电机、球磨机、轧机减速器、发动机等各种机器的滑动轴承衬套
ZSnSb11Cu6		J					27	
ZSnSb8Cu4		J					24	
ZPbSb16Sn16Cu2	铅基轴承合金	J	—	—		—	30	
ZPbSb15Sn10		J					24	
ZPbSb15Sn5		J					20	

注：（1）铸造方法代号：S 为砂型铸造；J 为金属型铸造；Li 为离心铸造；La 为连续铸造；R 为熔模铸造；K 为壳型铸造；B 为变质处理；

（2）合金状态代号：F 为铸态；T1 为人工时效；T2 为退火；T6 为固溶处理加人工完全时效；

（3）铸造铜合金的布氏硬度试验力的单位为 N，有 * 者为参考值。

8.4　工程塑料

常用工程材料的介绍见表 8-15。

表 8-15　工程塑料

品种	力学性能							热性能				应用举例
	抗拉强度(MPa)	抗压强度(MPa)	抗弯强度(MPa)	伸长率(%)	冲击韧度($MJ \cdot m^{-2}$)	弹性模量(10^3 MPa)	硬度	熔点(°C)	马丁耐热(°C)	脆化温度(°C)	线胀系数(10^{-5} °C^{-1})	
尼龙 6	53～77	59～88	69～98	150～250	带缺口 0.0031	0.83～2.6	85～114 HRR	215～223	40～50	−20～−30	7.9～8.7	具有优良的机械强度和耐磨性，广泛用作机械、化工及电气零件，如轴承、齿轮、凸轮、滚子、辊轴、泵叶轮、风扇叶轮、蜗轮、螺钉、螺母、垫圈、高压密封圈、阀座、输油管、储油容器等。尼龙粉末还可喷涂于各种零件表面，以提高耐磨性能和密封性能
尼龙 9	57～64	—	79～84		无缺口 0.25～0.30	0.97～1.2	—	209～215	12～48		8～12	
尼龙 66	66～82	88～118	98～108	60～200	带缺口 0.0039	1.4～3.3	100～118 HRR	265	50～60	−25～30	9.1～10.0	
尼龙 610	46～59	69～88	69～98	100～240	带缺口 0.0035～0.0055	1.2～2.3	90～113 HRR	210～223	51～56	—	9.0～12.0	
尼龙 1010	51～54	108	81～87	100～250	带缺口 0.0040～0.0050	1.6	7.1 HB	200～210	45	−60	10.5	
MC 尼龙（无填充）	90	105	156	20	无缺口 0.520～0.624	3.6（拉伸）	21.3 HB	—	55	—	8.3	强度特高，适于制造大型齿轮、蜗轮、轴套、大型阀门密封面，导向环、导轨、滚动轴承保持架、船尾轴承、起重汽车吊索绞盘蜗轮、柴油发动机燃料泵齿轮、矿山铲掘机轴承、水压机立柱导套、大型轧钢机辊道轴瓦等

（续）

品种	力学性能							热性能				应用举例
	抗拉强度（MPa）	抗压强度（MPa）	抗弯强度（MPa）	伸长率（%）	冲击韧度（$MJ \cdot m^{-2}$）	弹性模量（10^3 MPa）	硬度	熔点（°C）	马丁耐热（°C）	脆化温度（°C）	线胀系数（10^{-5}°C）	
聚甲醛（均聚物）	69（屈服）	125	96	15	带缺口 0.0076	2.9（弯曲）	17.2 HB	—	60～64	—	8.1～10.0（当温度在0～40°C时）	具有良好的摩擦磨损性能，尤其是优越的干摩擦性能，用于制造轴承、齿轮、凸轮、滚轮、辊子、阀门上的阀杆螺母、垫圈、法兰、垫片、泵叶轮、鼓风机叶片、弹簧、管道等
聚碳酸酯	65～69	82～86	104	100	带缺口 0.064～0.075	2.2～2.5（拉伸）	9.7～10.4 HB	220～230	110～130	—100	6～7	具有高的冲击韧性和优异的尺寸稳定性，用于制造齿轮、蜗轮、蜗杆、齿条、凸轮、心轴、轴承、滑轮、铰链、传动链、螺栓、螺母、垫圈、铆钉、泵叶轮、汽车化油器部件、节流阀、各种外壳等

第9章 联接螺纹和螺纹零件的结构要素

9.1 螺 纹

普通螺纹及梯形螺纹的尺寸介绍分别见表 9-1～表 9-3。

表 9-1 普通螺纹基本尺寸(摘自 GB/T 193—2003、GB/T 196—2003)　　(单位:mm)

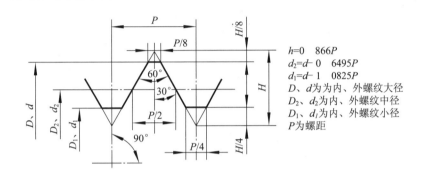

$h=0.866P$
$d_2=d-0.6495P$
$d_1=d-1.0825P$
D、d 为为内、外螺纹大径
D_2、d_2 为内、外螺纹中径
D_1、d_1 为内、外螺纹小径
P 为螺距

标记示例:
　　M20－6H(公称直径 20mm 粗牙右旋内螺纹,中径和小径的公差带均为 6H)
　　M20－6g(公称直径 20mm 粗牙右旋外螺纹,中径和小径的公差带均为 6g)
　　M20－6H/6g(上述规格的螺纹副)

公称直径 D、d		螺距 P		中径 D_2、d_2	小径 D_1、d_1	公称直径 D、d		螺距 P		中径 D_2、d_2	小径 D_1、d_1
第1系列	第2系列	粗牙	细牙			第1系列	第2系列	粗牙	细牙		
3		0.5		2.675	2.459	6		1		5.350	4.917
			0.35	2.773	2.621				0.75	5.513	5.188
	3.5	0.6		3.110	2.850	8		1.25		7.188	6.647
			0.35	3.273	3.121						
4		0.7		3.545	3.242			1		7.350	6.917
			0.5	3.675	3.459				0.75	7.513	7.188
	4.5	0.75		4.013	3.688	10		1.5		9.026	8.376
			0.5	4.175	3.959				1.25	9.188	8.647
5		0.8		4.480	4.134			1		9.350	8.917
			0.5	4.675	4.459				0.75	9.513	9.188

（续）

公称直径 D、d 第1系列	公称直径 D、d 第2系列	螺距 P 粗牙	螺距 P 细牙	中径 D_2、d_2	小径 D_1、d_1
12		1.75		10.863	10.106
			1.5	11.026	10.376
			1.25	11.188	10.647
			1	11.350	10.917
	14	2		12.701	11.835
			1.5	13.026	12.376
			1	13.350	12.917
16		2		14.701	13.835
			1.5	15.026	14.376
			1	15.350	14.917
	18	2.5		16.376	15.294
			2	16.701	15.835
			1.5	17.026	16.376
			1	17.350	16.917
20		2.5		18.376	17.294
			2	18.701	17.835
			1.5	19.026	18.376
			1	19.350	18.917
	22	2.5		20.376	19.294
			2	20.701	19.835
			1.5	21.026	20.376
			1	21.350	20.917
24		3		22.051	20.752
			2	22.701	21.835
			1.5	23.026	22.376
			1	23.350	22.917
	27	3		25.051	23.752
			2	25.701	24.835
			1.5	26.026	25.376
			1	26.350	25.917

公称直径 D、d 第1系列	公称直径 D、d 第2系列	螺距 P 粗牙	螺距 P 细牙	中径 D_2、d_2	小径 D_1、d_1
30		3.5		27.727	26.211
			2	28.701	27.835
			1.5	29.026	28.376
			1	29.350	28.917
	33	3.5		30.727	29.211
			2	31.701	30.835
			1.5	32.026	31.376
36			2	34.701	33.835
			1.5	35.026	34.376
		4		33.402	31.670
			3	34.051	32.752
	39	4		36.402	34.670
			3	37.051	35.572
			2	37.701	36.835
			1.5	38.026	37.376
42		4.5		39.077	37.129
			3	40.051	38.752
			2	40.701	39.835
			1.5	41.026	40.376
	45	4.5		42.077	40.129
			3	43.051	41.752
			2	43.701	42.835
			1.5	44.026	43.376
48		5		44.752	42.587
			3	46.051	44.752
			2	46.701	45.835
			1.5	47.026	46.376
	52	5		48.752	46.587
			3	50.051	48.752
			2	50.701	49.835

(续)

公称直径 D、d		螺距 P		中径 D_2、d_2	小径 D_1、d_1	公称直径 D、d		螺距 P		中径 D_2、d_2	小径 D_1、d_1
第1系列	第2系列	粗牙	细牙			第1系列	第2系列	粗牙	细牙		
	52		1.5	51.026	50.376	56			1.5	55.026	54.376
56		5.5		52.428	50.046				4	57.402	55.670
			4	53.402	51.670		60		3	58.051	56.752
			3	54.051	52.752				2	58.701	57.835
			2	54.701	53.835				1.5	59.026	58.376

注：(1) 优先选用第1系列，其次选用第2系列，第3系列（表中未注出）尽可能不用。

表 9-2 梯形螺纹最大实体牙型尺寸（摘自 GB/T 5796.1－1986）　　（单位：mm）

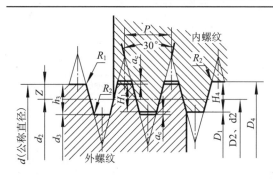

标记示例：

Tr40×7—7H（梯形内螺纹，公称直径 $d=40$mm、螺距 $P=7$mm、精度等级 7H）

Tr40×14(P7)LH—7e（多线左旋梯形外螺纹，公称直径 $d=40$mm、导程＝14mm、螺距 $P=7$mm、精度等级 7e）

Tr40×7—7H/7e（梯形螺旋副、公称直径 $d=40$mm、螺距 $P=7$mm、内螺纹精度等级 7H、外螺纹精度等级 7e）

螺距 P	a_c	$H_4=h_3$	$R_{1\max}$	$R_{2\max}$	螺距 P	a_c	$H_4=h_3$	$R_{1\max}$	$R_{2\max}$
1.5	0.15	0.9	0.075	0.15	14	1	8	0.5	1
2	0.25	1.25	0.125	0.25	16	1	9	0.5	1
3	0.25	1.75	0.125	0.25	18	1	10	0.5	1
4	0.25	2.25	0.125	0.25	20	1	11	0.5	1
5	0.25	2.75	0.125	0.25	22	1	12	0.5	1
6	0.5	3.5	0.25	0.5	24	1	13	0.5	1
7	0.5	4	0.25	0.5	28	1	15	0.5	1
8	0.5	4.5	0.25	0.5	32	1	17	0.5	1
9	0.5	5	0.25	0.5	36	1	19	0.5	1
10	0.5	5.5	0.25	0.5	40	1	21	0.5	1
12	0.5	6.5	0.25	0.5	44	1	23	0.5	1

表 9-3　梯形螺纹基本尺寸(摘自 GB/T 5796.3—1986)　(单位:mm)

公称直径 D、d		螺距 P	中径 $d_2=D_2$	大径 D_4	小径		公称直径 D、d		螺距 P	中径 $d_2=D_2$	大径 D_4	小径	
第 1 系列	第 2 系列				d_3	D_1	第 1 系列	第 2 系列				d_3	D_1
8		1.5	7.25	8.3	6.2	6.5		30	6	27	31	23	24
	9	1.5	8.25	9.3	7.2	7.5			10	25	31	19	20
		2	8.00	9.5	6.5	7.0	32		3	30.5	32.5	28.5	29
10		1.5	9.25	10.3	8.2	8.5			6	29	33	25	26
		2	9.00	10.5	7.5	8.0			10	27	33	21	22
	11	2	10.00	11.5	8.5	9.0		34	3	32.5	34.5	30.5	31
		3	9.50	11.5	7.5	8.0			6	31	35	27	28
12		2	11.00	12.5	9.5	10.0			10	29	35	23	24
		3	10.50	12.5	8.5	9.0	36		3	34.5	26.5	32.5	33
	14	2	13	14.5	11.5	12			6	33	27	29	30
		3	12.5	14.5	10.5	11			10	31	27	25	26
16		2	15	16.5	13.5	14		38	3	36.5	38.5	34.5	35
		4	14	16.5	11.5	12			7	34.5	39	30	31
	18	2	17	18.5	15.5	16			10	33	39	27	28
		4	16	18.5	13.5	14	40		3	38.5	40.5	36.5	37
20		2	19	20.5	17.5	18			7	36.5	41	32	33
		4	18	20.5	15.5	16			10	35	41	29	30
	22	3	20.5	22.5	18.5	19		42	3	40.5	42.5	38.5	39
		5	19.5	22.5	16.5	17			7	38.5	43	34	35
		8	18	23	13	14			10	37	43	31	32
24		3	22.5	24.5	20.5	21	44		3	42.5	44.5	40.5	41
		5	21.5	24.5	18.5	19			7	40.5	45	36	37
		8	20	25	15	16			12	38	45	31	32
	26	3	24.5	26.5	22.5	23		46	3	44.5	46.5	42.5	43
		5	23.5	26.5	20.5	21			8	42.0	47	37	38
		8	22	27	17	18			12	40.0	47	33	34
28		3	26.5	28.5	24.5	25	48		3	46.5	48.5	44.5	45
		5	25.5	28.5	22.5	23			8	44	49	39	40
		8	24	29	19	20			12	42	49	35	36
	30	3	28.5	30.5	26.5	27		50	3	48.5	50.5	46.5	47

（续）

公称直径 D、d		螺距 P	中径 $d_2=D_2$	大径 D_4	小径		公称直径 D、d		螺距 P	中径 $d_2=D_2$	大径 D_4	小径	
第1系列	第2系列				d_3	D_1	第1系列	第2系列				d_3	D_1
	50	8	46	51	41	42		95	12	89	96	82	83
		12	44	51	37	38			18	86	97	75	77
52		3	50.5	52.5	48.5	49	100		4	98	100.5	95.5	96
		8	48	53	43	44			12	94	101	87	88
		12	46	53	39	40			20	90	102	78	80
	55	3	53.5	55.5	51.5	52		110	4	108	110.5	105.5	106
		9	50.5	56	45	46			12	104	110	97	98
		14	48	57	39	41			20	100	112	88	90
60		3	58.5	60.5	56.5	57	120		6	117	121	113	114
		9	55.5	61	50	51			14	113	122	104	106
		14	53	62	44	46			22	109	122	96	98
	65	4	63	65.5	60.5	61		130	6	127	131	123	124
		10	60	66	54	55			14	123	132	114	116
		16	67	67	47	49			22	119	132	106	108
70		4	68	70.5	65.5	66	140		6	137	141	153	134
		10	65	71	59	60			14	133	142	124	126
		16	62	72	52	54			24	128	142	114	116
	75	4	73	75.5	70.5	71		150	6	147	151	143	144
		10	70	76	64	65			16	142	152	132	134
		16	67	77	57	59			24	138	152	124	126
80		4	78	80.5	75.5	76	160		6	157	161	153	154
		10	75	81	69	70			16	152	162	142	144
		16	72	82	62	64			28	146	162	130	132
	85	4	83	85.5	80.5	81		170	6	167	171	163	164
		12	79	86	72	73			16	162	172	152	154
		18	76	87	65	67			28	156	172	140	142
90		4	88	90.5	85.5	86	180		8	176	181	171	172
		12	84	91	77	78			18	171	182	160	162
		18	81	92	70	72			28	166	182	160	152
	95	4	93	95.5	90.5	91		190	8	186	191	181	182

（续）

公称直径 D、d 第1系列	公称直径 D、d 第2系列	螺距 P	中径 $d_2=D_2$	大径 D_4	小径 d_3	小径 D_1	公称直径 D、d 第1系列	公称直径 D、d 第2系列	螺距 P	中径 $d_2=D_2$	大径 D_4	小径 d_3	小径 D_1
	190	18	181	192	170	172		250	22	239	252	226	228
		32	174	192	156	158			40	230	252	208	210
200		8	196	201	191	192	260		12	254	261	247	248
		18	191	202	180	182			22	249	262	236	238
		32	184	202	166	168			40	240	263	218	220
	210	8	206	211	201	202		270	12	264	271	257	258
		20	200	212	188	190			24	258	272	244	246
		36	192	212	172	174			40	250	272	228	230
220		8	216	221	211	212	280		12	274	281	267	268
		20	210	222	198	200			24	268	282	254	256
		36	202	222	182	184			40	260	282	238	240
	230	8	226	231	221	222		290	12	284	291	277	278
		20	220	232	208	210			24	278	292	264	266
		36	212	232	192	194			44	268	292	244	246
240		8	236	241	231	232	300		12	294	301	287	288
		22	229	242	216	218			24	288	302	274	276
		36	222	242	202	204			44	278	302	254	256
	250	12	244	251	237	238							

注：优先选用第一直径系列。

9.2 螺纹紧固件

常用螺纹紧固件介绍见表 9-4～表 9-18。

表 9-4 六角头螺栓－A 和 B 级（摘自 GB/T 5782－2000） （单位：mm）

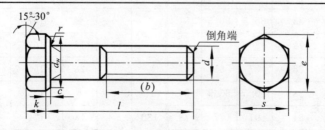

标记示例：

螺纹规格 d=M12、公称长度 l=80mm、性能等级为 8.8 级、表面氧化、A 级六角头螺栓的标记为：螺栓 GB/T 5782－2000 M12×80

(续)

螺纹规格 d			M3	M4	M5	M6	M8	M10	M12	M16	M20	M24	M30
b (参考)	$l \leqslant 125$		12	14	16	18	22	26	30	38	46	54	66
	$125 \leqslant l \leqslant 200$		—	—	—	—	28	32	36	44	52	60	72
	$l > 200$		—	—	—	—	—	—	—	57	65	73	85
c	max		0.4			0.5		0.6		0.8			
	min		0.15							0.2			
d_w	min	A	4.57	5.88	6.88	8.88	11.63	14.63	16.63	22.49	28.19	33.61	—
		B	4.45	5.74	6.74	8.74	11.47	14.47	16.47	22	27.7	33.25	42.75
e	min	A	6.01	7.66	8.79	11.05	14.38	17.77	20.03	26.75	33.53	39.98	—
		B	5.88	7.50	8.63	10.89	14.20	17.59	19.85	26.17	32.95	39.55	50.85
K	公称		2	2.8	3.5	4	5.3	6.4	7.5	10	12.5	15	18.7
r	min		0.1	0.2	0.2	0.25	0.4	0.4	0.6	0.6	0.8	0.8	1
s	公称		5.5	7	8	10	13	16	18	24	30	36	46
l 范围			20~30	25~40	25~50	30~60	35~80	40~100	45~120	55~160	65~200	80~240	90~300
l 系列			6,8,10,12,16,20~70(5 进位),80~160(10 进位),180~360(20 进位)										
技术条件			材料	力学性能等级		螺纹公差	公差产品等级						表面处理
			钢	8.8		6g	A 级用于 $d \leqslant 24$ 或 $l \leqslant 10d$ 或 $l \leqslant 150$mm B 级用于 $d > 24$ 或 $l > 10d$ 或 $l > 150$mm						氧化或镀锌钝化

注：(1) A、B 为产品等级，A 级最精确，C 级最不精确，C 级产品详见 GB/T 5780—2000；
(2) l 系列中，M20 中的 65 等规格尽量不采用。

表 9-5　六角头螺栓－全螺纹－A 和 B 级（摘自 GB/T 5783－2000）　（单位：mm）

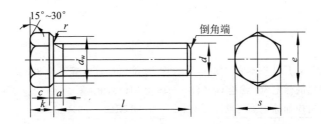

标记示例：

螺纹规格 d＝M12、公称长度 l＝80mm、性能等级为 8.8 级、表面氧化、全螺纹、A 级六角头螺栓的标记为：螺栓 GB/T 5783－2000　M12×80

（续）

螺纹规格 d			M3	M4	M5	M6	M8	M10	M12	M16	M20	M24	M30
a	max		1.5	2.1	2.4	3	3.75	4.5	5.25	6	7.5	9	10.5
c	max		0.4		0.5		0.6			0.8			
	min		0.15							0.2			
d_w	min	A	4.57	5.88	6.88	8.88	11.63	14.63	16.63	22.49	28.19	33.61	—
		B	4.45	5.74	6.74	8.74	11.47	14.47	16.47	22	27.7	33.25	42.75
e	min	A	6.01	7.66	8.79	11.05	14.38	17.77	20.03	26.75	33.53	39.98	—
		B	5.88	7.50	8.63	10.89	14.20	17.59	19.85	26.17	32.95	39.55	50.85
K	公称		2	2.8	3.5	4	5.3	6.4	7.5	10	12.5	15	18.7
r	min		0.1	0.2	0.2	0.25	0.4	0.4	0.6	0.6	0.8	0.8	1
s	公称		5.5	7	8	10	13	16	18	24	30	36	46
l 范围			6～30	8～40	10～50	12～60	16～80	20～100	25～100	35～100	40～100	40～100	40～100
l 系列	6,8,10,12,16,20～70(5 进位),80～160(10 进位),180～360(20 进位)												

技术条件	材料	力学性能等级	螺纹公差	公差产品等级	表面处理
	钢	8.8	6g	A 级用于 $d\leqslant 24$ 或 $l\leqslant 10d$ 或 $l\leqslant 150$mm B 级用于 $d>24$ 或 $l>10d$ 或 $l>150$mm	氧化或镀锌钝化

注：(1)A、B 为产品等级，A 级最精确、C 级最不精确，C 级产品详见 GB/T 5781－2000；

(2)*l* 系列中，M20 中的 55、65 等规格尽量不采用。

表 9-6　六角头铰制孔用螺栓－A 和 B 级(摘自 GB/T 27－1988)　　(单位：mm)

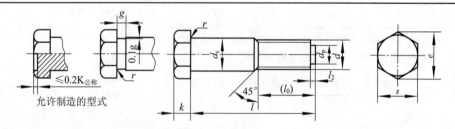

标记示例：

螺纹规格 d=M12、d_s尺寸按本表规定、公称长度 l=80mm、性能等级为 8.8 级、表面氧化处理、A 级的六角头铰制孔用螺栓的标记为：螺栓 GB/T 27—1988 M12× 80

当 d_s按 m6 制造时应加标记 m6：螺栓 GB/T 27－1988 M12×m6×80

螺纹规格 d		M6	M8	M10	M12	(M14)	M16	(M18)	M20	(M22)	M24	(M27)
d_s(h9)	max	7	9	11	13	15	17	19	21	23	25	28
s	max	10	13	16	18	21	24	27	30	34	36	41

(续)

螺纹规格 d		M6	M8	M10	M12	(M14)	M16	(M18)	M20	(M22)	M24	(M27)
K	公称	4	5	6	7	8	9	10	11	12	13	15
r	min	0.25	0.4	0.4	0.6	0.6	0.6	0.6	0.8	0.8	0.8	1
d_p		4	5.5	7	8.5	10	12	13	15	17	18	21
l_2		1.5			2		3			4		5
e_{min}	A	11.05	14.38	17.77	20.03	23.35	26.75	30.14	33.53	37.72	39.98	—
	B	10.89	14.20	17.59	19.85	22.78	26.17	29.56	32.95	37.29	39.55	45.2
g		2.5					3.5				5	
l_0		12	15	18	22	25	28	30	32	35	38	42
l 范围		25~65	25~80	30~120	35~180	40~180	45~200	50~200	55~200	60~200	65~200	75~200
l 系列		25,(28),30,(32),35,(38),40,45,50,(55),60,(65),70,(75),80,85,90,(95),100~260(10 进位),280,300										
技术条件		材料:钢		螺纹公差:6g		性能等级:$d \leqslant 39$ 时为 8.8; $d > 39$ 时按协议			表面处理:氧化		产品等级 A、B	

注:(1)尽可能不采用括号内的规格;
(2)根据使用要求,螺杆上无螺纹部分杆径(d_s)允许按 m6、u8 制造。

表 9-7 双头螺柱 $b_m = d$(摘自 GB/T 897—1988)、$b_m = 1.25d$(摘自 GB/T 898—1988)、$b_m = 1.5d$(摘自 GB/T 899—1988)、$b_m = 2d$(摘自 GB/T 900—1988)　　　(单位:mm)

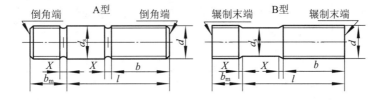

标记示例:

两端型式	d(mm)	l(mm)	性能等级	表面处理	型号	b_m(mm)	标记
两端均为粗牙普通螺纹	10	50	4.8	不处理	B	$1d$	螺柱 GB/T 897—1988 M10×50
旋入机体一端为粗牙普通螺纹,旋螺母一端为螺距 $P=1$mm 的细牙普通螺纹	10	50	4.8	不处理	A	$1d$	螺柱 GB/T 897—1988 AM10—M10×1×50
旋入机体一端为过渡配合螺纹的第一种配合,旋螺母一端为粗牙普通螺纹	10	50	8.8	镀锌钝化	B	$1d$	螺柱 GB/T 897—1988 GM10—M10×50—8.8—Zn.D

(续)

两端型式		d(mm)	l(mm)	性能等级	表面处理	型号	b_m/mm	标记
旋入机体一端为过盈配合螺纹,旋螺母一端为粗牙普通螺纹		10	50	8.8	镀锌钝化	A	$2d$	螺柱 GB/T 900—1988 AYM10—M10×50—8.8—Zn.D
	螺纹规格 d	M5	M6	M8	M10	M12	(M14)	
b_m（公称）	GB/T 897—1988	5	6	8	10	12	14	
	GB/T 898—1988	6	8	10	12	15	18	
	GB/T 899—1988	8	10	12	15	18	21	
	GB/T 900—1988	10	12	16	20	24	28	
l（公称）/b		(16~22)/10	(20~22)/10	(20~22)/12	(25~28)/14	(25~30)/16	(30~35)/18	
		(25~50)/16	(25~30)/14	(25~30)/16	(30~38)/16	(32~40)/20	(38~45)/25	
		(32~75)/18	(32~90)/22	(40~120)/26	(45~120)/30	(50~120)/34		
				130/32	(130~180)/36	(130~180)/40		
	螺纹规格 d	M16	(M18)	M20	(M22)	M24	(M27)	
b_m（公称）	GB/T 897—1988	16	18	20	22	24	27	
	GB/T 898—1988	20	22	25	28	30	35	
	GB/T 899—1988	24	27	30	33	36	40	
	GB/T 900—1988	32	36	40	44	48	54	
l（公称）/b		(30~38)/20	(35~40)/22	(35~40)/25	(40~45)/30	(45~50)/30	(50~60)/35	
		(40~45)/30	(45~60)/35	(45~65)/35	(50~70)/40	(55~75)/45	(65~85)/50	
		(60~120)/38	(65~120)/42	(70~120)/46	(75~120)/50	(80~120)/54	(90~120)/60	
		(130~200)/44	(130~200)/48	(130~120)/52	(130~200)/56	(130~200)/60	(130~120)/66	

注:(1)尽可能不采用括号内的规格,GB/T 897—1988 中的 M24、M30 为括号内的规格;
(2)GB/T 898—1988 为商品紧固件品种,应优先选用;
(3)当 $b-b_m \leqslant 5$mm 时,旋螺母一端应制成倒圆端。

表 9-8 内六角圆柱头螺钉(摘自 GB/T 70.1－2000)　　　　（单位:mm）

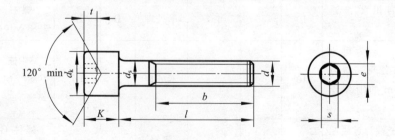

标记示例:

螺纹规格 d=M8、公称长度 l=20mm、性能等级为 8.8 级、表面氧化的内六角圆柱头螺钉的标记为:

螺钉　GB/T 70.1－2000　M8×20

(续)

螺纹规格 d	M5	M6	M8	M10	M12	M16	M20	M24	M30	M36
螺距 P	0.8	1	1.25	1.5	1.75	2	2.5	3	3.5	4
b(参考)	22	24	28	32	36	44	52	60	72	84
d_K(max)	8.5	10	13	16	18	24	30	36	45	54
e(min)	4.58	5.72	6.86	9.15	11.43	16	19.44	21.73	25.15	30.85
K(max)	5	6	8	10	12	16	20	24	30	36
s(公称)	4	5	6	8	10	14	17	19	22	27
t(min)	2.5	3	4	5	6	8	10	12	15.5	19
l 范围（公称）	8~50	10~60	12~80	16~100	20~120	25~160	30~200	40~200	45~200	55~200
制成全螺纹时 $l\leqslant$	25	30	35	40	45	55	65	80	90	110
l 系列(公称)	8,10,12,(14),16,20~50(5 进位),(55),60,(65),70~160(10 进位),180,200									

技术条件	材料	力学性能等级	螺纹公差	产品等级	表面处理
	钢	8.8,12.9	12.9 级为 5g 或 6g,其他等级为 6g	A	氧化或镀锌钝化

注：(1)括号内规格尽可能不采用；
(2)内六角圆柱头为光滑头部。

表 9-9 十字槽盘头螺钉（摘自 GB/T 818－2000）、十字槽沉头螺钉（摘自 GB/T 819.1－2000）　　（单位：mm）

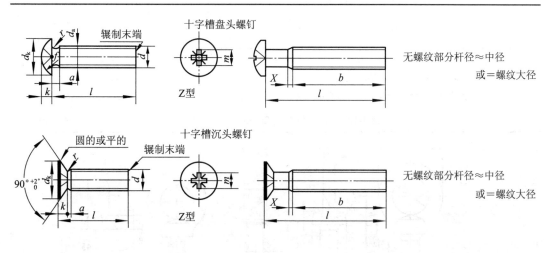

标记示例：

螺纹规格 d＝M5、公称长度 l＝20mm、性能等级为 4.8 级、不经表面处理的十字槽盘头螺钉（或十字槽沉头螺钉）的标记为：螺钉 GB/T 818－2000 M5×20（或 GB/T 819－2000 M5×20）

（续）

螺纹规格 d			M1.6	M2	M2.5	M3	M4	M5	M6	M8	M10
螺距 P			0.35	0.4	0.45	0.5	0.7	0.8	1	1.25	1.5
a		max	0.7	0.8	0.9	1	1.4	1.6	2	2.5	3
b		min	25	25	25	25	38	38	38	38	38
X		max	0.9	1	1.1	1.25	1.75	2	2.5	3.2	3.8
十字槽盘头螺钉	d_a	max	2.1	2.6	3.1	3.6	4.7	5.7	6.8	9.2	11.2
	d_K	max	3.2	4	5	5.6	8	9.5	12	16	20
	K	max	1.3	1.6	2.1	2.4	3.1	3.7	4.6	6	7.5
	r	min	0.1	0.1	0.1	0.1	0.2	0.2	0.25	0.4	0.4
	r_f	≈	2.5	3.2	4	5	6.5	8	10	13	16
	m	参考	1.7	1.9	2.6	2.9	4.4	4.6	6.8	8.8	10
	l 商品规格范围		3～16	3～20	3～25	4～30	5～40	6～45	8～60	10～60	12～60
十字槽沉头螺钉	d_K	max	3	3.8	4.7	5.5	8.4	9.3	11.3	15.8	18.3
	K	max	1	1.2	1.5	1.65	2.7	2.7	3.3	4.65	5
	r	max	0.4	0.5	0.6	0.8	1	1.3	1.5	2	2.5
	m	参考	1.8	2	3	3.2	4.6	5.1	6.8	9	10
	l 商品规格范围		3～16	3～20	3～25	4～30	5～40	6～50	8～60	10～60	12～60
公称长度 l 的系列			3,4,5,6,8,10,12,(14),16,20～60(5 进位)								
技术条件	材料		机械性能等级		螺纹公差		公差产品等级		表面处理		
	钢		4.8		6g		A		(1)不经处理；(2)镀锌钝化		

注：(1) 公称长度 l 中的(14)、(55)等规格尽可能不采用；
(2) 对十字槽盘头螺钉，$d \leqslant$ M3，$l \leqslant$ 25mm 或 $d \geqslant$ M4，$l \leqslant$ 40mm 时，制出全螺纹（$b=l-a$）；
对十字槽沉头螺钉，$d \leqslant$ M3，$l \leqslant$ 30mm 或 $d \geqslant$ M4，$l \leqslant$ 45mm 时，制出全螺纹 [$b=l-(k+a)$]。

表 9-10 吊环螺钉（摘自 GB/T 825—1988） （单位：mm）

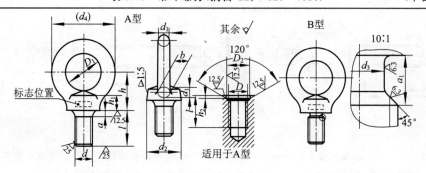

标记示例：
规格为 20mm，材料为 20 钢，经正火处理，不经表面处理的 A 型吊环螺钉的标记为：螺钉 GB/T 825—1988 M20

(续)

主要尺寸(mm)及每1000件钢制品的质量 G(kg)≈

规格(d)		M8	M10	M12	M16	M20	M24	M30
d_1	min	7.6	9.6	11.6	13.6	15.6	19.6	23.5
D_1	公称	20	24	28	34	40	48	56
d_2	max	21.1	25.1	29.1	35.2	41.4	49.4	57.7
h_1	max	7	9	11	13	15.1	19.1	23.2
l	公称	16	20	22	28	35	40	45
d_4	(参考)	36	44	52	62	72	88	104
h		18	22	26	31	36	44	53
a_1	max	3.75	4.5	5.25	6	7.5	9	10.5
d_3	公称(max)	6	7.7	9.4	13	16.4	19.6	25
a	max	2.5	3	3.5	4	5	6	7
D		M8	M10	M12	M16	M20	M24	M30
D_2	公称(min)	13	15	17	22	28	32	38
h_2	公称(min)	2.5	3	3.5	4.5	5	7	8
G		40.5	77.91	131.7	233.7	385.2	705.3	1205
规格(d)		M36	M42	M48	M56	M64	M72×6	M80×6	M100×6
d_1	min	27.5	31.2	37.1	41.1	46.9	58.8	66.8	73.6
D_1	公称	67	80	95	112	125	140	160	200
d_2	max	69	82.4	97.7	114.7	128.4	143.8	163.8	204.2
h_1	max	27.4	31.7	36.9	39.9	44.1	52.4	57.4	62.4
l	公称	55	65	70	80	90	100	115	140
d_4	(参考)	123	144	171	196	221	260	296	350
h		63	74	87	100	115	130	150	175
a_1	max	12	13.5	15	16.5	18	18	18	18
d_3	公称(max)	30.8	35.6	41	48.3	55.7	63.7	71.7	91.7
a	max	8	9	10	11	12	12	12	12
D		M36	M42	M48	M56	M64	M72×6	M80×6	M100×6
D_2	公称(min)	45	52	60	68	75	85	95	115
h_2	公称(min)	9.5	10.5	11.5	12.5	13.5	14	14	14
G		1998	3070	4947	7155	10382	17758	25892	40273

起吊质量(t)																
规格(d)		M8	M10	M12	M16	M20	M24	M30	M36	M42	M48	M56	M64	M72×6	M80×6	M100×6
单螺钉起吊		0.16	0.25	0.4	0.63	1	1.6	2.5	4	6.3	8	10	16	20	25	40
双螺钉起吊	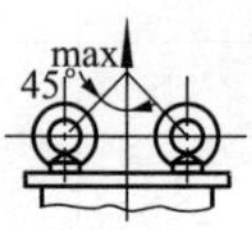	0.08	0.125	0.2	0.32	0.5	0.8	1.25	2	3.2	4	5	8	10	12.5	20

注:表中数值系指平稳起吊时的最大起吊质量。

表 9-11　Ⅰ型六角螺母(摘自 GB/T 6170—2000)　　　(单位:mm)

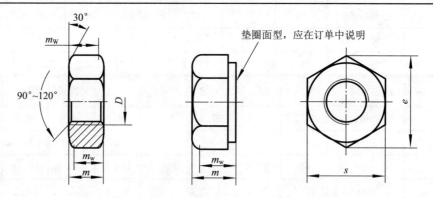

标记示例：
　　螺纹规格 $D=M12$、性能等级为 8 级、不经表面处理、产品等级为 A 级的Ⅰ型六角螺母的标记为：
　　螺母　GB/T 6170—2000 M12

螺纹规格(D)		M1.6	M2	M2.5	M3	(M3.5)	M4	M5	M6	M8	M10	M12
P[①]		0.35	0.4	0.45	0.5	0.6	0.7	0.8	1	1.25	1.5	1.75
e	min	3.41	4.32	5.45	6.01	6.58	7.66	8.79	11.05	14.38	17.77	20.03
m	max	1.3	1.6	2.0	2.4	2.8	3.2	4.7	5.2	6.8	8.4	10.8
m_w	min	0.8	1.1	1.4	1.7	2	2.3	3.5	3.9	5.2	6.4	8.3
s	公称=max	3.2	4.0	5.0	5.5	6.0	7.0	8.0	10.0	13.0	16.0	18.0
螺纹规格(D)		(M14)	M16	(M18)	M20	(M22)	M24	(M27)	M30	(M33)		
P[①]		2	2	2.5	2.5	2.5	3	3	3.5	3.5		

（续）

螺纹规格(*D*)		(M14)	M16	(M18)	M20	(M22)	M24	(M27)	M30	(M33)
e	min	23.36	26.75	29.56	32.95	37.29	39.55	45.2	50.85	55.37
m	max	12.8	14.8	15.8	18.0	19.4	21.5	23.8	25.6	28.7
m_w	min	9.7	11.3	12.1	13.5	14.5	16.2	18	19.4	21.9
s	公称＝max	21.0	24.0	27.0	30.0	34.0	36.0	41.0	46.0	50.0
螺纹规格(*D*)		M36	(M39)	M42	(M45)	M48	(M52)	M56	(M60)	M64
*P*①		4	4	4.5	4.5	5	5	5.5	5.5	6
e	min	60.79	66.44	71.3	76.95	82.6	88.25	93.56	99.21	104.86
m	max	31.0	33.4	34.0	36.0	38.0	42.0	45.0	48.0	51.0
m_w	min	23.5	25.4	25.9	27.5	29.1	32.3	34.7	37.1	39.3
s	公称＝max	55.0	60.0	65.0	70.0	75.0	80.0	85.0	90.0	95.0

注：尽可能不采用括号内的规格。

①*P* 为螺距。

表 9-12　Ⅰ型六角螺母　细牙（摘自 GB/T 6171—2000）　（单位：mm）

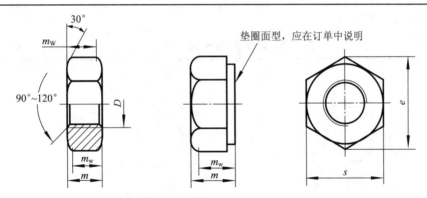

标记示例：

螺纹规格 D＝M16×1.5、细牙螺纹、性能等级为 8 级、表面镀锌钝化、产品等级为 A 级的Ⅰ型六角螺母的标记为：螺母　GB/T 6171—2000 M16×1.5

螺纹规格 $D\times P$		M8×1	M10×1	(M10×1.25)	M12×1.5	(M12×1.25)	(M14×1.5)
e	min	14.38	17.77	17.77	20.03	20.03	23.36
m	max	6.8	8.4	8.4	10.8	10.8	12.8
m_w	min	5.15	6.43	6.43	8.3	8.3	9.68
s	公称＝max	13.0	16.0	16.0	18.0	18.0	21.0
螺纹规格 $D\times P$		M16×1.5	(M18×1.5)	M20×1.5	(M20×2)	(M22×1.5)	M24×2
e	min	26.75	29.56	32.95	32.95	37.29	39.55

（续）

螺纹规格 $D\times P$		M16×1.5	(M18×1.5)	M20×1.5	(M20×2)	(M22×1.5)	M24×2
m	max	14.8	15.8	18.0	18.0	19.4	21.5
m_w	min	11.28	12.08	13.52	13.52	14.48	16.16
s	公称＝max	24.0	27.0	30.0	30.0	34.0	36.0

螺纹规格 $D\times P$		(M27×2)	M30×2	(M33×2)	M36×3	(M39×3)	M42×3
e	min	45.2	50.85	55.37	60.79	66.44	71.3
m	max	23.8	25.6	28.7	31.0	33.4	34.0
m_w	min	18	19.44	21.92	23.52	25.44	25.92
s	公称＝max	41.0	46.0	50.0	55.0	60.0	65.0

螺纹规格 $D\times P$		(M45×3)	M48×3	(M52×4)	M56×4	(M60×4)	M64×4
e	min	76.95	82.6	88.25	93.56	99.21	104.86
m	max	36.0	38.0	42.0	45.0	48.0	51.0
m_w	min	27.52	29.12	32.32	34.72	37.12	39.28
s	公称＝max	70.0	75.0	80.0	85.0	90.0	95.0

注：尽可能不采用括号内的规格。

表 9-13　圆螺母（摘自 GB/T 812—1988）　　　　（单位：mm）

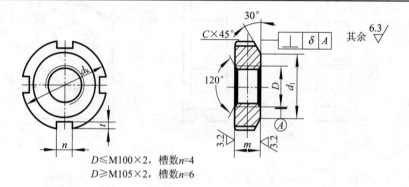

$D\leqslant$M100×2，槽数n=4
$D\geqslant$M105×2，槽数n=6

标记示例：

螺纹规格 D＝M16×1.5、材料为 45 钢、槽或全部热处理后硬度 35～45HRC，表面氧化的圆螺母的标记为：螺母　GB/T 812—1988 M16×1.5

螺纹规格($D\times P$)	d_k	d_1	m	n min	t min	C	每 1000 个的质量 G(kg)≈
M10×1	22	16					16.82
M12×1.25	25	19	8	4	2	0.5	21.58
M14×1.5	28	20					26.82

（续）

螺纹规格($D\times P$)	d_k	d_1	m	n min	t min	C	每 1000 个的质量 G(kg)≈
M16×1.5	30	22	8	5	2.5	0.5	28.44
M18×1.5	32	24					31.19
M20×1.5	35	27					37.31
M22×1.5	38	30	10			1	54.91
M24×1.5	42	34					68.88
M25×1.5[①]							65.88
M27×1.5	45	37					75.49
M30×1.5	48	40					82.11
M33×1.5	52	43		6	3		93.32
M35×1.5[①]							84.99
M36×1.5	55	46				1.5	100.3
M39×1.5	58	49					107.3
M40×1.5[①]	58	49					102.5
M42×1.5	62	53					121.8
M45×1.5	68	59					153.6
M48×1.5	72	61	12	8	3.5		201.2
M50×1.5[①]							186.8
M52×1.5	78	67					238.0
M55×2[①]	78	67					214.4
M56×2	85	74					290.1
M60×2	90	79					320.3
M64×2	95	84					351.9
M65×2[①]							342.4
M68×2	100	88		10	4		380.2
M72×2	105	93	15				518.0
M75×2[①]							477.5
M76×2	110	98					562.4
M80×2	115	103					608.4
M85×2	120	108					640.6
M90×2	125	112	18	12	5		796.1
M95×2	130	117					834.7

（续）

螺纹规格($D\times P$)	d_k	d_1	m	n min	t min	C	每 1000 个的质量 G(kg)≈
M100×2	135	122	18	12	5	1.5	873.3
M105×2	140	127					895.0
M110×2	150	135		14	6		1076
M115×2	155	140	22				1369
M120×2	160	145					1423
M125×2	165	150					1477
M130×2	170	155					1531
M140×2	180	165	26				1937
M150×2	200	180		16	7		2651
M160×3	210	190				2	2810
M170×3	220	200					2970
M180×3	230	210	30				3610
M190×3	240	220					3794
M200×3	250	230					3978

注：①仅用于滚动轴承锁紧装置。

表 9-14　小垫圈、平垫圈小垫圈—A 级(摘自 GB/T 848—2002)
平垫圈—倒角型—A 级(摘自 GB/T 97.2—2002)
平垫圈—A 级(摘自 GB/T 97.1—2002)　　(单位：mm)

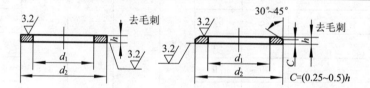

标记示例：

小系列(或标准系列)、公称尺寸 d=8mm、性能等级为 140HV 级、不经表面处理的小垫圈(或平垫圈，或倒角型平垫圈)的标记为：垫圈　GB/T 848－2002 8(或 GB/T 97.1－2002，或 GB/T 97.2－2002)

工程尺寸(螺纹规格 d)		1.6	2	2.5	3	4	5	6	8	10	12	14	16	20	24
d_1	GB/T 848—2002	1.7	2.2	2.7	3.2	4.3	5.3	6.4	8.4	10.5	13	15	17	21	25
	GB/T 97.1—2002														
	GB/T 97.2—2002	—	—	—	—	—									
d_2	GB/T 848—2002	3.5	4.5	5	6	8	9	11	15	18	20	24	28	34	39
	GB/T 97.1—2002	4	5	6	7	9	10	12	16	20	24	28	30	37	44
	GB/T 97.2—2002	—	—	—	—	—									

(续)

工程尺寸(螺纹规格 d)		1.6	2	2.5	3	4	5	6	8	10	12	14	16	20	24
h	GB/T 848—2002	0.3	0.3	0.5	0.5	0.5	1	1.6	1.6	1.6	2	2.5	2.5	3	4
	GB/T 97.1—2002					0.8									
	GB/T 97.2—2002	—	—	—	—	—				2	2.5		3		

表 9-15 标准型弹簧垫圈(摘自 GB/T 93—1987)、
轻型弹簧垫圈(摘自 GB/T 859—1987)　　　(单位:mm)

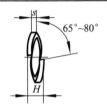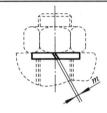

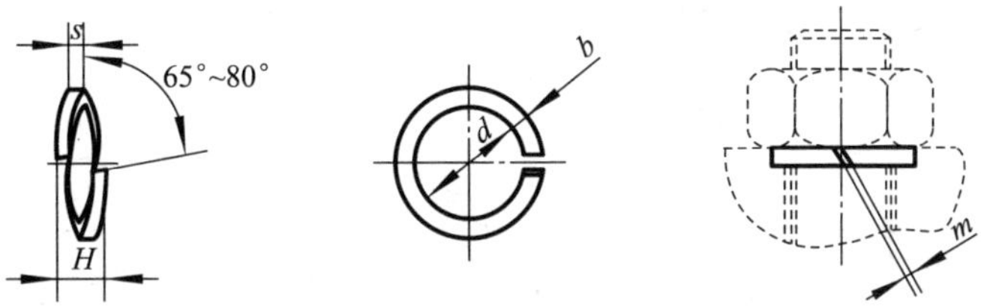

标记示例:

规格为16、材料为65Mn、表面氧化的标准型(或轻型)弹簧垫圈的标记为:垫圈 GB/T 93—1987 16 (或 GB/T 859—1987 16)

规格(螺纹大径)			3	4	5	6	8	10	12	(14)	16	(18)	20	(22)
GB/T 93—1987	S(b)	公称	0.8	1.1	1.3	1.6	2.1	2.6	3.1	3.6	4.1	4.5	5.0	5.5
	H	min	1.6	2.2	2.6	3.2	4.2	5.2	6.2	7.2	8.2	9	10	11
		max	2	2.75	3.25	4	5.25	6.5	7.75	9	10.25	11.25	12.5	13.75
	m	≤	0.4	0.55	0.65	0.8	1.05	1.3	1.55	1.8	2.05	2.25	2.5	2.75
GB/T 859—1987	s	公称	0.6	0.8	1.1	1.3	1.6	2	2.5	3	3.2	3.6	4	4.5
	b	公称	1	1.2	1.5	2	2.5	3	3.5	4	4.5	5	5.5	6
	H	min	1.2	1.6	2.2	2.6	3.2	4	5	6	6.4	7.2	8	9
		max	1.5	2	2.75	3.25	4	5	6.25	7.5	8	9	10	11.25
	m	≤	0.3	0.4	0.55	0.65	0.8	1.0	1.25	1.5	1.6	1.8	2.0	2.25

表 9-16 圆螺母用止动垫圈(摘自 GB/T 858—1988)　　　(单位:mm)

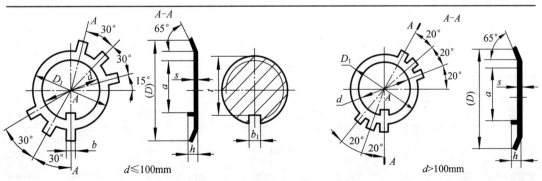

标记示例:

规格为16mm、材料为Q215、经退火、表面氧化的圆螺母用止动垫圈的标记为:垫圈 GB/T 858—1988 16

（续）

规格(螺纹大径)	d	D(参考)	D_1	s	b	a	h	每 1000 个的质量 G(kg)≈	轴端	
									b_1	t
10	10.5	25	16			8		1.91		7
12	12.5	28	19		3.8	9	3	2.3	4	8
14	14.5	32	20			11		2.5		10
16	16.5	34	22			13		2.99		12
18	18.5	35	24			15		3.04		14
20	20.5	38	27	1		17		3.5		16
22	22.5	42	30		4.8	19	4	4.14	5	18
24	24.5	45	34			21		5.01		20
25[①]	25.5	45	34			22		4.7		—
27	27.5	48	37			24		5.4		23
30	30.5	52	40			27		5.87		26
33	33.5	56	43			30		10.01		29
35[①]	35.5	56	43			32		8.75		—
36	36.5	60	46			33	5	10.76		32
39	39.5	62	49		5.7	36		11.06	6	35
40[①]	40.5	62	49			37		10.33		—
42	42.5	66	53			39		12.55		38
45	45.5	72	59			42		16.3		41
48	48.5	76	61			45		17.68		44
50[①]	50.5	76				47		15.86		—
52	52.5	82	67			49		21.12		48
55[1)]	56			1.5	7.7	52		17.67	8	—
56	57	90	74			53	6	26		52
60	61	94	79			57		28.4		56
64	65	100	84			61		31.55		60
65[①]	66					62		30.35		—
68	69	105	88			65		34.69		64
72	73	110	93			69		37.9		68
75[①]	76				9.6	71		33.9	10	—
76	77	115	98			72	7	41.27		70
80	81	120	103			76		44.7		74
85	86	125	108			81		46.72		79

(续)

规格(螺纹大径)	d	D(参考)	D_1	s	b	a	h	每1000个的质量 G(kg)≈	轴端	
									b_1	t
90	91	130	112	2	11.6	86	7	64.82	12	84
95	96	135	117			91		67.4		89
100	101	140	122			96		69.97		94
105	106	145	127			101		72.54		99
110	111	156	135		13.5	106		89.08	14	104
115	116	160	140			111		91.33		109
120	121	166	145			116		94.96		114
125	126	170	150			121		97.21		119
130	131	176	155			126		100.8		122
140	141	186	165			136		106.7		132
150	151	206	180			146		175.9	16	142
160	161	216	190			156		185.1		149
170	171	226	200	2.5	15.5	166	8	194		159
180	181	236	210			176		202.9		169
190	191	246	220			186		211.7		179
200	201	256	230			196		220.6		189

表 9-17 孔用弹性挡圈—A型(摘自 GB/T 893.1—1986)　　(单位:mm)

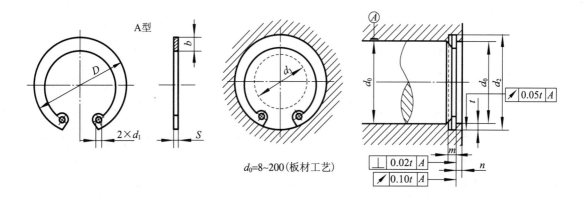

d_0=8~200(板材工艺)

d_3 为允许套入的最大轴径

标记示例:

孔径 d_0=50mm、材料为 65Mn、热处理硬度 44~51HRC、经表面氧化处理的 A 型孔用弹性挡圈的标记为:

挡圈　GB/T 893.1—1986　50

（续）

孔径 d_0	挡圈			沟槽(推荐)			轴 $d_3 \leqslant$
	D	S	d_1	d_2	m	$n \geqslant$	
8	8.7	0.6	1	8.4	0.7	0.6	2
9	9.8			9.4			
10	10.8	0.8	1.5	10.4	0.9		
11	11.8			11.4		0.9	3
12	13			12.5			4
13	14.1		1.7	13.6			
14	15.1	1		14.6	1.1		5
15	16.2			15.7		1.2	6
16	17.3			16.8			7
17	18.3			17.8			8
18	19.5			19		1.5	9
19	20.5		2	20			10
20	21.5			21			
21	22.5			22			11
22	23.5			23			12
24	25.9	1.2		25.2		1.8	13
25	26.9			26.2			14
26	27.9			27.2	1.3		15
28	30.1			29.4		2.1	17
30	32.1			31.4			18
31	33.4		2.5	32.7		2.6	19
32	34.4			33.7			20
34	36.5	1.5		35.7			22
35	37.8			37		3	23
36	38.8			38	1.7		24
37	39.8			39			25
38	40.8			40			26
40	43.5			42.5		3.8	27
42	45.5		3	44.5			29
45	48.5			47.5			31
47	50.5			49.5			32

(续)

孔径 d_0	挡圈			沟槽（推荐）			轴 $d_3 \leqslant$
	D	S	d_1	d_2	m	$n \geqslant$	
48	51.5	1.5		50.5	1.7	3.8	33
50	54.2			53			36
52	56.2			55			38
55	59.2			58			40
56	60.2	2		59	2.2		41
58	62.2			61			43
60	64.2			63			44
62	66.2			65		4.5	45
63	67.2			66			46
65	69.2			68			48
68	72.5			71			50
70	74.5		3	73			53
72	76.5			75			55
75	79.5			78			56
78	82.5			81			60
80	85.5			83.5			63
82	87.5	2.5		85.5	2.7		65
85	90.5			88.5			68
88	93.5			91.5			70
90	95.5			93.5		5.3	72
92	97.5			95.5			73
95	100.5			98.5			75
98	103.5			101.5			78
100	105.5			103.5			80
102	108			106			82
105	112			109			83
108	115			112			86
110	117	3	4	114	3.2	6	88
112	119			116			89
115	122			119			90
120	127			124			95

（续）

孔径 d_0	挡圈			沟槽(推荐)			轴 $d_3 \leqslant$
	D	S	d_1	d_2	m	$n \geqslant$	
125	132			129			100
130	137			134			105
135	142			139		6	110
140	147			144			115
145	152			149			118
150	158	3	4	155	3.2		121
155	164			160			125
160	169			165		7.5	130
165	174.5			170			136
170	179.5			175			140

表 9-18　轴用弹性挡圈－A 型(摘自 GB/T 894.1—1986)　　(单位:mm)

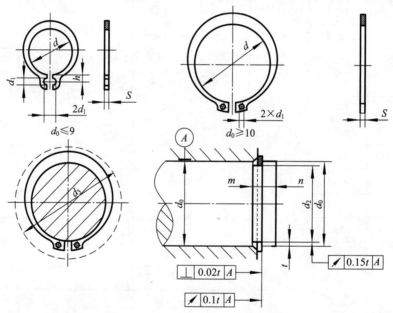

d_3为允许套入的最小孔径

标记示例：

轴径 d_0＝50mm、材料 65Mn、热处理 44～51HRC、经表面氧化处理的 A 型轴用弹性挡圈的标记为：

挡圈　GB/T 894.1—1986　50

第 9 章　联接螺纹和螺纹零件的结构要素　· 117 ·

（续）

<table>
<tr><th rowspan="2">孔径 d_0</th><th colspan="3">挡圈</th><th colspan="3">沟槽(推荐)</th><th rowspan="2">孔 $d_3\leqslant$</th></tr>
<tr><th>d</th><th>S</th><th>d_1</th><th>d_2</th><th>m</th><th>$n\geqslant$</th></tr>
<tr><td>3</td><td>2.7</td><td rowspan="2">0.4</td><td rowspan="3">1</td><td>2.8</td><td rowspan="2">0.5</td><td rowspan="3">0.3</td><td>7.2</td></tr>
<tr><td>4</td><td>3.7</td><td>3.8</td><td>8.8</td></tr>
<tr><td>5</td><td>4.7</td><td rowspan="3">0.6</td><td>4.8</td><td rowspan="3">0.7</td><td>10.7</td></tr>
<tr><td>6</td><td>5.6</td><td rowspan="4">1.2</td><td>5.7</td><td rowspan="2">0.5</td><td>12.2</td></tr>
<tr><td>7</td><td>6.5</td><td>6.7</td><td>13.8</td></tr>
<tr><td>8</td><td>7.4</td><td rowspan="2">0.8</td><td>7.6</td><td rowspan="2">0.9</td><td rowspan="3">0.6</td><td>15.2</td></tr>
<tr><td>9</td><td>8.4</td><td>8.6</td><td>16.4</td></tr>
<tr><td>10</td><td>9.3</td><td rowspan="13">1</td><td rowspan="3">1.5</td><td>9.6</td><td rowspan="13">1.1</td><td>17.6</td></tr>
<tr><td>11</td><td>10.2</td><td>10.5</td><td rowspan="2">0.8</td><td>18.6</td></tr>
<tr><td>12</td><td>11</td><td>11.5</td><td>19.6</td></tr>
<tr><td>13</td><td>11.9</td><td rowspan="6">1.7</td><td>12.4</td><td rowspan="2">0.9</td><td>20.8</td></tr>
<tr><td>14</td><td>12.9</td><td>13.4</td><td>22</td></tr>
<tr><td>15</td><td>13.8</td><td>14.3</td><td>1.1</td><td>23.2</td></tr>
<tr><td>16</td><td>14.7</td><td>15.2</td><td rowspan="2">1.2</td><td>24.4</td></tr>
<tr><td>17</td><td>15.7</td><td>16.2</td><td>25.6</td></tr>
<tr><td>18</td><td>16.5</td><td>17</td><td rowspan="5">1.5</td><td>27</td></tr>
<tr><td>19</td><td>17.5</td><td rowspan="10">2</td><td>18</td><td>28</td></tr>
<tr><td>20</td><td>18.5</td><td>19</td><td>29</td></tr>
<tr><td>21</td><td>19.5</td><td>20</td><td>31</td></tr>
<tr><td>22</td><td>20.5</td><td>21</td><td>32</td></tr>
<tr><td>24</td><td>22.2</td><td rowspan="7">1.2</td><td>22.9</td><td rowspan="7">1.3</td><td rowspan="3">1.7</td><td>34</td></tr>
<tr><td>25</td><td>23.2</td><td>23.9</td><td>35</td></tr>
<tr><td>26</td><td>24.2</td><td>24.9</td><td>36</td></tr>
<tr><td>28</td><td>25.9</td><td>26.6</td><td rowspan="3">2.1</td><td>38.4</td></tr>
<tr><td>29</td><td>26.9</td><td>27.6</td><td>39.8</td></tr>
<tr><td>30</td><td>27.9</td><td>28.6</td><td>42</td></tr>
<tr><td>32</td><td>29.6</td><td rowspan="5">2.5</td><td>30.3</td><td rowspan="2">2.6</td><td>44</td></tr>
<tr><td>34</td><td>31.5</td><td rowspan="4">1.5</td><td>32.3</td><td rowspan="4">1.7</td><td>46</td></tr>
<tr><td>35</td><td>32.2</td><td>33</td><td rowspan="3">3</td><td>48</td></tr>
<tr><td>36</td><td>33.2</td><td>34</td><td>49</td></tr>
<tr><td>37</td><td>34.2</td><td>35</td><td>50</td></tr>
</table>

（续）

孔径 d_0	挡圈			沟槽（推荐）			孔 $d_3 \leqslant$
	d	S	d_1	d_2	m	$n \geqslant$	
38	35.2	1.5	2.5	36	1.7	3	51
40	36.5			37.5		3.8	53
42	38.5		3	39.5			56
45	41.5			42.5			59.4
48	44.5			45.5			62.8
50	45.8	2		47	2.2	4.5	64.8
52	47.8			49			67
55	50.8			52			70.4
56	51.8			53			71.7
58	53.8			55			73.6
60	55.8			57			75.8
62	57.8			59			79
63	58.8			60			79.6
65	60.8	2.5		62	2.7		81.6
68	63.5			65			85
70	65.5			67			87.2
72	67.5			69			89.4
75	70.5			72			92.8
78	73.5			75			96.2
80	74.5			76.5		5.3	98.2
82	76.5			78.5			101
85	79.5			81.5			104
88	82.5			84.5			107.3
90	84.5			86.5			110
95	89.5			91.5			115
100	94.5			96.5			121
105	98	3		101	3.2	6	132
110	103		4	106			136
115	108			111			142
120	113			116			145
125	118			121			151

(续)

孔径 d_0	挡圈			沟槽(推荐)			孔 $d_3 \leq$
	d	S	d_1	d_2	m	$n \geq$	
130	123			126			158
135	128			131	6		162.8
140	133			136			168
145	138			141			174.4
150	142	3	4	145			180
155	146			150			186
160	151			155		7.5	190
165	155.5			160	3.2		195
170	160.5			165			200

9.3 螺纹零件的结构要素

常用螺蚊零件的结构要素分别见表9-19～表9-21。

表9-19 普通螺纹收尾、肩距、退刀槽、倒角(摘自 GB/T 3—1997)   (单位:mm)

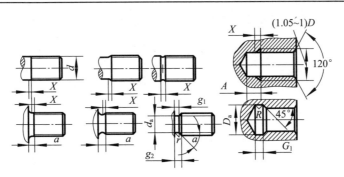

螺距 P	外螺纹									
	收尾 X max		肩距 a max			退刀槽				
	一般	短的	一般	长的	短的	g_2 max	g_1 min	$r \approx$	d_g	
0.5	1.25	0.7	1.5	2	1	1.5	0.8	0.2	$d-0.8$	
0.6	1.5	0.75	1.8	2.4	1.2	1.8	0.9	0.4	$d-1$	
0.7	1.75	0.9	2.1	2.8	1.4	2.1	1.1		$d-1.1$	
0.75	1.9	1	2.25	3	1.5	2.25	1.2		$d-1.2$	
0.8	2	1	2.4	3.2	1.6	2.4	1.3		$d-1.3$	

(续)

螺距 P	外螺纹								
	收尾 X max		肩距 a max			退刀槽			
						g_2 max	g_1 min	$r\approx$	d_g
	一般	短的	一般	长的	短的				
1	2.5	1.25	3	4	2	3	1.6	0.6	d-1.6
1.25	3.2	1.6	4	5	2.5	3.75	2		d-2
1.5	3.8	1.9	4.5	6	3	4.5	2.5	0.8	d-2.3
1.75	4.3	2.2	5.3	7	3.5	5.25	3	1	d-2.6
2	5	2.5	6	8	4	6	3.4		d-3
2.5	6.3	3.2	7.5	10	5	7.5	4.4	1.2	d-3.6
3	7.5	3.8	9	12	6	9	5.2	1.6	d-4.4
3.5	9	4.5	10.5	14	7	10.5	6.2		d-5
4	10	5	12	16	8	12	7	2	d-5.7
4.5	11	5.5	13.5	18	9	13.5	8	2.5	d-6.4
5	12.5	6.3	15	20	10	15	9		d-7
5.5	14	7	16.5	22	11	17.5	11	3.2	d-7.7
6	15	7.5	18	24	12	18	11		d-8.3

螺距 P	内螺纹							
	收尾 X max		肩距 A		退刀槽			
					G_1		$R\approx$	D_g
	一般	短的	一般	长的	一般	短的		
0.5	2	1	3	4	2	1	0.2	D+0.3
0.6	2.4	1.2	3.2	4.8	2.4	1.2	0.3	
0.7	2.8	1.4	3.5	5.6	2.8	1.4	0.4	
0.75	3	1.5	3.8	6	3	1.5	0.4	
0.8	3.2	1.6	4	6.4	3.2	1.6	0.4	
1	4	2	5	8	4	2	0.5	D+0.5
1.25	5	2.5	6	10	5	2.5	0.6	
1.5	6	3	7	12	6	3	0.8	
1.75	7	3.5	9	14	7	3.5	0.9	
2	8	4	10	16	8	4	1	
2.5	10	5	12	18	10	5	1.2	
3	12	6	14	22	12	6	1.5	

（续）

螺距 P	内螺纹							
	收尾 X max		肩距 A		退刀槽			
					G_1		$R\approx$	D_g
	一般	短的	一般	长的	一般	短的		
3.5	14	7	16	24	14	7	1.8	$D+0.5$
4	16	8	18	26	16	8	2	
4.5	18	9	21	29	18	9	2.2	
5	20	10	23	32	20	10	2.5	
5.5	22	11	25	35	22	11	2.8	
6	24	12	28	38	24	12	3	

注：(1)外螺纹倒角一般为 45°，也可采用 60°或 30°倒角；倒角深度应大于或等于牙型高度，过渡角 α 应不小于 30°，内螺纹入口端面的倒角一般为 120°，也可采用 90°倒角；端面倒角直径为(1.05～1)D(D 为螺纹公称直径)；

(2)应优先选用"一般"长度的收尾和肩距。

表 9-20　粗牙螺栓、螺钉的拧入深度、攻丝深度和钻孔深度　　（单位：mm）

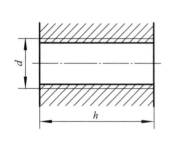

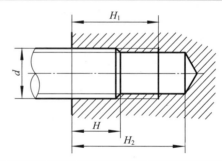

公称直径 d	钢和青铜				铸铁				铝			
	通孔拧入深度 h	盲孔拧入深度 H	攻丝深度 H_1	钻孔深度 H_2	通孔拧入深度 h	盲孔拧入深度 H	攻丝深度 H_1	钻孔深度 H_2	通孔拧入深度 h	盲孔拧入深度 H	攻丝深度 H_1	钻孔深度 H_2
3	4	3	4	7	6	5	6	9	8	6	7	10
4	5.5	4	5.5	9	8	6	7.5	11	10	8	10	14
5	7	5	7	11	10	8	10	14	12	10	12	16
6	8	6	8	13	12	10	12	17	15	12	15	20
8	10	8	10	16	15	12	14	20	20	16	18	24
10	12	10	13	20	18	15	18	25	24	20	23	30
12	15	12	15	24	22	18	21	30	28	24	27	36

（续）

公称直径 d	钢和青铜				铸铁				铝			
	通孔拧入深度 h	盲孔拧入深度 H	攻丝深度 H_1	钻孔深度 H_2	通孔拧入深度 h	盲孔拧入深度 H	攻丝深度 H_1	钻孔深度 H_2	通孔拧入深度 h	盲孔拧入深度 H	攻丝深度 H_1	钻孔深度 H_2
16	20	16	20	30	28	24	28	33	36	32	36	46
20	25	20	24	36	35	30	35	47	45	40	45	57
24	30	24	30	44	42	35	42	55	55	48	54	68
30	36	30	36	52	50	45	52	68	70	60	67	84
36	45	36	44	62	65	55	64	82	80	72	80	98
42	50	42	50	72	75	65	74	95	95	85	94	115
48	60	48	58	82	85	75	85	108	105	95	105	128

表 9-21　螺栓和螺钉通孔及沉孔尺寸　　（单位:mm）

螺纹规格	螺栓和螺钉通孔直径 d_h（摘自 GB/T 5277—1985）			沉头螺钉和半沉头螺钉用沉孔（摘自 GB/T 152.2—1988）				内六角圆柱头螺钉的圆柱头用沉孔（摘自 GB/T 152.3—1988）				六角头螺栓和六角螺母用沉孔（摘自 GB/T 152.4—1988）			
d	精装配	中等装配	粗装配	d_2	$t\approx$	d_1	α	d_2	t	d_3	d_1	d_2	d_3	d_1	t
M3	3.2	3.4	3.6	6.4	1.6	3.4	$90^{\circ}{}^{-2^{\circ}}_{-4^{\circ}}$	6.0	3.4	—	3.4	9	—	3.4	只要能制出与通
M4	4.3	4.5	4.8	9.6	2.7	4.5		8.0	4.6		4.5	10		4.5	
M5	5.3	5.5	5.8	10.6	2.7	5.5		10.0	5.7		5.5	11		5.5	
M6	6.4	6.6	7	12.8	3.3	6.6		11.0	6.8		6.6	13		6.6	
M8	8.4	9	10	17.6	4.6	9		15.0	9.0		9.0	18		9.0	
M10	10.5	11	12	20.3	5.0	11		18.0	11.0		11.0	22		11.0	
M12	13	13.5	14.5	24.4	6.0	13.5		20.0	13.0	16	13.5	26	16	13.5	
M14	15	15.5	16.5	28.4	7.0	15.5		24.0	15.0	18	15.5	30	18	13.5	

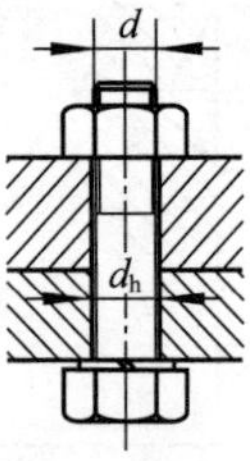

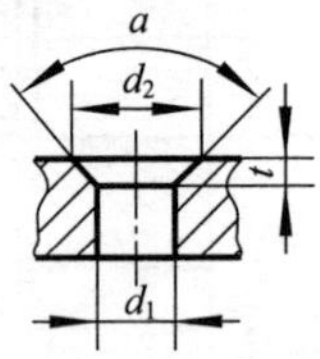

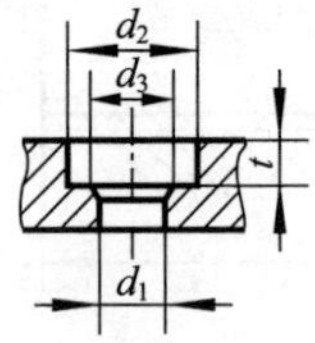

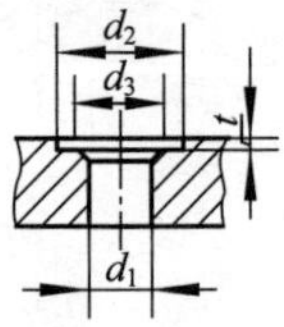

(续)

d	精装配	中等装配	粗装配	d_2	$t\approx$	d_1	a	d_2	t	d_3	d_1	d_2	d_3	d_1	t
M16	17	17.5	18.5	32.4	8.0	17.5		26.0	17.5	20	17.5	33	20	17.5	孔轴线垂直的圆平面即可
M18	19	20	21	—	—	—		—	—	—	—	36	22	20.0	
M20	21	22	24	40.4	10.0	22		33.0	21.5	24	22.0	40	24	22.0	
M22	23	24	26				$90°{-2°\atop-4°}$	—	—	—	—	43	26	24	
M24	25	26	28					40.0	25.5	28	26.0	48	28	26	
M27	28	30	32	—	—	—		—	—	—	—	53	33	30	
M30	31	33	35					48.0	32.0	36	33.0	61	36	33	
M36	37	39	42					57.0	38.0	42	39.0	71	42	29	

第 10 章　键连接和销连接

10.1　键 连 接

常用键连接的介绍见表 10-1、表 10-2。

表 10-1　平键连接的剖面和键槽尺寸(摘自 GB/T 1095—2003)
普通平键的型式和尺寸(摘自 GB/T 1096—2003)　　　　(单位:mm)

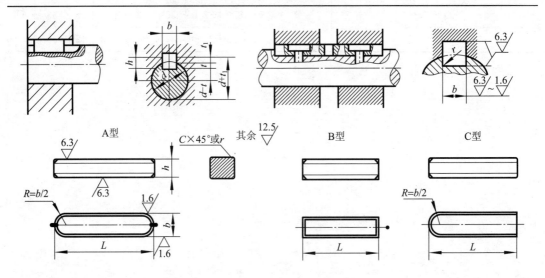

标记示例:

GB/T 1096—2003　键 A16×10×100[圆头普通平键(A 型)、$b=16$、$h=10$、$L=100$]

GB/T 1096—2003　键 B16×10×100[平头普通平键(B 型)、$b=16$、$h=10$、$L=100$]

GB/T 1096—2003　键 C16×10×100[单圆头普通平键(C 型)、$b=16$、$h=10$、$L=100$]

轴	键	键槽											
公称直径 d	公称尺寸 $b\times h$	宽度 b						深度				半径 r	
		公称尺寸 b	极限偏差					轴 t		毂 t_1			
			松连接		正常连接		紧密连接						
			轴 H9	毂 D10	轴 N9	毂 JS9	轴和毂 P9	公称尺寸	极限偏差	公称尺寸	极限偏差	最小	最大
自 6～8	2×2	2	+0.025	+0.060	−0.004	±0.0125	−0.006	1.2	+0.1	1	+0.1	0.08	0.16
>8～10	3×3	3	0	+0.20	−0.029		−0.031	1.8	0	1.4	0		

（续）

轴	键	键槽											
公称直径 d	公称尺寸 $b\times h$	宽度 b						深度				半径 r	
		公称尺寸 b	极限偏差					轴 t		毂 t_1			
			松连接		正常连接		紧密连接						
			轴 H9	毂 D10	轴 N9	毂 JS9	轴和毂 P9	公称尺寸	极限偏差	公称尺寸	极限偏差	最小	最大
>10～12	4×4	4	+0.030 0	+0.078 +0.030	0 −0.030	±0.015	−0.012 −0.042	2.5	+0.1 0	1.8	+0.1 0	0.08	0.16
>12～17	5×5	5						3.0		2.3		0.16	0.25
>17～22	6×6	6						3.5		2.8			
>22～30	8×7	8	+0.036 0	+0.098 +0.040	0 −0.036	±0.018	−0.015 −0.051	4.0	+0.2 0	3.3	+0.2 0		
>30～38	10×8	10						5.0		3.3		0.25	0.40
>38～44	12×8	12	+0.043 0	+0.120 +0.050	0 −0.043	±0.0215	−0.018 −0.061	5.0		3.3			
>44～50	14×9	14						5.5		3.8			
>50～58	16×10	16						6.0		4.3			
>58～65	18×11	18						7.0		4.4			
>65～75	20×12	20	+0.052 0	+0.149 +0.065	0 −0.052	±0.026	−0.022 −0.074	7.5		4.9		0.40	0.60
>75～85	22×14	22						9.0		5.4			
>85～95	25×14	25						9.0		5.4			
>95～110	28×16	28						10.0		6.4			
键的长度系列	6,8,10,12,14,16,18,20,22,25,28,32,36,40,45,50,56,63,70,80,90,100,110,125,140,160,180,200,220,250,280,320,360												

注：(1) 在工作图中，轴槽深用 t 或 $(d-t)$ 标注，轮毂槽深用 $(d+t_1)$ 标注；

(2) $(d-t)$ 和 $(d+t_1)$ 两组组合尺寸的极限偏差按相应的 t 和 t_1 极限偏差选取，但 $(d-t)$ 极限偏差值应取负号（−）；

(3) 键尺寸的极限偏差 b 为 h8，h 为 h11，L 为 h14；

(4) 键材料的抗拉强度应不小于 590MPa。

表 10-2　矩形花键的尺寸、公差（摘自 GB/T 1144—2001）　（单位：mm）

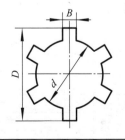

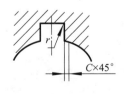

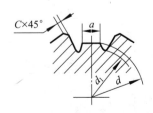

(续)

标记示例：

花键：$N=6, d=23\dfrac{H7}{f7}, D=26\dfrac{H10}{a11}, B=6\dfrac{H11}{d10}$ 的标记为：

花键规格：$N\times d\times D\times B(6\times 23\times 26\times 8)$

花键副：$6\times 23\dfrac{H7}{f7}\times 26\dfrac{H10}{a11}\times 6\dfrac{H11}{d10}$　　GB/T1144—2001

内花键：$6\times 23H7\times 26H10\times 6H11$　　GB/T1144—2001

外花键：$6\times 23f7\times 26a11\times 6d10$　　GB/T1144—2001

小径 d	基本尺寸系列和键槽截面尺寸									
	轻系列						中系列				
	规格 $N\times d\times D\times B$	C	r	参考		规格 $N\times d\times D\times B$	C	r	参考	
				$d_{1\min}$	$a_{\min}$				$d_{1\min}$	$a_{\min}$
18	—	—	—	—	—	6×18×22×5	0.3	0.2	16.6	1.0
21	—	—	—	—	—	6×21×25×5			19.5	2.0
23	6×23×26×6	0.2	0.1	22	3.5	6×23×28×6			21.2	1.2
26	6×26×30×6			24.5	3.8	6×26×32×6			23.6	1.2
28	6×28×32×7			26.6	4.0	6×28×34×7			25.8	1.4
32	8×32×36×6	0.3	0.2	30.3	2.7	8×32×38×6	0.4	0.3	29.4	1.0
36	8×36×40×7			34.4	3.5	8×36×42×7			33.4	1.0
42	8×42×46×8			40.5	5.0	8×42×48×8			39.4	2.5
46	8×46×50×9			44.6	5.7	8×46×54×9			42.6	1.4
52	8×52×58×10			49.6	4.8	8×52×60×10	0.5	0.4	48.6	2.5
56	8×56×62×10			53.5	6.5	8×56×65×10			52.0	2.5
62	8×62×68×12			59.7	7.3	8×62×72×12			57.7	2.4
72	10×72×78×12	0.4	0.3	69.6	5.4	10×72×82×12			67.7	1.0
82	10×82×88×12			79.3	8.5	10×82×92×12	0.6	0.5	77.0	2.9
92	10×92×98×14			89.6	9.9	10×92×102×14			87.3	4.5
102	10×102×108×16			99.6	11.3	10×102×112×16			97.7	6.2

内、外花键的尺寸公差带

内花键				外花键				装配形式
d	D	B		d	D	B	
		拉削后不热处理	拉削后热处理				
		一般用公差带					
H7	H10	H9	H11	f7	a11	d10	滑动
				g7		f9	紧滑动
				h7		h10	固定

（续）

精密传动用公差带						
H5	H10	H7、H9	f5	a11	d8	滑动
			g5		f7	紧滑动
			h5		h8	固定
H6			f6		d8	滑动
			g6		f7	紧滑动
			h6		d8	固定

注：(1) 精密传动用的内花键，当需要控制键侧配合间隙时，槽宽可选用 H7，一般情况下可选用 H9；

(2) d 为 H6 和 H7 的内花键，允许与提高一级的外花键配合。

10.2 销 连 接

表 10-3 圆柱销(摘自 GB/T 119.1—2000)、圆锥销(摘自 GB/T 117—2000) (单位:mm)

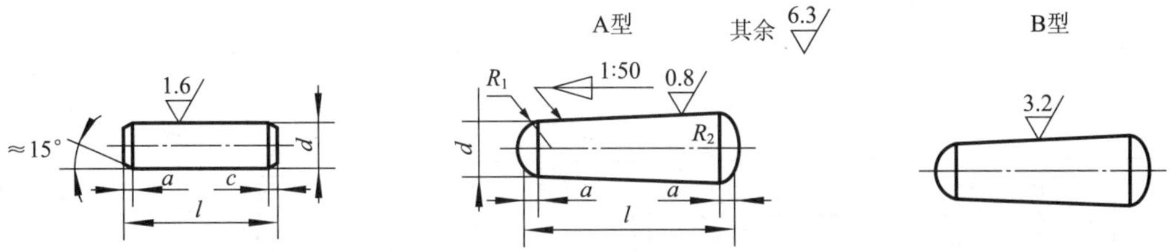

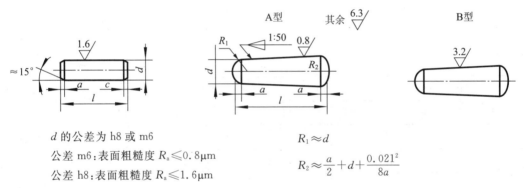

d 的公差为 h8 或 m6

公差 m6：表面粗糙度 $R_a \leqslant 0.8\mu m$

公差 h8：表面粗糙度 $R_a \leqslant 1.6\mu m$

$R_1 \approx d$

$$R_2 \approx \frac{a}{2} + d + \frac{0.021^2}{8a}$$

标记示例：

公差直径 $d=6$、公差为 m5、公称长度 $l=30$、材料为钢、不经淬火、不经表面处理的圆柱销的标记为：

销 GB/T 119.1—2000 6 m6×30

公差直径 $d=6$、长度 $l=30$、材料为 35 钢、热处理硬度 28～38HRC、表面氧化处理的 A 型圆锥销的标记为：

销 GB/T 117—2000 6×30

公称直径 d			3	4	5	6	8	10	12	16	20	25
圆柱销	d h8 或 m6		3	4	5	6	8	10	12	16	20	25
	$c\approx$		0.5	0.63	0.8	1.2	1.6	2.0	2.5	3.0	3.5	4.0
	l(公称)		8～10	8～40	10～50	12～60	14～80	18～95	22～140	26～180	35～200	50～200
圆锥销	dh10	min	2.96	3.95	4.95	5.95	7.94	9.94	11.93	15.93	19.92	24.92
		max	3	4	5	6	8	10	12	16	20	25
	$a\approx$		0.4	0.5	0.63	0.8	1.0	1.2	1.6	2.0	2.5	3.0
	l(公称)		12～45	14～55	18～60	22～90	22～120	26～160	32～180	40～200	45～200	50～200
l(公称)的系列			12～32(2 进位)，35～100(5 进位)，100～200(20 进位)									

表 10-4 内螺纹圆柱销(摘自 GB/T 120.1—2000)、内螺纹圆锥销(摘自 GB/T 118—2000)

(单位:mm)

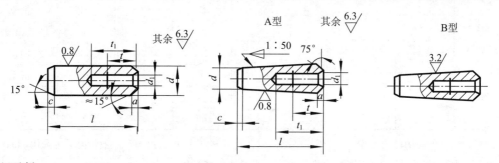

标记示例:

公差直径 $d=6$、公差为 m5、公称长度 $l=30$、材料为钢、不经淬火、不经表面处理的内螺纹圆柱销的标记为:

销 GB/T 120.1—2000 6×30

公差直径 $d=10$、长度 $l=60$、材料为 35 钢、热处理硬度 28～38HRC、表面氧化处理的 A 型内螺纹圆锥销的标记为:

销 GB/T 118—2000 10×60

	公称直径 d		6	8	10	12	16	20	25	30	40	50
	$a\approx$		0.8	1	1.2	1.6	2	2.5	3	4	5	6.3
内螺纹圆柱销	dm6	min	6.004	8.006	10.006	12.007	16.007	20.008	25.008	30.008	40.009	50.009
		max	6.012	8.015	10.015	12.018	16.018	20.021	25.021	30.021	40.025	50.025
	$c\approx$		1.2	1.6	2	2.5	3	3.5	4	5	6.3	8
	d_1		M4	M5	M6	M6	M8	M10	M16	M20	M20	M24
	t min		6	8	10	12	16	18	24	30	30	36
	t_1		10	12	16	20	25	28	35	40	40	50
	l(公称)		16～60	18～80	22～100	26～120	32～160	40～200	50～200	60～200	80～200	100～200
内螺纹圆锥销	dh10	min	5.952	7.942	9.942	11.93	15.93	19.916	24.916	29.916	39.9	49.9
		max	6	8	10	12	16	20	25	30	40	50
	$c\approx$		0.8	1	1.2	1.6	2	2.5	3	4	5	6.3
	d_1		M4	M5	M6	M8	M10	M12	M16	M20	M20	M24
	t min		6	8	10	12	16	18	24	30	30	36
	t_1		10	12	16	20	25	28	35	40	40	50
	l(公称)		16～60	18～80	22～100	26～120	32～160	40～200	50～200	60～200	80～200	100～200
	l(公称)系列		16～32(2 进位),35～100(5 进位),100～200(20 进位)									

表10-5 开口销(摘自 GB/T 91—2000)　　　　　　　　　　(单位:mm)

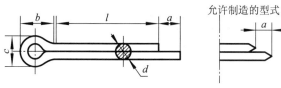

标记示例：

公差直径 $d=5$、长度 $l=50$、材料为低碳钢、不经表面处理的开口销的标记为：

销 GB/T 91—2000 5×50

公称直径 d		0.6	0.8	1	1.2	1.6	2	2.5	3.2	4	5	6.3	8	10	13
a	max	1.6					2.5			3.2		4		6.3	
c	max	1	1.4	1.8	2	2.8	3.6	4.6	5.8	7.4	9.2	11.8	15	19	24.8
	min	0.9	1.2	1.6	1.7	2.4	3.2	4	5.1	6.5	8	10.3	13.1	16.6	21.7
$b\approx$		2	2.4	3	3	3.2	4	5	6.4	8	10	12.6	16	20	26
l(公称)		4~12	5~16	6~20	8~25	8~32	10~40	12~50	14~63	18~80	22~100	32~125	40~160	45~200	71~250
l(公称)系列		4,5,6~20(2进位),25,28,32,36,40,45,50,56,63,71,80,90,100,112,125,140,160,180,200,224,250													

注：销孔的公称直径等于销的公称直径 d。

第 11 章　滚动轴承

11.1　常用滚动轴承的尺寸及性能参数

常用滚动轴承的尺寸及性能参数见表 11-1～表 11-5。

表 11-1　深沟球轴承(摘自 GB/T 276—1993)

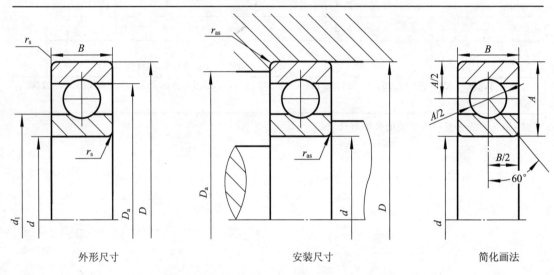

外形尺寸　　安装尺寸　　简化画法

标记示例:滚动轴承 6208 GB/T 276—1993

当量动载荷 $P_c=XF_r+YF_a$					当量静载荷 F_{0r}		
F_a/C_o	$F_a/F_r\leqslant e$		$F_a/F_r>e$		e	$F_a/F_r\leqslant 0.8$	$F_a/F_r>0.8$
	X	Y	X	Y			
0.025	1	0	0.56	2.0	0.22	$F_{0r}=F_r$	$F_{0r}=0.6F_r+0.5F_a$
0.04	1	0	0.56	1.8	0.24		
0.07	1	0	0.56	1.6	0.27		
0.13	1	0	0.56	1.4	0.31		
0.25	1	0	0.56	1.2	0.37		
0.50	1	0	0.56	1.0	0.44		

轴承代号	基本尺寸(mm)			其他尺寸(mm)			安装尺寸(mm)			基本额定载荷(kN)		极限转速(r/min)	
	d	D	B	d_1	D_1	r_1	d_a	D_a	r_{as}	C_r	C_{0r}	脂润滑	脂润滑
(1)0　系列													
6004	20	42	12	26.9	35.1	0.6	25	37	0.6	7.22	4.45	15000	19000
6005	25	47	12	31.8	40.2	0.6	30	42	0.6	7.75	4.95	13000	7000

（续）

轴承代号	基本尺寸(mm)			其他尺寸(mm)			安装尺寸(mm)			基本额定载荷(kN)		极限转速(r/min)	
	d	D	B	d_1	D_1	r_1	d_a	D_a	r_{as}	C_r	C_{0r}	脂润滑	脂润滑
(1) 0 系列													
6006	30	55	13	38.4	47.7	1	36	49	1	10.2	6.88	10000	14000
6007	40	62	14	43.4	53.7	1	41	56	1	12.5	8.60	90001	12000
6008	40	68	15	48.8	59.2	1	46	62	1	13.2	9.42	8500	11000
6009	45	75	16	54.2	65.9	1	51	69	1	16.2	11.8	8000	10000
6010	50	80	16	59.2	70.9	1	56	74	1	16.8	12.8	7000	9000
6011	55	90	18	66.5	79.0	1.1	62	83	1	23.2	17.8	6300	8000
6012	60	95	18	71.9	85.7	1.1	67	88	1	24.5	19.2	6000	7500
6013	65	100	18	75.3	89.1	1.1	72	93	1	24.8	19.8	5600	7000
6014	70	110	20	82	98.0	1.1	77	103	1	29.8	24.2	5300	6700
6015	75	115	20	88.6	104	1.1	82	108	1	30.8	26.0	500	6300
6016	80	125	22	95.6	112.8	1.1	87	118	1	36.5	31.2	4800	6000
6017	85	130	22	100.1	117.6	1.1	92	123	1	39.0	33.5	4500	5600
6018	90	140	24	107.2	126.8	1.5	99	131	1.5	44.5	39.0	4300	5300
6019	95	145	24	110.2	129.8	1.5	104	136	1.5	44.5	39.0	4000	5000
6020	100	150	24	114.6	135.4	1.5	109	141	1.5	49.5	43.8	3800	4800
(0) 2 系列													
6204	20	47	14	29.3	39.7	1	26	41	1	9.88	6.18	14000	18000
6205	25	52	15	33.8	44.2	1	31	46	1	10.8	6.95	12000	16000
6206	30	62	16	40.8	52.2	1	36	56	1	15.0	10.0	9500	13000
6207	35	72	17	46.8	60.2	1.1	42	65	1	19.8	13.5	8500	11000
6208	40	80	18	52.8	67.2	1.1	47	73	1	22.8	15.8	8000	10000
6209	45	85	19	58.8	73.2	1.1	52	78	1	24.5	17.5	7000	9000
6210	50	90	20	62.4	77.6	1.1	57	83	1	27.0	19.8	6700	8500
6211	55	100	21	68.9	86.1	1.5	64	91	1.5	33.5	25.0	6000	7500
6212	60	110	22	76	94.1	1.5	69	101	1.5	36.8	27.8	5600	7000
6213	65	120	23	82.5	102.5	1.5	74	111	1.5	44.0	34.0	5000	6300
6214	70	125	24	89	109	1.5	79	116	1.5	46.8	37.5	4800	6000
6215	75	130	25	94	115	1.5	84	121	1.5	50.8	41.2	4500	5600
6216	80	140	26	100	122	2	90	130	2	55.0	44.8	4300	5300
6217	85	150	28	107.1	130.9	2	95	140	2	64.0	53.2	4000	5000
6218	90	160	30	111.7	138.4	2	100	150	2	73.8	60.5	3800	4800
6219	95	170	32	118.1	146.9	2.1	107	158	2.1	84.8	70.5	3600	4500
6220	100	180	34	124.8	155.3	2.1	112	168	2.1	94.0	79.0	3400	4300
(0) 3 系列													
6304	20	52	15	29.8	42.2	1.1	27	45	1	12.2	7.78	13000	17000
6305	25	62	17	36	51	1.1	32	55	1	17.2	11.2	10000	14000
6306	30	72	19	44.8	59.2	1.1	37	65	1	20.8	14.2	9000	12000
6307	35	80	21	50.4	66.6	1.5	44	71	1.5	25.8	17.8	8000	10000
6308	40	90	23	56.5	74.6	1.5	49	81	1.5	31.2	22.2	7000	9000

（续）

轴承代号	基本尺寸(mm)			其他尺寸(mm)			安装尺寸(mm)			基本额定载荷(kN)		极限转速(r/min)	
	d	D	B	d_1	D_1	r_1	d_a	D_a	r_{as}	C_r	C_{0r}	脂润滑	脂润滑
(0) 3 系列													
6309	45	100	25	63	84	1.5	54	91	1.5	40.8	29.8	6300	8000
6310	50	110	27	69.1	91.9	1.5	60	100	2	47.5	35.6	6000	7500
6311	55	120	29	65	110	2	65	110	2	55.2	41.8	5300	6700
6312	60	130	31	72	118	2.1	72	118	2.1	62.8	48.5	5000	6300
6313	65	140	33	77	128	2.1	77	128	2.1	72.2	56.5	4500	5600
6314	70	150	35	82	138	2.1	82	138	2.1	80.2	63.2	4300	5300
6315	75	160	37	87	148	2.1	87	148	2.1	87.2	71.5	4000	5000
6316	80	170	39	92	158	2.1	92	158	2.1	94.5	80.0	3800	4800
6317	85	180	41	99	166	2.5	99	166	2.5	1.2	89.2	3600	4500
6318	90	190	43	104	176	2.5	104	176	2.5	112	100	3400	4300
6319	95	200	45	109	186	2.5	109	186	2.5	122	112	3200	4000
6320	100	215	47	114	201	2.5	114	201	2.5	132	132	2800	3600

表 11-2　角接触球轴承(摘自 GB/T 292—1993)

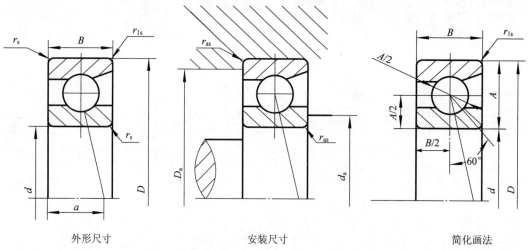

外形尺寸　　　　安装尺寸　　　　简化画法

标记示例:滚动轴承 7208C GB/T 292—1993

<table>
<tr><td colspan="4">70000C 型(α=15°)</td><td>70000AC 型(α=25°)</td></tr>
<tr><td>iF_a/C_{0r}</td><td>e</td><td>Y</td><td rowspan="6">径向当量动载荷
当 $F_a/F_r \leqslant e$　$P_r=F_r$
当 $F_a/F_r>e$　$P_r=0.44F_r+YF_a$</td><td rowspan="6">径向当量动载荷
当 $F_a/F_r \leqslant 0.68$　$P_r=F_r$
当 $F_a/F_r>0.68 P_r=0.41F_r+0.87$</td></tr>
<tr><td>0.015</td><td>0.38</td><td>1.47</td></tr>
<tr><td>0.029</td><td>0.40</td><td>1.40</td></tr>
<tr><td>0.058</td><td>0.43</td><td>1.30</td></tr>
<tr><td>0.087</td><td>0.46</td><td>1.23</td></tr>
<tr><td>0.12</td><td>0.47</td><td>1.19</td></tr>
<tr><td>0.17</td><td>0.50</td><td>1.12</td><td rowspan="4">径向当量静载荷
$P_{0r}=0.5F_r+0.46F_a$</td><td rowspan="4">径向当量静载荷
$P_{0r}=0.5F_r+0.38F_a$</td></tr>
<tr><td>0.29</td><td>0.55</td><td>1.02</td></tr>
<tr><td>0.44</td><td>0.56</td><td>1.00</td></tr>
<tr><td>0.58</td><td>0.56</td><td>1.00</td></tr>
</table>

（续）

轴承代号		基本尺寸(mm)					装尺寸(mm)			基本额定动载荷 (kN)		基本额定静载荷 (r/min)	
7000C	7000AC	d	D	B	a 7000C	a 7000AC	d_a	D_a	r_{as}	70000C	70000AC	70000C	70000AC
(02)型													
7204C	7204AC	20	47	14	11.5	14.9	26	41	1	11.2	10.8	7.46	7.00
7205C	7205AC	25	52	15	12.7	16.4	31	46	1	12.8	12.2	8.95	8.38
7206C	7206AC	30	62	16	14.2	18.7	36	56	1	17.8	16.8	12.8	12.2
7207C	7207AC	35	72	17	15.7	21	42	65	1	23.5	22.5	17.5	16.5
7208C	7208AC	40	80	18	17	23	47	73	1	26.8	25.8	20.5	19.2
7209C	7209AC	45	85	19	18.2	24.7	52	78	1	29.8	28.2	23.8	22.5
7210C	7210AC	50	90	20	19.4	26.3	57	83	1	32.8	31.5	26.8	25.2
7211C	7211AC	55	100	21	20.9	28.6	64	91	1.5	40.8	38.8	33.8	31.8
7212C	7212AC	60	110	22	22.4	30.8	69	101	1.5	44.8	42.8	37.8	35.5
7213C	7213AC	65	120	23	24.2	33.5	74	111	1.5	53.8	51.2	46.0	43.2
7214C	7214AC	70	125	24	25.3	35.1	79	116	1.5	56.0	53.2	49.2	46.2
7215C	7215AC	75	130	25	26.4	36.6	84	121	1.5	60.8	57.8	54.2	50.8
7216C	7216AC	80	140	26	27.7	38.9	90	130	2	68.8	65.5	63.2	59.2
7217C	7217AC	85	150	28	29.9	41.6	95	140	2	76.8	72.8	69.8	65.5
7218C	7218AC	90	160	30	31.7	4.2	100	150	2	94.2	89.8	87.8	82.2
7219C	7219AC	95	170	32	33.8	46.9	107	158	2.1	102	98.8	95.5	89.5
7220C	7220AC	100	180	34	35.8	49.7	112	168	2.1	140	108	115	100
(0)3 系列													
7301C	7301AC	12	37	12	8.6	12	18	31	1	8.10	8.08	5.22	4.88
7302C	7302AC	15	42	13	9.6	13.5	21	36	1	9.38	9.08	5.95	5.58
7303C	7303AC	17	47	14	10.4	14.8	23	41	1	12.8	11.5	8.62	7.08
7304C	7304AC	20	52	15	11.3	16.8	27	45	1	14.2	13.8	9.68	9.10
7305C	7305AC	25	62	17	13.1	19.1	32	55	1	21.5	20.8	15.8	14.8
7306C	7306AC	30	72	19	15	22.2	37	65	1	26.5	25.2	19.8	18.5
7307C	7307AC	35	80	21	16.6	24.5	44	71	1.5	34.2	32.8	26.8	24.8
7308C	7308AC	40	90	23	18.5	27.5	49	81	1.5	40.2	38.5	32.3	30.5
7309C	7309AC	45	100	25	20.2	30.2	54	91	1.5	49.2	47.5	39.8	37.2
7310C	7310AC	50	110	27	22	33	60	100	2	53.5	55.5	47.2	44.5
7311C	7311AC	55	120	29	23.8	35.8	65	110	2	70.5	67.2	60.5	56.8
7312C	7312AC	60	130	31	25.6	38.7	72	118	2.1	80.5	77.8	70.2	65.8
7313C	7313AC	65	140	33	27.4	41.5	77	128	2.1	91.5	89.8	80.5	75.5
7314C	7314AC	70	150	35	29.2	44.3	82	138	2.1	102	98.5	91.5	86.0
7315C	7315AC	75	160	37	31	47.2	87	148	2.1	112	108	105	97.0
7316C	7316AC	80	170	39	32.8	50	92	158	2.1	122	118	118	108
7317C	7317AC	85	180	41	34.6	52.8	99	166	2.5	132	125	128	122
7318C	7318AC	90	190	43	36.4	55.6	104	176	2.5	142	135	142	135
7319C	7319AC	95	200	45	38.2	58.5	109	186	2.5	152	145	158	148
7320C	7320AC	100	215	47	40.2	61.9	114	201	2.5	162	165	175	178

（续）

轴承代号		基本尺寸(mm)					装尺寸(mm)			基本额定动载荷(kN)		基本额定静载荷(r/min)	
7000C	7000AC	d	D	B	a 7000C	a 7000AC	d_a	D_a	r_{as}	70000C	70000AC	70000C	70000AC
(0)4 系列													
	7406AC	30	90	23		26.1	39	81	1		42.5		32.2
	7407AC	35	100	25		29	44	91	1.5		53.8		42.5
	7408AC	40	110	27		34.6	50	100	2		51.5		41.8
	7409AC	45	120	29		38.7	55	110	2		66.8		52.8
	7410AC	50	130	31		37.4	62	118	2.1		73.2		56.5
	7412AC	60	150	35		43.1	72	138	2.1		102		90.8
	7414AC	70	180	42		51.5	84	166	2.5		125		125
	7416AC	80	200	48		58.1	94	186	2.5		152		162
	7418AC	90	215	54		64.8	108	197	3		178		205

表 11-3　圆锥滚子轴承(摘自 GB/T 297—1993)

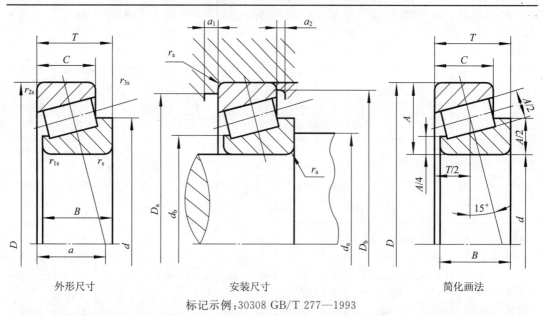

外形尺寸　　安装尺寸　　简化画法

标记示例：30308 GB/T 277—1993

径向当量动载荷	当 $F_a/F_r \leqslant e$ 时 $P_r=F_r$ 当 $F_a/F_r>e$ 时 $P_r=0.4F_r+YF_a$
径向当量静载荷	取下列两式计算出的最大值 $P_{0r}=0.5F_r+Y_0F_0$ $P_{0r}=F_r$

轴承代号	基本尺寸(mm)						安装尺寸(mm)						基本额定载荷(kN)			计算系数		
	d	D	T	B	C	a	d_a	d_b	D_a	D_b	a_1	a_2	r_a	C_r	C_{0r}	e	Y	Y_0
02 系列																		
30204	20	47	15.25	14	12	11.2	26	27	41	43	2	3.5	1	26.8	18.2	0.35	1.7	1
30205	25	52	16.25	15	13	12.6	31	31	46	48	2	3.5	1	32.2	23	0.37	1.6	0.9
30206	30	62	17.25	16	14	13.8	36	37	56	58	2	3.5	1	41.2	29.5	0.37	1.6	0.9

（续）

轴承代号	基本尺寸(mm)						安装尺寸(mm)							基本额定载荷(kN)		计算系数		
	d	D	T	B	C	a	d_a	d_b	D_a	D_b	a_1	a_2	r_a	C_r	C_{0r}	e	Y	Y_0
02 系列																		
30207	35	72	18.25	17	15	15.3	42	44	65	67	3	4	1.5	51.5	37.2	0.37	1.6	0.9
30208	40	80	19.75	18	16	16.9	47	49	73	75	3	4	1.5	59.8	42.8	0.37	1.6	0.9
30209	45	85	20.75	19	16	18.6	52	53	78	80	3	5	1.5	64.2	47.8	0.4	1.5	0.8
30210	50	90	21.75	20	17	20	57	58	83	86	3	5	1.5	72.2	55.2	0.42	1.4	0.8
30211	55	100	22.75	21	18	21	64	64	91	95	4	5	2	86.5	65.5	0.4	1.5	0.8
30212	60	110	23.75	22	19	22.4	69	69	101	103	4	5	2	97.8	74.5	0.4	1.5	0.8
30213	65	120	24.75	23	20	24	74	77	111	114	4	5	2	112	86.2	0.4	1.5	0.8
30214	70	125	26.75	24	21	25.9	79	81	116	119	4	5.5	2	125	97.5	0.42	1.4	0.8
30215	75	130	27.25	25	22	27.4	84	85	121	125	4	5.5	2	130	105	0.44	1.4	0.8
30216	80	140	28.25	26	22	28	90	90	130	133	4	6	2.1	150.8	120	0.42	1.4	0.8
30217	85	150	30.5	28	24	29.9	95	96	140	142	5	6.5	2.1	168	135	0.42	1.4	0.8
30218	90	160	32.5	30	26	32.4	100	102	150	151	5	6.5	2.1	188	152	0.42	1.4	0.8
30219	95	170	34.5	32	27	35.1	107	108	158	160	5	7.5	2.5	215	175	0.42	1.4	0.8
30220	100	180	37	34	29	36.5	112	114	168	169	5	8	2.5	240	198	0.42	1.4	0.8
03 系列																		
30304	20	52	16.25	15	13	11	27	28	45	48	3	3.5	1.5	31.5	20.8	0.3	2	1.1
30305	25	62	18.25	17	15	13	32	34	55	58	3	3.5	1.5	44.8	30	0.3	2	1.1
30306	30	72	20.75	19	16	15	37	40	65	66	3	5	1.5	55.8	38.5	0.31	1.9	1
30307	35	80	22.75	21	18	17	44	45	71	74	3	5	2	71.2	50.2	0.31	1.9	1
30308	40	90	25.25	23	20	19.5	49	52	81	84	3	5.5	2	86.2	63.8	0.35	1.7	1
30309	45	100	27.25	25	22	21.5	54	59	91	94	3	5.5	2	102	76.2	0.35	1.7	1
30310	50	110	29.25	27	23	23	60	65	100	103	4	6.5	2.1	122	92.5	0.35	1.7	1
30311	55	120	31.5	29	25	25	65	70	110	112	4	6.5	2.1	145	112	0.35	1.7	1
30312	60	130	33.5	31	26	26.5	72	76	118	121	5	7.5	2.5	162	125	0.35	1.7	1
30313	65	140	36	33	28	29	77	83	128	131	5	8	2.5	185	142	0.35	1.7	1
30314	70	150	38	35	30	30.6	82	89	138	141	5	8	2.5	208	162	0.35	1.7	1
30315	75	160	40	37	31	32	87	92	148	150	5	9	2.5	238	188	0.35	1.7	1
30316	80	170	42.5	39	33	34	92	102	158	160	5	9.5	2.5	262	208	0.35	1.7	1
30317	85	180	44.5	41	34	36	99	107	166	168	6	10.5	3	288	228	0.35	1.7	1
30318	90	190	46.5	43	36	37.5	104	113	176	178	6	10.5	3	322	260	0.35	1.7	0.8
30318	95	200	49.5	45	38	40	109	118	186	185	6	11.5	3	348	282	0.35	1.7	1
30320	100	215	51.5	47	39	42	114	127	201	199	6	12.5	3	382	310	0.35	1.7	1
22 系列																		
32206	30	62	21.25	20	17	15.4	36	36	56	58	3	4.5	1	49.2	37.2	0.37	1.6	0.9
32207	35	72	24.25	23	19	17.6	42	42	65	68	3	5.5	1.5	67.5	52.5	0.37	1.6	0.9
32208	40	80	24.75	23	19	19	47	48	73	75	3	6	1.5	74.2	56.8	0.37	1.6	0.9
32209	45	85	24.75	23	19	20	52	53	78	81	3	6	1.5	79.5	62.8	0.4	1.5	0.8
32210	50	90	24.75	23	19	21	57	57	83	86	3	6	1.5	84.8	68	0.42	1.4	0.8
32211	55	100	26.75	25	21	22.5	64	62	91	96	4	6	2	102	81.5	0.4	1.5	0.8
32212	60	110	29.75	28	24	24.9	69	68	101	105	4	6	2	125	102	0.4	1.5	0.8
32213	65	120	32.75	31	27	27.2	74	75	111	115	4	6	2	152	125	0.4	1.5	0.8

(续)

轴承代号	基本尺寸(mm)					安装尺寸(mm)							基本额定载荷(kN)		计算系数		
	d	D	T	B	C	a	d_a	d_b	D_a	D_b	a_1	a_2	r_a	C_r	C_{0r}	e	Y	Y_0
22 系列																		
32214	70	125	33.25	31	27	28.6	79	79	116	120	4	6.5	2	158	135	0.42	1.4	0.8
32215	75	130	33.25	31	27	30.2	84	84	121	126	4	6.5	2	160	135	0.44	1.4	0.8
32216	80	140	33.25	33	28	31.3	90	89	130	135	5	7.5	2.1	188	158	0.42	1.4	0.8
32217	85	150	38.5	36	30	34	95	95	140	143	5	8.5	2.1	215	185	0.42	1.4	0.8
32218	90	160	42.5	40	34	36.7	100	101	150	153	5	8.5	2.1	258	225	0.42	1.4	0.8
32219	95	170	45.5	43	37	39	107	106	158	163	5	8.5	2.5	285	255	0.42	1.4	0.8
32220	100	180	49	46	39	41.8	112	113	168	172	5	10	2.5	322	292	0.42	1.4	0.8
23 系列																		
32304	20	52	22.52	21	18	13.4	27	28	45	48	3	4.5	1.5	40.8	28.8	0.3	2	1.1
32305	25	62	25.25	24	20	15.5	32	32	55	58	3	5.5	1.5	58	42.5	0.3	2	1.1
32306	30	72	28.75	27	23	18.8	37	38	65	66	4	6	1.5	77.5	58.8	0.31	1.9	1
32307	35	80	32.75	31	25	20.5	44	43	71	74	4	8	2	93.3	72.2	0.31	1.9	1
32308	40	90	35.25	33	27	23.4	49	49	81	83	4	8.5	2	110	87.8	0.35	1.7	1
32309	45	100	38.25	36	30	25.6	54	56	91	83	4	8.5	2	138	111.8	0.35	1.7	1
32310	50	110	42.25	40	33	28	60	61	100	102	5	9.5	2.1	168	140	0.35	1.7	1
32311	55	120	45.5	43	35	30.6	65	66	110	111	5	10.5	2.1	192	162	0.35	1.7	1
32312	60	130	48.5	46	37	32	72	72	118	122	6	11.5	2.5	215	180	0.35	1.7	1
32313	65	140	51	48	39	34	77	79	128	131	6	12	2.5	245	208	0.35	1.7	1
32314	70	150	54	51	42	36.5	82	84	138	141	6	12	2.5	285	242	0.35	1.7	1
32315	75	160	58	55	45	39	87	91	148	150	7	13	2.5	328	288	0.35	1.7	1
32316	80	170	61.5	58	48	42	92	97	158	160	7	13.5	2.5	365	322	0.35	1.7	1
32317	85	180	63.5	60	49	43.6	99	102	166	168	8	14.5	3	398	352	0.35	1.7	1
32318	90	190	67.5	64	53	46	104	107	176	178	8	14.5	3	452	405	0.35	1.7	1
32319	95	200	71.5	67	55	49	109	114	186	187	8	16.5	3	488	438	0.35	1.7	1
32320	100	215	77.5	73	60	53	114	122	201	201	8	17.5	3	568	515	0.35	1.7	1

表 11-4 圆柱滚子轴承（摘自 GB/T 301—1993）

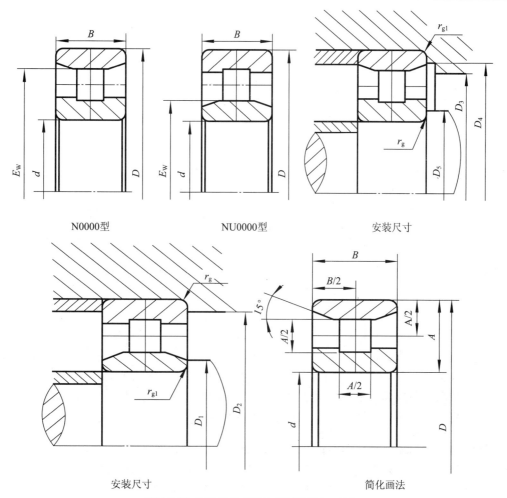

标记示例：滚动轴承 N208 GB/T 283—1993

轴承代号		基本尺寸(mm)					安装尺寸(mm)							额定动载荷 C_r(kN)	额定静载荷 C_{0r}/(kN)	极限转速 K(r/min)	
		d	D	B	F_w	E_w	D_1	D_2	D_3	D_4	D_5	r_g	r_{g1}			脂润滑	油润滑
轻(2)窄系列																	
N204	NU204	20	47	14	27	40	25	41	42	43.2	26.3	1	0.6	12.10	6.75	12	16
N205	NU205	25	52	15	32	45	30	46	47	48	30	1	0.6	13.80	8.00	10	14
N206	NU206	30	62	16	38.5	53.5	37	54	55	57	37	1	0.6	18.80	11.40	8.5	11
N207	NU207	35	72	17	43.8	61.8	42	64	64	67	42	1	0.6	27.80	17.50	7.5	9.5
N208	NU208	40	80	18	50	70	48	73	72	74	46	1	1	36.50	24.00	7.0	9.0
N209	NU209	45	85	19	55	75	53	79	77	79	53	1	1	38.50	25.70	6.3	8.0
N210	NU210	50	90	20	60.4	80.4	58	83	82	84	58	1	1	4200	29.20	6.0	7.5
N211	NU211	55	100	21	66.5	88.5	64	91	90	93	64	1.5	1	51.20	36.20	5.3	6.7
N212	NU212	60	110	22	73	97	71	99	99	110	71	1.5	1.5	61.00	44.00	5.0	6.3
N213	NU213	65	120	23	79.5	105.5	77	110	107.6	111	77	1.5	1.5	71.30	52.50	4.5	5.6

（续）

轴承代号		基本尺寸(mm)					安装尺寸(mm)							额定动载荷 C_r(kN)	额定静载荷 C_{0r}/(kN)	极限转速 K(r/min)	
		d	D	B	F_w	E_w	D_1	D_2	D_3	D_4	D_5	r_g	r_{g1}			脂润滑	油润滑
轻(2)窄系列																	
N214	NU214	70	125	24	84.5	110.5	82	114	112	117	82	1.5	1.5	71.30	52.50	4.3	5.3
N215	NU215	75	130	25	88.5	118.3	86	122	118	122	86	1.5	1.5	86.40	65.40	4.0	5.0
N216	NU216	80	140	26	95	125	93	127	127	131	93	1.8	1.8	99.50	76.00	3.8	4.8
N217	NU217	85	150	28	101.5	135.5	99	140	135	140	95	1.8	1.8	112.50	87.40	3.6	4.5
N218	NU218	90	160	30	107	143	105	150	145	150	105	1.8	1.8	138.00	106.00	3.4	4.3
N219	NU219	95	170	32	113.5	151.5	111	150	153	159	106	2	2	147.00	114.00	3.2	4.0
N220	NU220	100	180	34	120	160	117	168	162	168	112	2	2	163.00	127.00	3.0	3.8
中(3)窄系列																	
N304	NU304	20	52	15	28.5	44.5	26	46	46	47.6	26.7	1	0.5	17.70	10.20	11.0	15
N305	NU305	25	62	17	35	53	33	54	55	57	32	1	1	24.60	14.80	9.0	12
N306	NU306	30	72	19	42	62	40	64	64	66	37	1	1	32.60	20.60	8.0	10
N307	NU307	35	80	21	46.2	68.2	44	73	70	73	45	1.5	1	39.80	25.60	7.0	9.0
N308	NU308	40	90	23	53.5	77.5	51	82	80	82	51	1.5	1.5	47.30	31.00	6.3	8.0
N309	NU309	45	100	25	58.5	86.5	56	92	89	92	53	1.5	1.5	64.90	43.60	5.6	7.0
N310	NU310	50	110	27	65	95	63	101	97	101	63	2	2	74.30	50.70	5.3	6.7
N311	NU311	55	120	29	70.5	104.5	68	107	106	111	68	2	2	95.00	66.40	4.8	6.0
N312	NU312	60	130	31	77	113	74	120	115	120	70	2	2	113.00	81.30	4.5	5.6
N313	NU313	65	140	33	83.5	121.5	81	129	123	129	76	2	2	120.00	86.90	4.0	5.0
N314	NU314	70	150	35	90	130	87	139	132	139	81	2	2	142.00	105.00	3.8	4.8
N315	NU315	75	160	37	95.5	139.5	92	148	142	148	87	2	2	161.00	120.00	3.6	4.5
N316	NU316	80	170	39	103	147	100	157	149	157	93	2	2	170.00	129.00	3.4	4.3
N317	NU317	85	180	41	108	156	105	166	158	166	98.5	2.5	2.5	207.00	155.00	3.2	4.0
N318	NU318	90	190	43	115	165	112	176	167	175	110	2.5	2.5	221.00	169.00	3.0	3.8
N319	NU319	95	200	45	121.5	173.5	118	185	176	186	112	2.5	2.5	238.00	184.00	2.8	3.6
N320	NU320	100	215	47	129.5	185.5	126	198	187	198	117	2.5	2.5	275.00	216.00	2.4	3.2
重(4)窄系列																	
N407	NU407	35	100	25	53	83	51	86	85	91	45	1.5	1.5	68.90	46.50	6.0	7.5
N408	NU408	40	110	27	58	92	56	95	94	99	51	2	2	87.90	60.90	5.6	7.0
N409	NU409	45	120	29	64.5	100.5	63	109	102	109	61	2	2	99.00	68.80	5.0	6.3
N410	NU410	50	130	31	70.8	110.8	68	113	113	119	62	2	2	117.00	82.30	4.8	6.0
N411	NU411	55	140	33	77.2	117.2	75	119	119	128	67	2	2	126.00	89.80	4.3	5.3
N412	NU412	60	150	35	83	127	80	129	129	138	72	2	2	151.00	110.00	4.0	5.0
N413	NU413	65	160	37	89.5	135.3	87	137	137	147	79	2	2	166.00	121.00	3.8	4.8
N414	NU414	70	180	42	100	152	97	164	154	164	88	2.5	2.5	210.00	158.00	3.4	4.3
N415	NU415	75	190	45	104.5	160.5	101	173	163	173	92	2.5	2.5	244.00	185.00	3.2	4.0
N416	NU416	80	200	48	110	170	107	183	172	183	97	2.5	2.5	277.00	214.00	3.0	3.8
N417	NU417	85	210	52	113	179.5	112	192	182	192	100	3.0	3.0	304.00	235.00	2.8	3.6
N418	NU418	90	225	54	123.5	191.5	120	206	194	206	109	3.0	3.0	343.00	268.00	2.4	3.2

表 11-5　推力球轴承 (摘自 GB/T 301—1993)

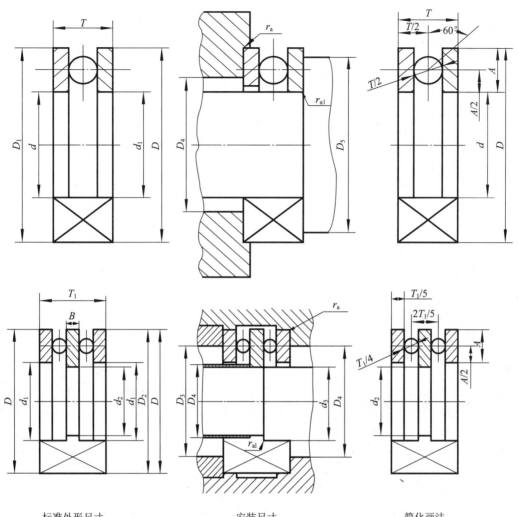

标准外形尺寸　　安装尺寸　　简化画法

标记示例:滚动轴承 51204 GB/T 301—1993　　轴向当量动载荷 $P_a = F_a$

滚动轴承 52204 GB/T 301—1993　　轴向当量动载荷 $P_{0a} = F_a$

轴承代号		基本尺寸(mm)							安装尺寸(mm)						额定动载荷	额定静载荷
		d	d_2	D	T	T_1	d_1	D_1 D_2	B	D_4	D_5	d_3	r_a	r_{a1}	C_a(kN)	C_{0a}(kN)
(0)2 系列																
51204	52204	20	15	40	14	26	22	40	6	28	32	20	0.6	0.3	16.2	27.5
51205	52205	25	20	47	15	28	27	47	7	34	38	25	0.6	0.3	21.2	40.2
51206	52206	30	25	52	16	29	32	52	7	39	43	30	0.6	0.3	21.5	43.2
51207	52207	35	30	62	18	34	37	62	8	46	51	35	0.9	0.3	30.2	62.5
51208	52208	40	30	68	19	36	42	68	9	51	57	40	0.9	0.6	34.5	73.2
51209	52209	45	35	73	20	37	47	73	9	56	62	45	1	0.6	36.8	83.8
51210	52210	50	40	78	22	39	52	78	9	61	67	50	1	0.6	41.8	97.0

（续）

轴承代号		基本尺寸(mm)							安装尺寸(mm)						额定动载荷	额定静载荷
		d	d_2	D	T	T_1	d_1	D_1 D_2	B	D_4	D_5	d_3	r_a	r_{a1}	C_a(kN)	C_{0a}(kN)
(0)2 系列																
51211	52211	55	45	90	25	45	57	90	10	69	76	55	1	0.6	53.5	128
51212	52212	60	50	95	26	46	62	95	10	74	81	60	1	0.6	56.8	142
51213	52213	65	55	100	27	47	67	100	10	79	86	65	1	0.6	56.8	150
51214	52214	70	55	105	27	47	72	105	10	84	91	70	1	0.9	56.8	150
51215	52215	75	60	110	27	47	77	110	10	89	96	75	1	1	63.2	170
51216	52216	80	65	115	28	48	82	115	10	94	101	80	1	1	64.5	178
(0)3 系列																
51305	52305	25	20	52	18	34	27	52	8	36	41	25	1	0.3	27.5	49.0
51306	52306	30	25	60	21	38	32	60	9	42	48	30	1	0.3	36.2	66.8
51307	52307	35	30	68	24	44	37	68	10	48	55	35	1	0.3	42.8	83.5
51308	52308	40	30	78	26	49	42	78	12	55	63	40	1	0.6	53.5	108
51309	52309	45	35	85	28	52	47	85	12	61	69	45	1	0.6	58.5	120
51310	52310	50	40	95	31	58	52	95	14	68	77	50	1	0.6	74.5	162
51311	52311	55	45	105	35	64	57	105	15	75	85	55	1	0.6	91.8	195
51312	52312	60	50	110	35	64	62	110	15	80	90	60	1	0.6	95.2	212
51313	52313	65	55	115	36	65	67	115	15	85	95	65	1	0.6	118	250
51314	52314	70	55	125	40	72	72	125	16	92	103	70	1	1	118	272
51315	52315	75	60	135	44	79	77	135	18	99	111	75	1.5	1	135	315
51316	52316	80	65	140	44	79	82	140	18	104	116	80	1.5	1	138	340
(0)4 系列																
51405	52405	25	15	60	24	45	27	60	11	39	46	25	1	0.6	42.80	71.20
51406	52406	30	20	70	28	52	32	70	12	46	54	30	1	0.6	52.20	90.20
51407	52407	35	25	80	32	59	37	80	14	53	62	35	1	0.6	69.20	122.00
51408	52408	40	30	90	36	65	42	90	15	60	70	40	1	0.6	86.80	165.00
51409	52409	45	35	100	39	72	47	100	17	67	78	45	1	0.6	108.00	208.00
51410	52410	50	40	110	43	78	52	110	18	74	86	50	1.5	0.6	125.00	242.00
51411	52411	55	45	120	48	87	57	120	20	81	94	55	1.5	0.6	148.00	285.00
51412	52412	60	50	130	51	93	62	130	21	88	102	60	1.5	0.6	175.00	358.00
51413	52413	65	50	140	56	101	68	140	23	95	110	65	2	1	175.00	380.00
51414	52414	70	55	150	60	107	73	150	24	102	118	70	2	1	198.00	448.00
51415	52415	75	60	160	65	115	78	160	26	110	125	75	2	1	232.00	545.00

11.2　滚动轴承的配合和游隙

滚动轴承的配合和游隙介绍分别见表 11-6～表 11-9。

表 11-6　安装向心轴承的轴公差带代号(摘自 GB/T 275—1993)

运转状态		载荷状态	深沟球轴承角接触球轴承	圆柱滚子轴承圆锥滚子轴承	调心滚子轴承	公差带
说明	举例		轴承公称内径 d/(mm)			
内圈相对于载荷方向旋转或摆动	传送带、机床、泵、通风机	轻 $P_r \leqslant 0.07C_r$	≤18 >18～100 >100～200	≤40 >40～140	≤40 >40～140	h5 j6① k6①
	变速箱、内燃机、通用机械	正常 $P_r=(0.07 \sim 0.15)C_r$	≤18 >18～100 >100～140 >140～200	≤40 >40～100 >100～140	≤40 >40～100 >100～140	j5,js5 k5② m5 m6
	破碎机、铁路车辆、轧钢机	重 $P_r>0.15C_r$		>50～140 >140～200	>50～100 >100～140	n6 p6
那全相对于载荷方向静止	静止轴上的各种轮子	所有载荷	所有尺寸			f6,g6①
	张紧滑轮					h6,j6
仅受轴向载荷			所以尺寸			j6,js6

注:① 凡对精度有较高要求的场合,应用 j5、k5、…代替 j6、k6、…;
② 单列圆锥滚子轴承、角接触球轴承配合对游隙影响不大,可用 k6、m6 代替 k5、m5。

表 11-7　安装向心轴承的外壳孔公差代号(摘自 GB/T 275—1993)

运转状态		载荷状态	其他状况	公差带①	
说明	举例			球轴承	滚子轴承
外圈相对于载荷方向静止	一般机械、电机、铁路机车轴箱	轻、正常、重	轴向易移动,可以用剖分式外壳	H7,G7②	
		冲击	轴向能移动,可采用整体或剖分时外壳	J7,Js7	
外圈相对于载荷方向摆动	曲轴主轴承、泵、电动机轻、正常	轻、正常			
		正常、重	轴向不移动,采用整体式外壳	K7	
		冲击		M7	
外圈相对于载荷方向旋转	张紧滑轮、轴毂轴承	轻		J7	K7
		正常		K7,M7	M7,N7
		重		—	N7,P7

注:① 并列公差带随尺寸的增大从左至右选择,对旋转精度有较高要求时,可相应提高一个公差等级;
② 不适用于剖分式外壳。

表 11-8 轴和外壳孔的形位公差

运转状态		圆柱度				端面圆跳动			
		轴颈		外壳孔		轴肩		外壳孔肩	
		轴承公差等级							
		/P0	/P6	/P0	/P6	/P0	/P6	/P0	/P6
大于	至	公差值(μm)							
18	30	4	2.5	6	4	10	6	15	10
30	50	4	2.5	7	4	12	8	20	12
50	80	5	3	8	5	15	10	25	15
80	120	6	4	10	6	15	10	25	15
120	180	8	5	12	8	20	12	30	20
180	250	10	7	14	10	20	12	30	20

表 11-9 配合表面的表面粗糙度

配合表面	轴承公差等级	配合表面的尺寸公差等级	轴承公称内径或外径	
			至 80	大于 80～500
			表面粗糙度参数 R_a(μm) 按 GB 1031—1983	
轴颈	/P0	IT6	1	1.6
	/P6	IT5	0.63	1
外壳孔	/P0	IT7	1.6	2.5
	/P6	IT6	1	1.6
轴和外壳孔肩端面	/P0	—	2	2.5
	/P6		1.25	2

注：轴承装在紧定套或退卸套上时，轴颈表面粗糙度 R_a 不大于 2.5μm。

表 11-10 角接触轴承的轴向游隙

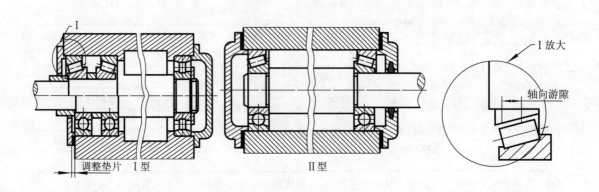

（续）

轴承类型	轴承内径 d(mm)		允许轴向游隙的范围(μm)						Ⅱ型轴承间允许的距离
			Ⅰ型		Ⅱ型		Ⅲ型		
			min	max	min	max	min	max	
	大于	至	接触角 α						
角接触球轴承			$\alpha=15°$				$\alpha=25°\sim29°$		
	—	30	20	40	30	50	10	20	8 d
	30	50	30	50	40	70	15	30	7 d
	50	80	40	70	50	100	20	40	6 d
	80	120	50	100	60	150	30	50	5 d
圆锥滚子轴承			$\alpha=10°\sim16°$				$\alpha=25°\sim29°$		
	—	30	20	40	40	70	—	—	14 d
	30	50	40	70	50	100	20	40	12 d
	50	80	50	100	80	150	30	50	11 d
	80	120	80	150	120	200	40	70	10 d

第12章 润滑与密封

12.1 润 滑 剂

常用润滑剂的主要性质和用途见表12-1、表12-2。

表12-1 常用润滑油的主要性质和用途

名称	代号	运动黏度		凝点≤℃	闪点(开口)≥℃	主要用途
		40℃	100℃			
全损耗系统用油(GB 443—1989)	L-AN5	4.14～5.06	—	−5	80	用于各种高速轻载机械轴承的润滑和冷却,如转速在10000r/min以上的精密机械、机床及纺织纱锭的润滑和冷却
	L-AN7	6.12～7.48			110	
	L-AN10	9.00～11.0			130	
	L-AN15	13.5～16.5			150	用于小型机床齿轮箱、传动装置轴承,中小型电机,风动工具等
	L-AN22	19.8～24.2				
	L-AN32	28.8～35.2				由于一般机床齿轮变速箱,中小型机床导轨及100kW以上电机轴承
	L-AN46	41.4～50.6			160	主要用于大型机床、大型刨床上
	L-AN68	61.2～74.8				主要用于低速重载的纺织机械及重型机床,锻压、铸工设备上
	L-AN100	90.0～110			180	
工业闭式齿轮油(GB 5903—1995)	L-CKC68	61.2～74.8	—	−8	180	适用于煤炭、水泥、冶金工业部门大型封闭式齿轮传动装置的润滑
	L-CKC100	90.0～110				
	L-CKC150	135～165			200	
	L-CKC220	198～242				
	L-CKC320	288～352				
L−CPE/P蜗轮蜗杆油(SH 0094—1991)	220	198～242	—	−12		用于铜—钢配对的圆柱型、承受重负荷、传动中有振动和冲击的蜗轮蜗杆副
	320	288～352				
	460	414～506				
液压油(GB 11118.1—1994)	L-HL15	13.5～16.5	—	−12	140	适用于机床和其他设备的低压齿轮泵,也可以用于使用其他抗氧防锈型润滑油的机械设备(如轴承和齿轮等)
	L-HL22	19.8～24.2		−9		
	L-HL32	28.8～35.2		−6	160	
	L-HL46	41.4～50.6			180	
汽轮机油(GB 11120—1989)	L-TSA32	28.8～35.2	—	−7	180	适用于电力、工业、船舶及其他工业汽轮机组、水轮机组的润滑和密封
	L-TSA46	41.4～50.6				

表 12-2　常用润滑脂的主要性质和用途

名称	代号	滴点≤℃	工作锥入度(25℃,150g)0.1mm	主要用途
钙基润滑脂(GB/T 491—1987)	L-XAAMHA1	80	310～340	有耐水性能。由于工作温度低于 55～60℃ 的各种工农业、交通运输机械设备的轴承润滑,特别适用于有水和潮湿处
	L-XAAMHA2	85	265～295	
	L-XAAMHA3	90	220～250	
	L-XAAMHA4	95	175～205	
钠基润滑脂(GB/T 492—1989)	L-XACMGA2	160	265～295	不耐水(或潮湿)。用于工作温度在－10～110℃的一般中负荷机械设备轴承润滑
	L-XACMGA3		220～250	
通用锂基润滑脂(GB/T 7324—1994)	1 号	170	310～340	有良好的耐水性和耐热性,适用于－20～120℃各种机械的滚动轴承、滑动轴承及其他摩擦部位的润滑
	2 号	175	265～295	
	3 号	180	220～250	
钙钠基润滑脂(SH/T 0360—1992)	2 号	120	250～290	用于工作温度在 80～100℃、有水分或较潮湿环境中工作机械的润滑,多用于铁路机车、列车、小电动机、发电机滚动轴承(温度较高者)润滑。不适合低温工作
	3 号	135	200～240	
滚珠轴承润滑脂(SY 1514—1998)	ZGN69—2	120	250～290	用于机车、汽车、电动机及其他机械的滚动轴承润滑
7407 号齿轮润滑脂(SY 4036—1984)	—	160	75～90	适用于各种低速、中、重载齿轮、链和联轴器等的润滑,使用温度≤120℃,可承受冲击载荷≤2500MPa

12.2 油杯

常用油杯的标记见表 12-3～表 12-5。

表 12-3 直通式压注油杯(摘自 GB 1152—1989) (单位:mm)

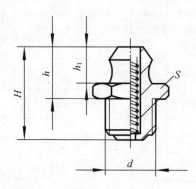

标记示例：

连接螺纹 M10×1、直通式压注油杯的标记：油杯 M10×1 GB 1152—1989

d	H	h	h_1	S	钢球 (按 GB 308—1989)
M6	13	8	6	8	3
M8×1	16	9	6.5	10	
M10×1	18	10	7	11	

表 12-4 接头式压注油杯(摘自 GB 1153—1989) (单位:mm)

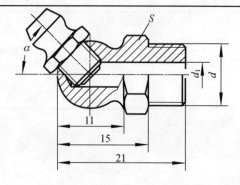

标记示例：

连接螺纹 M10×1、45°接头式压注油杯的标记：油杯45°M10×1 GB 1153—1989

d	d_1	$α$	S	直通式压注 油杯(按 GB1152—1989)
M6	3			
M8×1	4	45°,90°	11	M6
M10×1	5			

表 12-5 旋盖式油杯(摘自 GB 1154—1989) (单位:mm)

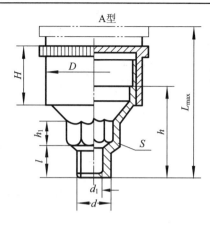

标记示例:

最小容量 25cm³、A 型旋盖式油杯的标记:油杯 A25 GB 1154—1989

<table>
<tr><th>最小容量
(cm³)</th><th>d</th><th>l</th><th>H</th><th>h</th><th>h_1</th><th>d_1</th><th>D</th><th>L_{max}</th><th>S</th></tr>
<tr><td>1.5</td><td>M8×1</td><td rowspan="3">8</td><td>14</td><td>22</td><td>7</td><td>3</td><td>16</td><td>33</td><td>10</td></tr>
<tr><td>3</td><td rowspan="2">M10×1</td><td>15</td><td>23</td><td rowspan="2">8</td><td rowspan="2">4</td><td>20</td><td>35</td><td rowspan="2">13</td></tr>
<tr><td>6</td><td>17</td><td>26</td><td>26</td><td>40</td></tr>
<tr><td>12</td><td rowspan="3">M14×1.5</td><td rowspan="5">12</td><td>20</td><td>30</td><td rowspan="5">10</td><td rowspan="5">5</td><td>32</td><td>47</td><td rowspan="3">18</td></tr>
<tr><td>18</td><td>22</td><td>32</td><td>36</td><td>50</td></tr>
<tr><td>25</td><td>24</td><td>34</td><td>41</td><td>55</td></tr>
<tr><td>50</td><td rowspan="2">M16×1.5</td><td>30</td><td>44</td><td>51</td><td>70</td><td rowspan="2">21</td></tr>
<tr><td>100</td><td>38</td><td>52</td><td>68</td><td>85</td></tr>
</table>

注:B 型旋盖式油杯见 GB 1154—1989。

12.3 油标及油标尺

常用油标的标记见表 12-6~表 12-8,油标尺的见表 12-9。

表 12-6 压配式圆形油标(JB/T 7941.1—1995 摘自) (单位:mm)

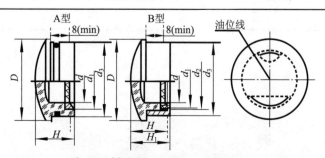

标记示例:视孔 d=32、A 型压配式

圆形油标的标记:油标 A32JB/T 7941.1—1995

（续）

<table>
<tr><td rowspan="2">d</td><td rowspan="2">D</td><td colspan="2">d_1</td><td colspan="2">d_2</td><td colspan="2">d_3</td><td rowspan="2">H</td><td rowspan="2">H_1</td><td rowspan="2">O 形橡胶
密封圈
(按 JB/T 7757.2—1995)</td></tr>
<tr><td>基本尺寸</td><td>极限偏差</td><td>基本尺寸</td><td>极限偏差</td><td>基本尺寸</td><td>极限偏差</td></tr>
<tr><td>12</td><td>22</td><td>12</td><td rowspan="2">−0.050
−0.160</td><td>17</td><td>−0.050
−0.160</td><td>20</td><td rowspan="2">−0.065
−0.195</td><td rowspan="2">14</td><td rowspan="2">16</td><td>15×2.65</td></tr>
<tr><td>16</td><td>27</td><td>18</td><td>22</td><td rowspan="2">−0.065
−0.195</td><td>25</td><td>20×2.65</td></tr>
<tr><td>20</td><td>34</td><td>22</td><td rowspan="2">−0.065
−0.195</td><td>28</td><td>32</td><td rowspan="3">−0.080
−0.240</td><td rowspan="2">16</td><td rowspan="2">18</td><td>25×3.55</td></tr>
<tr><td>25</td><td>40</td><td>28</td><td>34</td><td rowspan="2">−0.080
−0.240</td><td>38</td><td>31.5×3.55</td></tr>
<tr><td>32</td><td>48</td><td>35</td><td rowspan="2">−0.080
−0.240</td><td>41</td><td>45</td><td rowspan="2">18</td><td rowspan="2">20</td><td>38.7×3.55</td></tr>
<tr><td>40</td><td>58</td><td>45</td><td>51</td><td rowspan="3">−0.100
−0.290</td><td>55</td><td rowspan="3">−0.100
−0.290</td><td>48.7×3.55</td></tr>
<tr><td>50</td><td>70</td><td>55</td><td rowspan="2">−0.100
−0.290</td><td>61</td><td>65</td><td rowspan="2">22</td><td rowspan="2">24</td><td rowspan="2">—</td></tr>
<tr><td>63</td><td>85</td><td>70</td><td>76</td><td>80</td></tr>
</table>

表 12-7　管状油标(摘自 JB/T 7941.1—1995)　　　　(单位:mm)

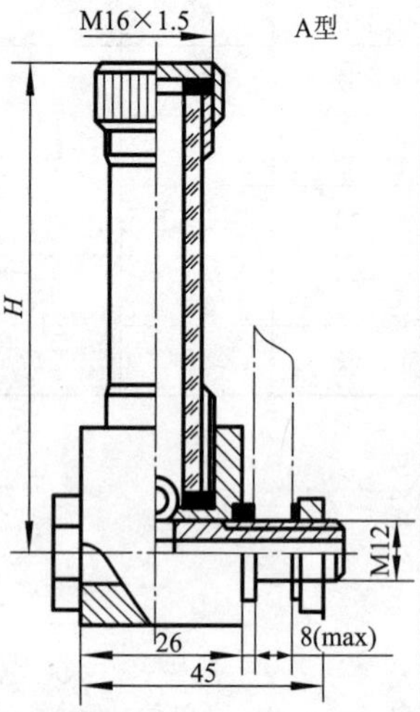

H	O 形橡胶密封圈 (JB/T 7757.2—1995)	六角螺母 (GB/T 6177.2—2000)	弹性垫圈 (GB 859—1987)
80,100,125,160,200	11.8×2.65	*M*12	12

标记示例：

H=200、A 型管状油标的标记：

油标 A200GB/T 7941.4—1995

(注:B 型管状油标的尺寸见 GB/T 7941.4—1995)

表12-8 长形油标(摘自 JB/T 7941.3—1995) (单位:mm)

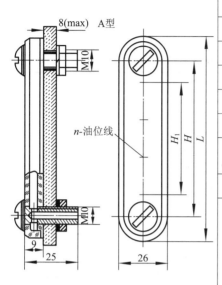

H		H_1	L	n(条数)
基本尺寸	极限偏差			
80	±0.17	40	110	2
100		60	130	3
125	±0.20	80	155	4
160		120	190	5

O形橡胶密封圈 (JB/T 7757.2—1995)	六角螺母 (GB/T 6177.2—2000)	弹性垫圈 (GB 859—1987)
10×2.65	M10	10

标记示例:
$H=80$、A型长形油标的标记:
油标 A80JB/T 7941.3—1995

注:B型长形油标见 JB/T 7941.3—1995。

表12-9 油标尺 (单位:mm)

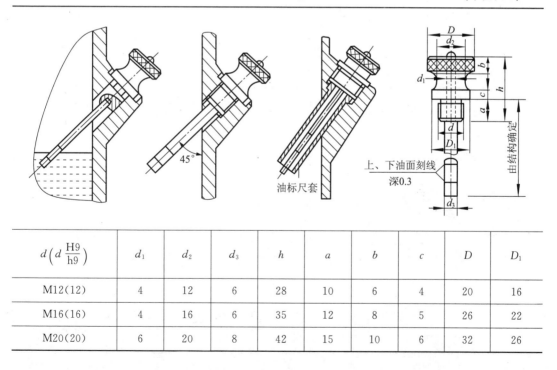

$d\left(d\dfrac{H9}{h9}\right)$	d_1	d_2	d_3	h	a	b	c	D	D_1
M12(12)	4	12	6	28	10	6	4	20	16
M16(16)	4	16	6	35	12	8	5	26	22
M20(20)	6	20	8	42	15	10	6	32	26

12.4　密　封

各种常用密封介绍见表 12-10～表 12-13。

表 12-10　毡圈油封形式和尺寸(摘自 JB/ZQ 4606—1986)　　(单位:mm)

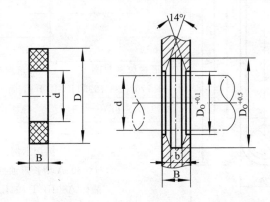

标记示例:

毡圈 40JB/ZQ 4606—1986(d=40mm 的毡圈)　材料:半粗羊毛毡

轴径 d	毡圈			槽				
	D	d_1	B_1	D_0	d_0	b	B_{min}	
							钢	铸铁
15	29	14	6	28	16	5	10	12
20	33	19		32	21			
25	39	24	7	38	26	6	12	15
30	45	29		44	31			
35	49	34		48	36			
40	53	39		52	41			
45	61	44	8	60	46	7		
50	69	49		68	51			
55	74	53		72	56			
60	80	58		78	61			
65	84	63		82	66			
70	90	68		88	71			
75	94	73		92	77			

注:本超标准适用于速度 $v<5$m/s。

表 12-11 旋转轴唇形密封圈的形式、尺寸及其安装要求(摘自 GB 13871—1992) (单位:mm)

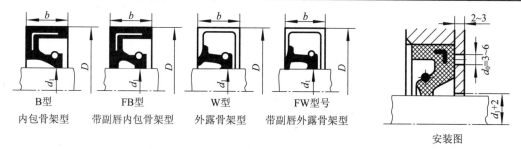

B型 内包骨架型　FB型 带副唇内包骨架型　W型 外露骨架型　FW型号 带副唇外露骨架型

安装图

标记示例:(F)B 型 120 150 GB 13871—1992

(带副唇的内包骨架型旋转唇形密封圈:$d_1=120$、$D=150$)

d_1	D	b	d_1	D	b	d_1	D	b
6	16,22	7	25	40,47,52	7	55	72,(75),80	8
7	22		28	40,47,52		60	80,85	
8	22,24		30	42,47,(50)		65	85,90	10
9	22		30	52	8	70	90,95	
10	22,25		32	45,47,52		75	95,100	
12	24, 25,30		35	50,52,55		80	100,110	
15	26,30,35		38	52,58,62		85	110,120	12
16	30,(35)		40	55,60,(62)		90	(115),120	
18	30,35		42	55,62		95	120	
20	35,40,(45)		45	62,65		100	125	
22	35,40,47		50	68,(70),72		105	(130)	

旋转轴唇形密封圈的安装要求

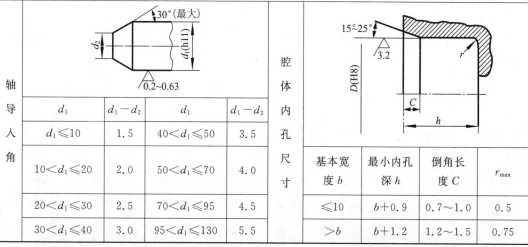

轴导入角

d_1	d_1-d_2	d_1	d_1-d_2
$d_1\leqslant10$	1.5	$40<d_1\leqslant50$	3.5
$10<d_1\leqslant20$	2.0	$50<d_1\leqslant70$	4.0
$20<d_1\leqslant30$	2.5	$70<d_1\leqslant95$	4.5
$30<d_1\leqslant40$	3.0	$95<d_1\leqslant130$	5.5

腔体内孔尺寸

基本宽度 b	最小内孔深 h	倒角长度 C	r_{max}
$\leqslant10$	$b+0.9$	0.7~1.0	0.5
$>b$	$b+1.2$	1.2~1.5	0.75

注:(1)标准中考虑到国内实际情况,除全部采用国际标准的基本尺寸外,还补充了若干种国内常用的规格,并加括号以示区别;

(2)安装要求中若轴端采用倒圆导入角,则倒圆的圆角半径不小于表中的 d_1-d_2 值。

表 12-12 通用 O 形橡胶密封圈(摘自 GB/T 3452.1—1992) (单位:mm)

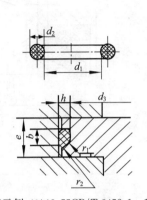

d_2
d_1

标记示例:40×3.55GB/T 3452.1—1992
(公称内径 d_1=40.0,截面直径 d_2=3.55 的通用 O 形密封圈)

沟槽尺寸(摘自 GB/T 3452.3—1988)					
d_2	$b^{+0.25}_{0}$	$h^{+0.10}_{0}$	d_3 偏差值	r_1	r_2
1.8	2.4	1.38	0 −0.04	0.2～0.4	
2.65	3.6	2.07	0 −0.05		
3.55	4.8	2.74	0 −0.06	0.4～0.8	0.1～0.3
5.3	7.1	4.19	0 −0.07		
7.0	9.5	5.67	0 −0.09	0.8～1.2	

d_1		d_2			d_1		d_2				d_1		d_2			
公称内径	极限偏差	1.80±0.08	2.65±0.09	3.55±0.10	公称内径	极限偏差	1.80±0.08	2.65±0.09	3.55±0.10	5.30±0.13	公称内径	极限偏差	2.65±0.09	3.55±0.10	5.30±0.13	7.00±0.15
2.80		*			31.5		*	*	*		109			*	*	*
3.15		*			32.5		*	*	*		112	±0.65	*	*	*	*
3.55		*			33.5		*	*	*		115			*	*	*
3.75		*			34.5		*	*	*		118		*	*	*	*
4.00		*			35.5		*	*	*		122			*	*	*
4.50	±0.13	*			36.5		*	*	*		125		*	*	*	*
4.87		*			37.5		*	*	*		128			*	*	*
5.00		*			38.7		*	*	*		132		*	*	*	*
5.15		*			40.0	±0.30	*	*	*	*	136			*	*	*
5.30		*			41.2		*	*	*	*	140		*	*	*	*
5.60		*			42.5		*	*	*	*	145	±0.90		*	*	*
6.00		*			43.7		*	*	*	*	150		*	*	*	*
6.30		*			45.0		*	*	*	*	155			*	*	*
6.70		*			46.2		*	*	*	*	160		*	*	*	*
6.90	±0.14	*			47.5		*	*	*	*	165			*	*	*
7.10		*	*		48.7		*	*	*	*	170		*	*	*	*

（续）

d_1		d_2			d_1		d_2				d_1		d_2			
公称内径	极限偏差	1.80±0.08	2.65±0.09	3.55±0.10	公称内径	极限偏差	1.80±0.08	2.65±0.09	3.55±0.10	5.30±0.13	公称内径	极限偏差	2.65±0.09	3.55±0.10	5.30±0.13	7.00±0.15
7.50		*	*		50.0		*	*	*	*	175			*	*	*
8.00		*	*		51.5			*	*	*	180		*	*	*	*
8.50		*	*		53.0			*	*	*	185			*	*	*
8.75		*	*		54.5			*	*	*	190			*	*	*
9.00		*	*		56.0			*	*	*	195			*	*	*
9.50		*	*		58.0			*	*	*	200			*	*	*
10.0		*	*		60.0			*	*	*	206					*
10.6		*	*		61.5			*	*	*	212	±1.20			*	*
11.2		*	*		63.0			*	*	*	218					*
11.8		*	*		65.0	±0.45		*	*	*	224				*	*
12.5		*	*		67.0			*	*	*	230					*
13.2	±0.17	*	*		69.0			*	*	*	236				*	*
14.0		*	*		71.0			*	*	*	243					*
15.0		*	*		73.0			*	*	*	250				*	*
16.0		*	*		75.0			*	*	*	258					*
17.0		*	*		77.5			*	*	*	265				*	*
18.0		*	*	*	80.0			*	*	*	272					*
19.0		*	*	*	82.5				*	*	280	±1.60			*	*
20.0		*	*	*	85			*	*	*	290					*
21.2		*	*	*	87.5				*	*	300				*	*
22.4		*	*	*	90.0			*	*	*	307					*
23.6	±0.22	*	*	*	92.5				*	*	315				*	*
25		*	*	*	95.0	±0.65		*	*	*	325					*
25.8		*	*	*	97.5				*	*	335				*	*
26.5		*	*	*	100			*	*	*	345	±2.10				*
28.0		*	*	*	103				*	*	355				*	*
30.0		*	*	*	106			*	*	*	365					*

表 12-13　油沟式密封槽(摘自 JB/ZQ 4245—1986)　　　　　　(单位:mm)

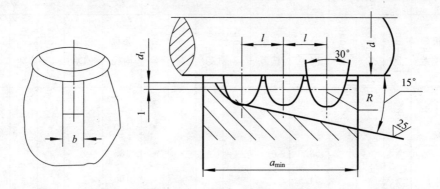

轴径	25~80	>80~120	>120~180	油沟数 n
R	1.5	2	2.5	
t	4.5	6	7.5	2~3
b	4	5	6	(使用3个较多)
d_1		$d+1$		
a_{min}		$nt+R$		

第 13 章　联 轴 器

13.1　联轴器轴孔和键槽形式

轴孔和键槽的形式、代号及系列尺寸见表 13-1。

表 13-1　轴孔和键槽的形式、代号及系列尺寸(摘自 GB 3852—1983)

	长圆柱形轴孔(Y 型)	有沉孔短圆柱形轴孔(J 型)	无沉孔短圆柱形轴孔(J_1 型)	有沉孔短圆锥形轴孔(Z 型)	无沉孔短圆锥形轴孔(Z_1 型)
轴孔					
键槽					

d
L
d1
R

尺寸系列　(mm)

直径 d(H7) dz (Js10)	轴孔长度 L Y 型	轴孔长度 L J、J1、Z、Z1 型	轴孔长度 L_1	沉孔 d_1	沉孔 R	A 型、B 型、B1 型键槽 b(P9) 公称尺寸	b(P9) 极限尺寸	t 公称尺寸	t 极限尺寸	t_1 公称尺寸	t_1 极限尺寸	C 型键槽 b(P9) 公称尺寸	b(P9) 极限尺寸	t_2 公称尺寸	t_2 极限尺寸
16	42	30	42	38	1.5	5	−0.012 −0.042	18.3	+0.1 0	20.6	+0.2 0	3	−0.012 −0.042	8.7	±0.1
18						6		20.8		23.6		4		10.1	
19								21.8		24.6				10.6	
20	52	38	52					22.8		25.3				10.9	
22								24.8		27.6				11.9	
24						8	−0.015	27.3	+0.4 0	30.6	+0.4 0	5		13.4	
25	62	44	62	48				28.3		31.6				13.7	
28								31.3		34.6				15.2	
30	82	60	82	55				33.3		36.6				15.8	

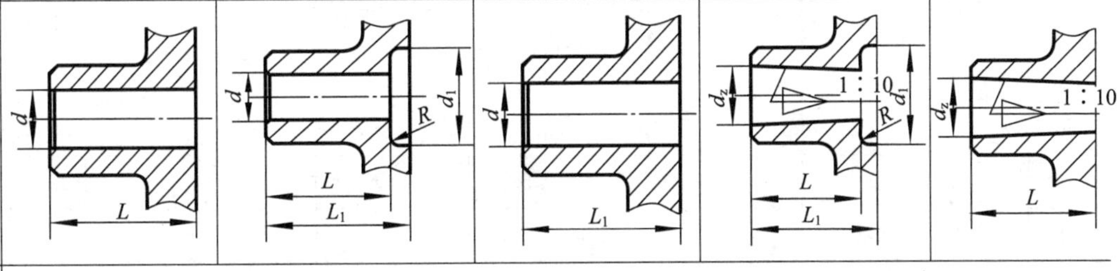

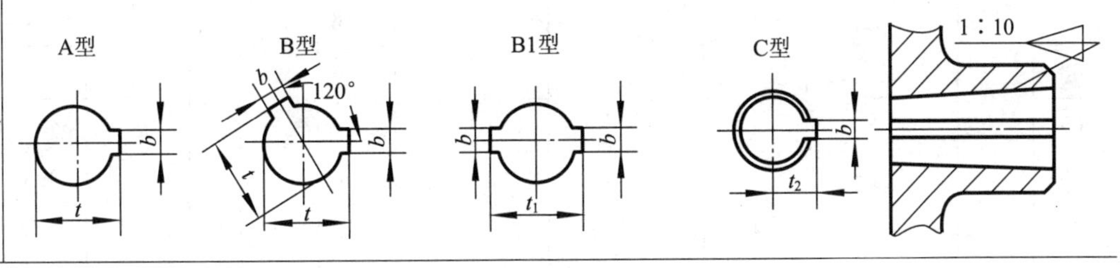

（续）

尺寸系列 (mm)

直径 d(H7) dz (Js10)	轴孔长度 L Y型	轴孔长度 L J、J1、Z、Z1型	L_1	沉孔 d_1	沉孔 R	A型、B型、B1型键槽 b(P9) 公称尺寸	b(P9) 极限尺寸	t 公称尺寸	t 极限尺寸	t_1 公称尺寸	t_1 极限尺寸	C型键槽 b(P9) 公称尺寸	b(P9) 极限尺寸	t_2 公称尺寸	t_2 极限尺寸
32				55				35.3	+0.4 0	38.6	+0.4 0			17.3	
35	82	60	82			10	−0.051	38.3		41.6		6	−0.012 −0.042	18.3	±0.1
38								41.3		44.6				20.3	
40				65	2	12		43.3		46.6		10	−0.015 −0.051	21.2	
42								45.3		48.6				22.2	
45	112	84	112				−0.018 −0.061	48.8		52.6				23.7	
48				80		14		51.8		55.6		12	−0.018 −0.061	25.2	
50								53.8		57.6				26.2	
55				95		16		59.3		63.6		14		29.2	
56								60.3		64.4				29.7	
60								64.4		68.8				31.7	
63				105		18		67.4		71.8		16		32.2	
65					2.5			69.4		73.8			−0.018 −0.061	34.2	±0.2
70	142	107	142					74.9		79.8				36.8	
71				120		20		75.9		80.8		18		37.3	
75								79.9	+0.2 0	84.8	+0.4 0			39.3	
80				140		22		85.4		90.8		20		41.6	
85								90.4		95.8				44.1	
90	172	132	172	160		25	−0.022 −0.074	95.5		100.8		22	−0.022 −0.074	47.1	
95					3			100.4		105.8				49.6	
100	212	167	212	180		28		106.4		112.8		25		51.3	
110								116.4		122.8				56.3	

注：(1) 圆柱形轴孔与相配轴颈的配合：$d=10\sim30$mm 时为 H7/j6；$d>30\sim50$mm 时为 H7/m6，根据使用要求，也可选用 H7/r6 或 H7/n6 的配合；

(2) 键槽宽度 b 的极限偏差也可采用 Js9 或 D10。

13.2 凸缘联轴器

凸缘联轴器见表13-2。

表13-2 凸缘联轴器(摘自GB/T 5843—1986)

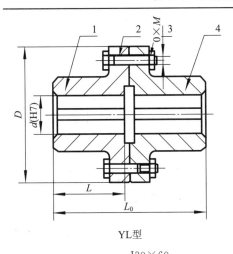

YL型

标记示例：YL5 联轴器 $\dfrac{J30\times 60}{J_1 B28\times 44}$ GB/T 843—1986

主动端：J 型轴孔，A 型键槽，$d=30\text{mm}$，$L=60\text{mm}$

从动端：J_1 型轴孔，B 型键槽，$d=28\text{mm}$，$L=44\text{mm}$

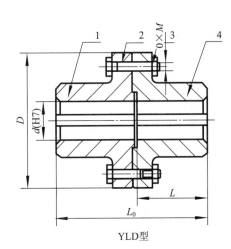

YLD型

1、4—半联轴器　2—螺栓　3—尼龙锁紧螺帽

型号	公称转矩 (N·m)	许用转速 (r·min^{-1}) 铁	许用转速 (r·min^{-1}) 钢	轴孔直径 d (H7)(mm)	轴孔长度 L(mm) Y型	轴孔长度 L(mm) J,J$_1$型	D (mm)	D_1 (mm)	螺栓数量	螺栓直径	L_0(mm) Y型	L_0(mm) J,J$_1$型	质量 (kg)	转动惯量 (kg·m^{-2})
YL3 YLD3	25	6400	10000	14	32	27	90	69	3 (3)	M8	68	58	1.99	0.006
				16,18,19	42	30					88	64		
				20,22,(24)	52	38					108	80		
				(25)	62	44					128	92		
YL4 YLD4	40	5700	9500	18,19	42	30	100	80			88	64	2.47	0.009
				20,22,24	52	38					108	80		
				25,(28)	62	44					128	92		
YL5 YLD5	63	5500	9000	22,24	52	38	105	85			108	80	3.19	0.013
				25,28	62	44			4		128	92		
				30,(32)	82	60			(4)		168	124		
YL6 YLD6	100	5200	8000	24	52	38	110	90			108	80	3.99	0.017
				25,28	62	44					128	92		
				30,32,(35)	82	60					168	124		

(续)

型号	公称转矩 (N·m)	许用转速 (r·min^{-1})		轴孔直径 d (H7)(mm)	轴孔长度 L(mm)		D (mm)	D_1 (mm)	螺栓		L_0(mm)		质量 (kg)	转动惯量 (kg·m^{-2})
		铁	钢		Y型	J、J1型			数量	直径	Y型	J、J1型		
YL7 YLD7	160	4800	7600	28	62	44	120	95	4 (3)	M10	128	92	5.66	0.029
				30,32,35,38	82	60					169	124		
				(40)	112	82					228	172		
YL8 YLD8	250	4300	7000	32,35,38	82	60	130	105		M10	169	125	7.29	0.043
				40,42,(45)	112	84					229	173		
YL9 YLD9	400	4100	6800	38	82	60	140	115	6 (3)		169	125	9.53	0.064
				40,42,45,48,(50)	112	84					229	173		
YL10 YLD10	630	3600	6000	45,48,50,55,(56)	112	84	160	130	6 (4)		229	173	12.46	0.112
				(60)	142	107					289	219		
YL11 YLD11	1000	3200	5300	50,55,56	112	84	180	150	8 (4)	M12	229	173	17.97	0.205
				60,63,65,(70)	142	107					289	219		
YL12 YLD12	1600	2900	4700	60,63,65,70,71,75	142	107	200	170	12 (6)		289	219	30.62	0.443
				(80)	172	132					349	269	29.52	0.463
YL13 YLD13	2500	2600	4300	70,71,75	142	107	220	185	8 (6)	M16	289	219	35.58	0.646
				80,85,(90)	172	132					349	269		
YL14 YLD14	4000	2300	3800	80,85,90,95	172	132	250	215	12 (8)		350	270	57.13	1.353
				100,(110)	212	167					430	340		

注:(1)括号内的轴孔直径仅适用于钢制联轴器,括号内螺栓数量为铰制孔用螺栓数量;
(2)本联轴器不具备径向、轴向和角向的补偿性能,但其刚性好、传递转矩大、结构简单、工作可靠、维护简便,故适用于两端对中精度良好的一般的轴系传动。

13.3 弹性柱销联轴器

弹性柱销联轴器见表 13-3。

表 13-3 弹性柱销联轴器(摘自 GB/T 5014—1985)

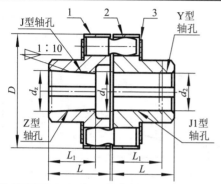

1—半联轴器

2—柱销

3—挡板

标记示例：HL7 联轴器

$$\frac{ZC75\times107}{JB70\times107}\text{GB/T 5014—1985}$$

主动端：Z 型轴孔，C 型键槽，d_z=75mm，L_1=107mm

从动端：J 型轴孔，B 型键槽，d_z=70mm，L_1=107mm

型号	公称转矩 (N·m)	许用转速 (r·min⁻¹) 铁	许用转速 (r·min⁻¹) 钢	轴孔直径 d(H7) (mm)	轴孔长度(mm) Y型 L	轴孔长度(mm) J、J1、Z型 L_1	轴孔长度(mm) J、J1、Z型 L	D (mm)	质量 (kg)	转动惯量 (kg·m⁻²)	许用补偿量 径向 ΔY (mm)	许用补偿量 轴向 ΔX (mm)	许用补偿量 角向 Δα
HL1	160	7100	7100	12,14	32	27	32	90	2	0.0064	0.15	±0.5	≤0°30′
				16,18,19	42	30	42						
				20,22,(24)	52	38	52						
HL2	315	5600	5600	20,22,24				120	5	0.253		±1	
				25,28	62	44	62						
				30,32,(35)	82	60	82						
HL3	630	5000	5000	30,32,35,38				160	8	0.6			
				40,42,(45),(48)	112	84	112						
HL4	1250	2800	4000	40,42,45,48,50,55,56				195	22	3.4		±1.5	
				(60),(63)	142	107	142						
HL5	2000	2100	2800	50,55,56,60,63,65,70,(71)				220	30	5.4			
HL6	3150	2100	2800	60,63,65,70,71,75,80				280	53	15.6	0.20	±2	
				(85)	172	132	172						
HL7	6300	1700	2240	70,71,75	142	107	142	320	98	41.1			
				80,85,90,95	172	132	172						
				100,(110)	212	167	212						

(续)

型号	公称转矩 ($N\cdot m$)	许用转速 ($r\cdot min^{-1}$)		轴孔直径 d(H7) (mm)	轴孔长度(mm)			D (mm)	质量 (kg)	转动惯量 ($kg\cdot m^{-2}$)	许用补偿量		角向 $\Delta\alpha$
					Y型	J、J1、Z型					径向 ΔY (mm)	轴向 ΔX	
		铁	钢		L	L_1	L						
HL8	1000	1600	2120	80,85,90,95,100, 110,(120)	212	167	212	360	119	56.5	0.20	±2	≤0°30′
HL9	16000	1250	1800	100,110,120,125				410	197	133.3			
				130,(140)	252	202	252						
HL10	25000	1120	1560	110,120,125	212	167	212	480	322	273.2	0.25	±2.5	
				130,140,150	252	202	252						
				160,170,(180)	302	242	302						

注：(1) 括号内的值仅用于钢制联轴器；

(2) 本联轴器结构简单，制造容易，装拆更换弹性元件方便，有微量补偿两轴线偏移和缓冲吸振能力，主要用于载荷较平稳、起动频繁、对缓冲要求不高的中、低速轴系传动，工作温度为-20~+70℃。

13.4 TL型弹性套柱销联轴器

TL型弹性套柱销联轴器见表13-4。

表13-4 TL型弹性套柱销联轴器（摘自GB/T 5014—1985）

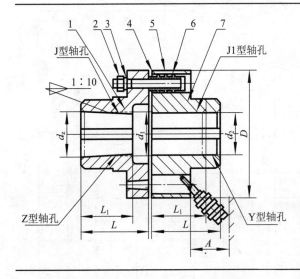

1、7—半联轴器
2—螺母
3—弹簧垫圈
4—挡圈
5—弹性套
6—柱销

标记示例：TL3 联轴器 $\frac{ZC16\times30}{JB18\times42}$ GB/T 4323—2002

主动端：Z型轴孔，C型键槽，$d_z=16mm$，$L=30mm$
从动端：J型轴孔，B型键槽，$d_z=18mm$，$L=42mm$

第 13 章　联轴器　· 161 ·

（续）

型号	公称转矩 (N·m)	许用转速 $(r\cdot min^{-1})$		轴孔直径 d(H7)	轴孔长度(mm)			D	A	质量 (kg)	转动惯量 $(kg\cdot m^{-2})$	许用补偿量	
					Y 型	J、J1、Z 型						径向 ΔY (mm)	角向 $\Delta\alpha$
		铁	钢	(mm)	L	L_1	L	(mm)					
TL1	6.3	6600	8800	9	20	14							
				10,11	25	17	—	71		1.16	0.0004		
				12,(14)	32	20			18				
TL2	16	5500	7600	12,14				80		1.64	0.001		
				16,(18),(19)	42	30	42					0.2	1°30′
TL3	31.5	4700	6300	16,18,19				95		1.9	0.002		
				20,(22)	52	38	52		35				
TL4	63	4200	5700	20,22,24				106		2.3	0.004		
				(25),(28)	62	44	62						
TL5	125	3600	4600	25,28				130		8.36	0.011		
				30,32,(35)	82	60	82						
TL6	250	3300	3800	32,35,38				160	45	10.36	0.026	0.3	
				40,(42)									
TL7	500	2800	3600	40,42,45,(48)	112	84	112	190		15.6	0.06		
TL8	710	2400	3000	45,48,50,55,(56)				224		25.4	0.13		1°
				(60),(63)	142	107	142		65				
TL9	1000	2100	2850	50,55,56	112	84	112	250		30.9	0.20	0.4	
				60,63,(65),(70),(71)	142	107	142						
TL10	2000	1700	2300	60,63,65,70,71				315	80	65.9	0.64		
				80,85,(90),(95)	172	132	172						
TL11	4000	1350	1800	80,85,90,95				400	100	122.6	2.06		
				100,110	212	157	212						
TL12	8000	1100	1450	100,110,120,125 (130)				475	130	218.4	5.00	0.5	
					252	202	252						0°30′
TL13	16000	800	1150	120,125	212	167	212						
				130,140,150	252	202	252	600	180	425.8	16.00		
				160,(170)	302	242	302					0.6	

注：(1) 括号内的值仅适用于钢制联轴器；

(2) 短时过载不得超过公称转矩值的两倍；

(3) 本联轴器具备一定补偿两轴线相对偏移和缓冲减振能力，适用于安装底座刚性好，冲击载荷不大的中、小功率轴系传动，可用于经常正、反转，起动频繁的场合，工作温度为－20～＋70℃。

第 14 章 减速器的附件

为了保证减速器正常工作和具备完善的性能,如检查传动件的啮合情况、注油、通气和便于安装吊运等,减速器上通常需要设置一些必要的装置和零件,这些装置和零件及箱体上相应的局部结构统称为附件。如图 14.1 所示为一单级圆柱齿轮减速器,图中标明了一些附件的名称,如油塞、窥视孔及观察孔盖、通气器、轴承盖、吊钩和吊环螺钉等。本章只提供这些附件的设计用经验公式和参考数据。

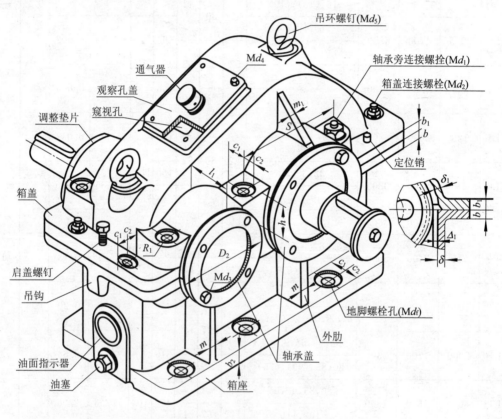

图 14.1 单级圆柱齿轮减速器

14.1 油塞及封油垫

外六角油塞及封油垫介绍见表 14-1。

表 14-1　外六角油塞及封油垫(摘自 JB/ZQ 4450—1997)　　(单位:mm)

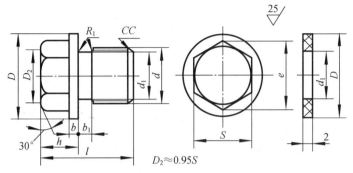

标记示例:d 为 M20×1.5 的外六角螺栓;油塞 M20×1.5　JB/ZQ 4450—1997

d	d_1	D	e	S 基本尺寸	S 极限偏差	L	h	b	b_1	C	可用减速器的中心距 a_Σ
M14×1.5	11.8	23	20.8	18	0 −0.28	25	12	3	3	1.0	单级 $a=100$
M18×1.5	15.8	28	24.2	21		27	15				单级 $a \leqslant 300$ 两级 $a_\Sigma \leqslant 425$ 三级 $a_\Sigma \leqslant 450$
M20×1.5	17.8	30				30		4			
M22×1.5	19.8	32	27.7	24						1.5	
M24×2	21	34	31.2	27		32	16		4		
M27×2	24	38	34.6	30		35	17				单级 $a \leqslant 450$ 两级 $a_\Sigma \leqslant 750$ 三级 $a_\Sigma \leqslant 950$
M30×2	27	42	29.3	34	0 −0.34	38	18				
M33×2	30	45	41.6	36		42	20	5			
M42×2	39	56	53.1	46		50	25				

注:封油垫材料为耐油橡胶、工业用革;螺塞材料为 Q235。

14.2　观察孔盖

观察孔盖的介绍见表 14-2。

表 14-2　观察孔盖　　(单位:mm)

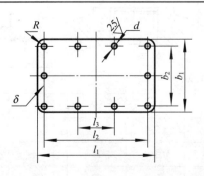

（续）

l_1	l_2	l_3	b_1	b_2	d		δ	R	质量（kg）	可用的减速器中心距 a_Σ
					直径	孔数				
90	75	—	70	55	7	4	4	5	0.2	单级 $a \leqslant 150$
120	105	—	90	75	7	4	4	5	0.34	单级 $a \leqslant 250$
180	165	—	140	125	7	8	4	5	0.79	单级 $a \leqslant 350$
200	180	—	180	160	11	8	4	10	1.13	单级 $a \leqslant 450$
220	200	—	200	180	11	8	4	10	1.38	单级 $a \leqslant 500$
270	240	—	220	190	11	8	6	15	2.8	单级 $a \leqslant 700$
140	125	—	120	105	7	8	4	5	0.53	两级 $a_\Sigma \leqslant 250$，三级 $a_\Sigma \leqslant 350$
180	165	—	140	125	7	8	4	5	0.79	两级 $a_\Sigma \leqslant 425$，三级 $a_\Sigma \leqslant 500$
220	190	—	160	130	11	8	4	15	1.1	两级 $a_\Sigma \leqslant 500$，三级 $a_\Sigma \leqslant 650$
270	240	—	180	150	11	8	6	15	2.2	两级 $a_\Sigma \leqslant 650$，三级 $a_\Sigma \leqslant 825$
350	320	—	220	190	11	8	10	15	6	两级 $a_\Sigma \leqslant 850$，三级 $a_\Sigma \leqslant 1100$
420	390	130	260	230	13	10	10	15	8.6	两级 $a_\Sigma \leqslant 1100$，三级 $a_\Sigma \leqslant 1250$
500	460	150	300	260	13	10	10	20	11.8	两级 $a_\Sigma \leqslant 1150$，三级 $a_\Sigma \leqslant 1650$

注：(1) 观察孔用于检查齿轮（蜗轮）啮合情况及向箱内注入润滑油，平时观察孔上用观察孔盖盖严；
(2) 材料为 Q215。

14.3　通 气 器

常用通气器介绍见表 14-3 ～ 表 14-5。

表 14-3　通气塞及提手式通气器　　(单位：mm)

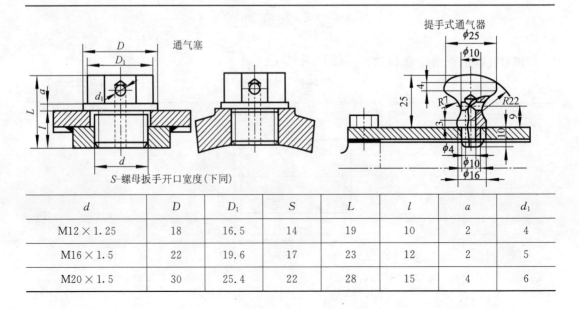

S-螺母扳手开口宽度（下同）

d	D	D_1	S	L	l	a	d_1
M12×1.25	18	16.5	14	19	10	2	4
M16×1.5	22	19.6	17	23	12	2	5
M20×1.5	30	25.4	22	28	15	4	6

(续)

d	D	D_1	S	L	l	a	d_1
M22×1.5	32	25.4	22	29	15	4	7
M27×1.5	38	31.2	27	34	18	4	8
M30×2	42	36.9	32	36	18	4	8

表 14-4 通气罩　　　　　　　　　　　　　　　　　　(单位:mm)

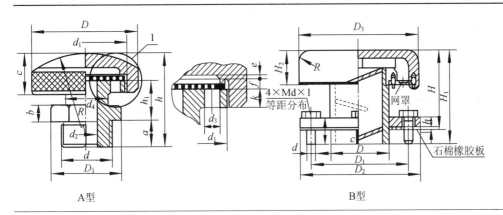

A型　　　　　　　　　　　　　　　B型

A 型

d	d_1	d_2	d_3	d_4	D	h	a	b	c	h_1	R	D_1	S	k	e	f
M18×1.5	M33×1.5	8	3	16	40	40	12	7	16	18	40	26.4	22	6	2	2
M27×1.5	M48×1.5	12	4.5	24	60	54	15	10	22	24	60	36.9	32	7	2	2
M18×1.5	M64×1.5	16	6	30	80	70	20	13	28	32	80	53.1	41	7	3	3

B 型

序号	D	D_1	D_2	D_3	H	H_1	H_2	R	h	$d×l$
1	60	100	125	125	77	95	35	20	6	M10×25
2	114	200	250	260	165	195	70	40	10	M20×50

表 14-5 通气帽　　　　　　　　　　　　　　　　　　(单位:mm)

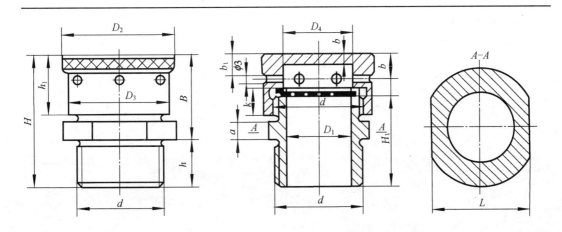

(续)

d	D_1	B	h	H	D_2	H_1	a	δ	k	b	h_1	b_1	D_3	D_4	L	孔数
M27×1.5	15	≈30	15	≈45	36	32	6	4	10	8	22	6	32	18	32	6
M36×2	20	≈40	20	≈60	48	42	8	4	12	11	29	8	42	24	41	6
M48×3	30	≈45	25	≈70	62	52	10	5	15	13	32	10	56	36	55	8

14.4 轴 承 盖

常见轴承盖类型介绍见表14-6、表14-7。

表 14-6 凸缘式轴承盖 (单位:mm)

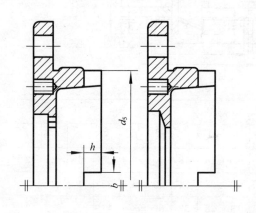
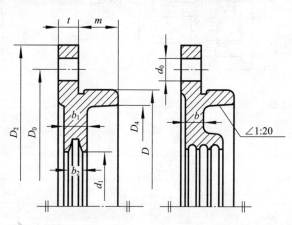

轴承外径 D	螺钉直径 d_4	螺钉个数
45～65	6	4
70～100	8	4
110～140	10	6
150～230	12～16	6

$d_0 = d_4 + 1$,d_4 为端盖的螺钉直径
$D_0 = D + 2.5d_4$;$D_2 = D_0 + 2.5d_4$
$D_4 = D + (10 \sim 15)$mm;$t = 1.2d_4$
$t_1 \geqslant t$;d_1、b_1 由密度尺寸确定
$b = 5 \sim 10$mm;m 由结构确定
$h = (0.8 \sim 1)b$

注:(1) 凸缘式轴承盖需用螺钉固紧在轴承座孔的端面上,用于要求准确调整轴承间隙的场合;
(2) 材料为 HT150。

表 14-7 嵌入式轴承盖 (单位:mm)

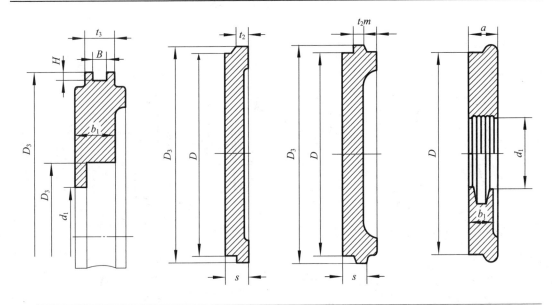

$t_2 = 5 \sim 10$mm；$s = 10 \sim 15$mm；$t_3 = 7 \sim 12$mm；m 由结构确定

$D_3 = D + t_2$，装有 O 形密封圈时，按 O 形密封圈外径取整

D_3、d_1、b_1、a 由密封尺寸确定；H、B 按 O 形密封圈沟槽尺寸确定

14.5 套 杯

套杯介绍见表 14-8。

表 14-8 套杯 (单位:mm)

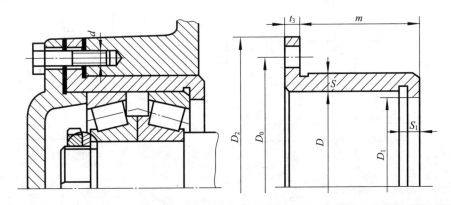

$s_1 = s_2 = t_3 = 7 \sim 12$mm；$m$ 由结构确定；$D_0 = D + 2s_2 + 2.5d_3$；$D_2 = D_0 + 2.5d_3$；D_1 由轴承安装限定尺寸确定

注：(1) 为保证传动副的啮合精度，调整齿轮、蜗杆的轴向位置，以及便于固定轴承，常在轴承座孔内设置套杯，当套杯要求在轴承座孔中沿轴向进行调整移动时，一般配合为 H6/k6，若不需要移动时，采用过盈配合，这时凸缘很小，且不设螺钉孔。

(2) 材料为 HT150。

14.6 起吊装置

常用起吊装置介绍见表 14-9 ~ 表 14-11。

表 14-9 吊耳及吊钩 (单位:mm)

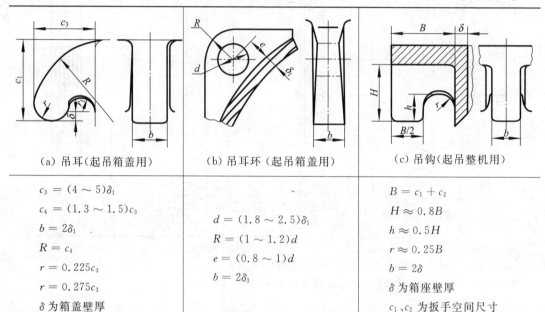

 (a) 吊耳(起吊箱盖用)	 (b) 吊耳环(起吊箱盖用)	 (c) 吊钩(起吊整机用)
$c_3 = (4 \sim 5)\delta_1$ $c_4 = (1.3 \sim 1.5)c_3$ $b = 2\delta_1$ $R = c_4$ $r = 0.225c_3$ $r = 0.275c_3$ δ 为箱盖壁厚	$d = (1.8 \sim 2.5)\delta_1$ $R = (1 \sim 1.2)d$ $e = (0.8 \sim 1)d$ $b = 2\delta_1$	$B = c_1 + c_2$ $H \approx 0.8B$ $h \approx 0.5H$ $r \approx 0.25B$ $b = 2\delta$ δ 为箱座壁厚 c_1、c_2 为扳手空间尺寸

表 14-10 起重螺栓(摘自 GB 2225—1980) (单位:mm)

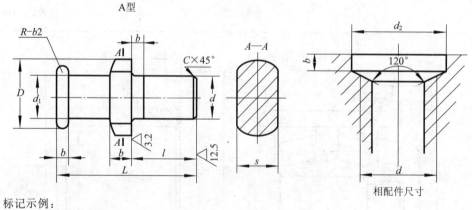

A型

相配件尺寸

标记示例:

A 型 M20 起重螺栓的标记:

AM20 GB 2225—1980

起重螺栓用于起吊箱盖,结构紧凑,使箱体造型美观,材料为 45 钢

d	D	L	s	d_1	l	l_1	l_2	l_3	C	允许负载(kN)	d_2	h
M16	35	62	27	16	32	8	4	2	2	1.9	22	6
M20	42	75	32	20	38	9	5	3	2.5	2.6	28	8

表 14-11　吊环螺钉(摘自 GB 825—1988)　　　　　　　　　　(单位:mm)

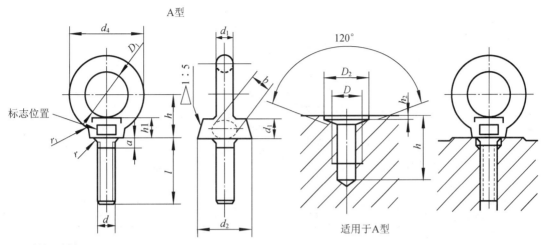

标记示例：
螺纹规格 M20、材料为 20 钢、经正火处理、不经表面处理的 A 型吊环螺钉的标记：
螺钉 GB 825—1988—M20

$d(D)$	M8	M10	M12	M16	M20	M24	M30	M36
d_1(max)		9.1	11.1	13.1	15.2	17.4	21.4	25.7	30
D_1(公称)		20	24	28	34	40	48	56	67
d_2(max)		21.1	25.1	29.1	35.2	41.4	49.4	57.7	69
h_1(max)		7	9	11	13	15.1	19.1	23.2	27.4
h		18	22	26	31	36	44	53	63
d_4(参考)		36	44	52	62	72	88	104	123
r_1		4	4	6	6	8	12	15	18
r(min)		1	1	1	1	1	2	2	3
l(公称)		16	20	22	28	35	40	45	55
a(max)		2.5	3	3.5	4	5	6	7	8
b(max)		10	12	14	16	19	24	28	32
D_2(公称 min)		13	15	17	22	28	32	38	45
h_2(公称 min)		2.5	3	3.5	4.5	5	7	8	9.5
最大起吊重量(kN)	单螺钉起吊 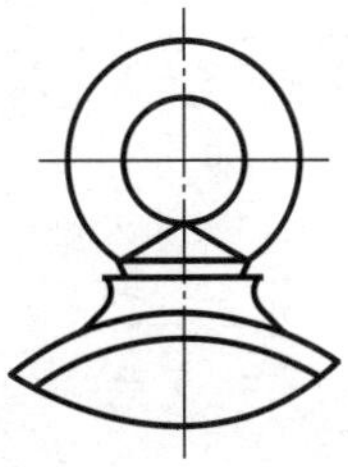	1.6	2.5	4	6.3	10	16	25	40

(续)

最大起吊重量 (kN)	双螺钉起吊	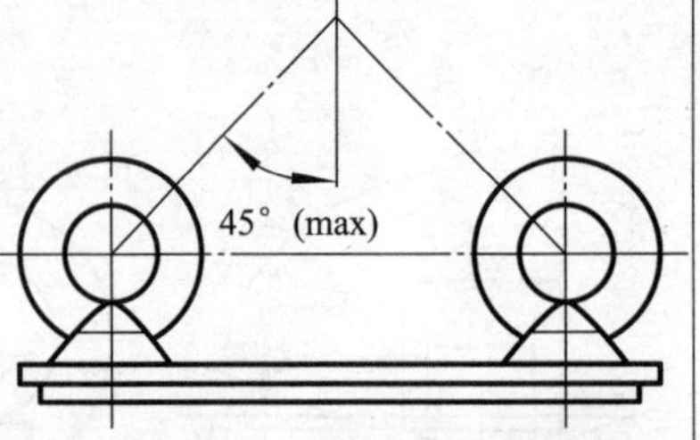	0.8	1.25	2	3.2	5	8	12.5	20

减速器重量 W(kN)（供参考）

一级圆柱齿轮减速器						二级圆柱齿轮减速器				
a	100	160	200	250	315	a	100×140	140×200	180×250	200×280	250×355
W	0.26	1.05	2.1	4	8	W	1	2.5	4.8	6.8	12.5

注：(1) 材料为 20 或 25 钢；

(2) d 为商品规格。

第 15 章 公差配合、形位公差和表面粗糙度

15.1 公差与配合

为了满足各种不同配合的需要,国家标准分别对孔轴规定了 28 种基本偏差,如图 15.1 所示,每种基本偏差都以一个或两个英文字母表示,并在 26 个字母中除去易混淆的 I(i)、L(l)、O(o)、Q(q) 和 W(w) 这 5 个字母,又增加了由两个字母组成的 CD(cd)、EF(ef)、FG(fg)、JS(js)、ZA(za)、ZB(zb) 和 ZC(zc) 这 7 个代号,共有 28 个代号,即孔和轴各有 28 个基本偏差。

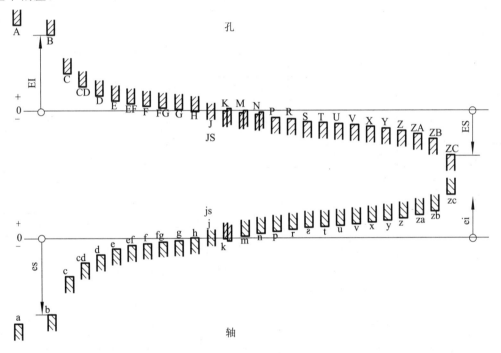

图 15.1 基本偏差系列

标准规定,用孔和轴的公差带代号以分数形式组成配合的代号,其中分子为孔的公差带代号,分母为轴的公差带代号。如 $\phi30$H8/f7 表示基孔制间隙配合;$\phi50$K7/h6 表示基轴制过渡配合。

显然,在基孔制配合中 H/(a~h) 为间隙配合,H/(j~n) 为过渡配合,H/(p~zc) 为过盈配合;在基轴制配合中 (A~H)/h 为间隙配合,(J~N)/h 为过渡配合,(P~ZC)/h 为过盈配合。

1. 标准公差值及轴和孔的极限偏差

1) 标准公差值

国家标准将标准公差分为 20 级,即 IT01、IT0、IT1、IT2、…、IT18。字母 IT 表示标准公差,它是国际公差(ISO Tolorance)的缩写代号。公差等级用阿拉伯数字表示,如 IT7 代表标准公差 7 级或者 7 级公差。从 IT01 至 IT18,等级依次降低,而相应的标准公差值依次增大。公差等级的高低是加工难易、成本高低、使用性能优劣的标志。如果一味追求高的公差等级,则成本将会急剧增加;反之,公差等级过低,将不能保证使用要求。为了实现互换性和满足各种使用要求,国家标准对不同的基本尺寸,规定了一系列标准公差值,其数值见表 15-1。各公差等级应用范围见表 15-2。

表 15-1 标准公差值(摘自 GB/T 1800.3—1998)

基本尺寸 (mm)		公差等级																		
		IT01	IT0	IT1	IT2	IT3	IT4	IT5	IT6	IT7	IT8	IT9	IT10	IT11	IT12	IT13	IT14	IT15	IT16	IT17	IT18
大于	至	(μm)													(mm)						
—	3	0.3	0.5	0.8	1.2	2	3	4	6	10	14	25	40	60	0.1	0.14	0.25	0.4	0.6	1	1.4
3	6	0.4	0.6	1	1.5	2.5	4	5	8	12	18	30	48	75	0.12	0.18	0.3	0.48	0.75	1.2	1.8
6	10	0.4	0.6	1	1.5	2.5	4	6	9	15	22	36	58	90	0.15	0.22	0.36	0.58	0.9	1.5	2.2
10	18	0.5	0.8	1.2	2	3	5	8	11	18	27	43	70	110	0.18	0.27	0.43	0.7	1.1	1.8	2.7
18	30	0.6	1	1.5	2.5	4	6	9	13	21	33	52	84	130	0.21	0.33	0.52	0.84	1.3	2.1	3.3
30	50	0.6	1	1.5	2.5	4	7	11	16	25	39	62	100	160	0.25	0.39	0.62	1	1.6	2.5	3.9
50	80	0.8	1.2	2	3	5	8	13	19	30	46	74	120	190	0.3	0.46	0.74	1.2	1.9	3	4.6
80	120	1	1.5	2.5	4	6	10	15	22	35	54	87	140	220	0.35	0.54	0.87	1.4	2.2	3.5	5.4
120	180	1.2	2	3.5	5	8	12	18	25	40	63	100	160	250	0.4	0.63	1	1.6	2.5	4	6.3
180	250	2	3	4.5	7	10	14	20	29	46	72	115	185	290	0.46	0.72	1.15	1.85	2.9	4.6	7.2
250	315	2.5	4	6	8	12	16	23	32	52	81	130	210	320	0.52	0.81	1.3	2.1	3.2	5.2	8.1
315	400	3	5	7	9	13	18	25	36	57	89	140	230	360	0.57	0.89	1.4	2.3	3.6	5.7	8.9
400	500	4	6	8	10	15	20	27	40	63	97	155	250	400	0.63	0.97	1.55	2.5	4	6.3	9.7
500	630	—	—	9	11	16	22	30	44	70	110	175	280	440	0.7	1.1	1.75	2.8	4.4	7	11
630	800	—	—	10	13	18	25	35	50	80	125	200	320	500	0.8	1.25	2	3.2	5	8	12.5
800	1000	—	—	11	15	21	29	40	56	90	140	230	360	560	0.9	1.4	2.3	3.6	5.6	9	14
1000	1250	—	—	13	18	24	34	46	66	105	165	260	420	660	1.05	1.65	2.6	4.2	6.6	10.5	16.5
1250	1600	—	—	15	21	29	40	54	78	125	195	310	500	780	1.25	1.95	3.1	5	7.8	12.5	19.5
1600	2000	—	—	18	25	35	48	65	92	150	230	370	600	920	1.5	2.3	3.7	6	9.2	15	23
2000	2500	—	—	22	30	41	57	77	110	175	280	440	700	1100	1.75	2.8	4.4	7	11	17.5	28
2500	3150	—	—	26	36	50	69	93	135	210	330	540	860	1350	2.1	3.3	5.4	8	13.5	21	33

表 15-2 各公差等级应用范围

公差等级	适用范围	应用举例
IT5	用于仪表、发动机和机床中特别重要的场合,加工要求较高,一般机械制造中较少应用,其特点是能保证配合性质的稳定性	航空及航海仪器中特别精密的零件,与特别精密的滚动轴承配合的机床主轴和外壳孔,高精度齿轮的基准孔和基准轴
IT6	应用于机械制造中精度要求很高的重要配合,其特点是能得到均匀的配合性质,使用可靠	与 E 级滚动轴承相配合的孔、轴径,机床丝杠轴径,矩形花键的定心直径,摇臂钻床的立柱等
IT7	广泛用于机械制造中精度要求较高、较重要的配合	联轴器中、带轮、凸轮等孔径,机床卡盘座孔,发动机中的连杆孔、活塞孔等
IT8	机械制造中属于中等精度,用于对配合性质要求不太高的次要配合	轴承座衬套沿宽度方向尺寸,IT9～IT12级齿轮基准孔,IT11～IT12级齿轮基准轴
IT9～IT10	属于较低精度,用于配合性质要求不太高的次要配合	机械制造中轴套外径与孔,操纵杆与轴,空轴带轮与轴,单键与花键
IT11～IT13	属于低精度,只用于基本上没有什么配合要求的场合	非配合尺寸及工序间尺寸,滑块与滑移齿轮,冲压加工的配合件,塑料成型尺寸公差

2) 轴的基本偏差和极限偏差

轴的基本偏差是以基孔制配合为基础的,依照各种配合要求,从生产实践经验和有关统计分析的结果整理出的一系列计算公式,经过计算后圆整得到的,见表 15-3。因此可根据基本尺寸、轴的基本偏差代号和公差等级代号查表 15-3 和表 15-1 获得轴的基本偏差数值和公差等级数值。另一个极限偏差数值按照轴的极限偏差和标准公差之间的关系求得:es － ei = ITn,也可以按表 15-4 查得。

表 15-3 轴的基本偏差数值(摘自 GB/T 1800.3—1998)   (单位:μm)

基本尺寸 (mm)		上偏差 es												
		所有标准公差等级										IT5 IT6	IT7	IT8
大于	至	a	b	c	cd	d	e	ef	f	fg	g	h	j		
—	3	−270	−140	−60	−34	−20	−14	−10	−6	−4	−2	0	−2	−4	−6
3	6	−270	−140	−70	−46	−30	−20	−14	−10	−6	−4	0	−2	−4	
6	10	−280	−150	−80	−56	−40	−25	−18	−13	−8	−5	0	−2	−5	
10	14	−290	−150	−95	—	−50	−32	—	−16	—	−6	0	−3	−6	—
14	18														
18	24	−300	−160	−110	—	−65	−40	—	−20	—	−7	0	−4	−8	—
24	30														

(续)

基本尺寸 (mm)		上偏差 es											
		所有标准公差等级									IT5 IT6	IT7	IT8
大于	至	a	b	c	cd	d	e	ef	f	fg	g	h	j
30	40	−300	−170	−120	—	−80	−50	—	−25	—	−9	0	−5	−10	—
40	50	−320	−180	−130											
50	65	−340	−190	−140	—	−100	−60	—	−30	—	−10	0	−7	−12	—
65	80	−360	−200	−150											
80	100	−380	−220	−170	—	−120	−72	—	−36	—	−12	0	−9	−15	—
100	120	−410	−240	−180											
120	140	−460	−260	−200	—	−145	−85	—	−43	—	−14	0	−11	−18	—
140	160	−520	−280	−210											
160	180	−580	−310	−230											
180	200	−660	−340	−240	—	−170	−100	—	−50	—	−15	0	−13	−21	—
200	225	−740	−380	−260											
225	250	−820	−420	−280											
250	280	−920	−480	−300	—	−190	−110	—	−56	—	−17	0	−16	−26	—
280	315	−1050	−540	−330											
315	355	−1200	−600	−360	—	−210	−125	—	−62	—	−18	0	−18	−28	—
355	400	−1350	−680	−400											
400	450	−1500	−760	−440	—	−230	−135	—	−68	—	−20	0	−20	−32	—
450	500	−1650	−840	−480											
500	560	—	—	—	—	−260	−145	—	−76	—	−22	0	—	—	—
560	630														
630	710	—	—	—	—	−290	−160	—	−80	—	−24	0	—	—	—
710	800														
800	900	—	—	—	—	−320	−170	—	−86	—	−26	0	—	—	—
900	1000														
1000	1120	—	—	—	—	−350	−195	—	−98	—	−28	0	—	—	—
1120	1250														
1250	1400	—	—	—	—	−390	−220	—	−110	—	−30	0	—	—	—
1400	1600														

（续）

基本尺寸（mm）		上偏差 es													
		所有标准公差等级											IT5 IT6	IT7	IT8
大于	至	a	b	c	cd	d	e	ef	f	fg	g	h	j		
1600	1800	—	—	—	—	-430	-240	—	-120	—	-32	0	—	—	—
1800	2000														
2000	2240	—	—	—	—	-480	-260	—	-130	—	-34	0	—	—	—
2240	2500														
2500	2800	—	—	—	—	-520	-290	—	-145	—	-38	0	—	—	—
2800	3150														

注：js 系列基本偏差 =± ITn/2，式中 ITn 表示标准公差等级数值。

基本尺寸（mm）		下偏差 ei															
		IT4 至 IT7		≤IT3 >IT7	所有标准公差等级												
大于	至	k		m	n	p	r	s	t	u	v	x	y	z	za	zb	zc
—	3	0	0	+2	+4	+6	+10	+14	—	+18	—	+20	—	+26	+32	+40	+60
3	6	+1	0	+4	+8	+12	+15	+19	—	+23	—	+28	—	+35	+42	+50	+80
6	10	+1	0	+6	+10	+15	+19	+23	—	+28	—	+34	—	+42	+52	+67	+97
10	14	+1	0	+7	+12	+18	+23	+28	—	+33	—	+40	—	+50	+64	+90	+130
14	18										+39	+45	—	+60	+77	+108	+150
18	24	+2	0	+8	+15	+22	+28	+35	—	+41	+47	+54	+63	+73	+98	+136	+188
24	30								+41	+48	+55	+64	+75	+88	+118	+160	+218
30	40	+2	0	+9	+17	+26	+34	+43	+48	+60	+68	+80	+94	+112	+148	+200	+274
40	50								+54	+70	+81	+97	+114	+136	+180	+242	+325
50	65	+3	0	+11	+20	+32	+41	+53	+66	+87	+102	+122	+144	+172	+226	+300	+405
65	80						+43	+59	+75	+102	+120	+146	+174	+210	+274	+360	+480
80	100	+4	0	+13	+23	+37	+51	+71	+91	+124	+146	+178	+214	+258	+335	+445	+585
100	120						+54	+79	+104	+144	+172	+210	+254	+310	+400	+525	+690
120	140	+4 +4	0	+15	+27	+43	+63	+92	+122	+170	+202	+248	+300	+365	+470	+620	+800
140	160						+65	+100	+134	+190	+228	+280	+340	+415	+535	+700	+900
160	180						+68	+108	+146	+210	+252	+310	+380	+465	+600	+780	+1000

(续)

基本尺寸 (mm)		下偏差 ei														
		IT4 至 IT7	≤IT3 >IT7	所有标准公差等级												
大于	至	k	m	n	p	r	s	t	u	v	x	y	z	za	zb	zc
180	200	+5	0	+17	+31	+50	+77	+122	+166	+236	+284	+350	+425	+520	+670	+880	+1150
200	225						+80	+130	+180	+258	+310	+385	+470	+575	+740	+960	+1250
225	250						+84	+140	+196	+284	+340	+425	+520	+640	+820	+1050	+1350
250	280	0	0	+20	+34	+56	+94	+158	+218	+315	+385	+475	+580	+710	+920	+1200	+1550
280	315						+98	+170	+240	+350	+425	+525	+650	+790	+1000	+1300	+1700
315	355	0	0	+21	+37	+62	+108	+190	+268	+390	+475	+590	+730	+900	+1150	+1500	+1900
355	400						+114	+208	+294	+435	+530	+660	+820	+1000	+1300	+1650	+2100
400	450	0	0	+23	+40	+68	+126	+232	+330	+490	+595	+740	+920	+1100	+1450	+1850	+2400
450	500						+132	+252	+360	+540	+660	+820	+1000	+1250	+1600	+2100	+2600
500	560	0	0	+26	+44	+78	+150	+280	+400	+600	—	—	—	—	—	—	—
560	630						+155	+310	+450	+660	—	—	—	—	—	—	—
630	710	0	0	+30	+50	+88	+175	+340	+500	+740	—	—	—	—	—	—	—
710	800						+185	+380	+560	+840	—	—	—	—	—	—	—
800	900	0	0	+34	+56	+100	+210	+430	+620	+940	—	—	—	—	—	—	—
900	1000						+220	+470	+680	+1050	—	—	—	—	—	—	—
1000	1120	0	0	+40	+66	+120	+250	+520	+780	+1150	—	—	—	—	—	—	—
1120	1250						+260	+580	+840	+1300	—	—	—	—	—	—	—
1250	1400	0	0	+48	+78	+140	+300	+640	+960	+1450	—	—	—	—	—	—	—
1400	1600						+330	+720	+1050	+1600	—	—	—	—	—	—	—
1600	1800	0	0	+58	+92	+170	+370	+820	+1200	+1850	—	—	—	—	—	—	—
1800	2000						+400	+920	+1350	+2000	—	—	—	—	—	—	—
2000	2240	0	0	+68	+110	+195	+440	+1000	+1500	+2300	—	—	—	—	—	—	—
2240	2500						+460	+1100	+1650	+2500	—	—	—	—	—	—	—
2500	2800	0	0	+76	+135	+240	+550	+1250	+1900	+2900	—	—	—	—	—	—	—
2800	3150						+580	+1400	+2100	+3200	—	—	—	—	—	—	—

注：(1) 基本尺寸大于 500mm 的 IT1～IT5 的标准公差数值为试行的；

(2) 基本尺寸小于或等于 1mm 时，无 IT4～IT8；

(3) 基本尺寸小于或等于 1mm 时，基本偏差 a 和 h 均不采用；

(4) 公差带 js7～js11，若 ITn 值数是奇数，则取偏差 $=\pm\dfrac{ITn-1}{2}$。

表 15-4　轴的极限偏差(摘自 GB/T 1800.4－1999)　　　　(单位:μm)

公差带	等级	基本尺寸(mm)						
		18～30	30～50	50～80	80～120	120～180	180～250	250～315
d	8	−65 −98	−80 −119	−100 −146	−120 −174	−145 −208	−170 −242	−190 −271
	▼9	−65 −117	−80 −142	−100 −174	−120 −207	−145 −245	−170 −285	−190 −320
	10	−65 −149	−80 −180	−100 −220	−120 −260	−145 −305	−170 −355	−190 −400
	11	−65 −195	−80 −240	−100 −290	−120 −340	−145 −395	−170 −460	−190 −510
f	5	−20 −29	−25 −36	−30 −43	−36 −51	−43 −61	−50 −70	−56 −79
	6	−20 −33	−25 −41	−30 −49	−36 −58	−43 −68	−50 −79	−56 −88
	▼7	−20 −41	−25 −50	−30 −60	−36 −71	−43 −83	−50 −96	−56 −108
	8	−20 −53	−25 −64	−30 −76	−36 −90	−43 −106	−50 −122	−56 −137
	9	−20 −72	−25 −87	−30 −104	−36 −123	−43 −143	−50 −165	−56 −186
g	5	−7 −16	−9 −20	−10 −23	−12 −27	−14 −32	−15 −35	−17 −40
	▼6	−7 −20	−9 −25	−10 −29	−12 −34	−14 −39	−15 −44	−17 −49
	7	−7 −28	−9 −34	−10 −40	−12 −47	−14 −54	−15 −61	−17 −69
h	5	0 −9	0 −11	0 −13	0 −15	0 −18	0 −20	0 −23
	▼6	0 −13	0 −16	0 −19	0 −22	0 −25	0 −29	0 −32
	▼7	0 −21	0 −25	0 −30	0 −35	0 −40	0 −46	0 −52
	8	0 −33	0 −39	0 −46	0 −54	0 −63	0 −72	0 −81
	▼9	0 −52	0 −62	0 −74	0 −87	0 −100	0 −115	0 −130
	10	0 −84	0 −100	0 −120	0 −140	0 −160	0 −185	0 −210
	▼11	0 −130	0 −160	0 −190	0 −220	0 −250	0 −290	0 −320
	12	0 −210	0 −250	0 −300	0 −350	0 −400	0 −460	0 −520

(续)

公差带	等级	基本尺寸 (mm)						
		18 ～ 30	30 ～ 50	50 ～ 80	80 ～ 120	120 ～ 180	180 ～ 250	250 ～ 315
k	5	+11 +2	+13 +2	+15 +2	+18 +3	+21 +3	+24 +4	+27 +4
	▼6	+15 +2	+18 +2	+21 +2	+25 +3	+28 +3	+33 +3	+36 +4
	7	+23 +2	+27 +2	+32 +2	+38 +3	+43 +3	+50 +4	+56 +4
m	5	+17 +8	+20 +9	+24 +11	+28 +13	+33 +15	+37 +17	+43 +20
	6	+21 +8	+25 +9	+30 +11	+35 +13	+40 +15	+46 +17	+52 +20
	7	+29 +8	+34 +9	+41 +11	+48 +13	+55 +15	+63 +17	+72 +20
n	5	+24 +15	+28 +17	+33 +22	+38 +23	+45 +27	+51 +31	+57 +34
	▼6	+28 +15	+33 +17	+39 +20	+45 +23	+52 +27	+60 +31	+66 +34
	7	+36 +15	+42 +17	+50 +20	+58 +23	+67 +27	+77 +31	+86 +34
p	5	+31 +22	+37 +26	+45 +32	+52 +37	+61 +43	+70 +50	+79 +56
	▼6	+35 +22	+42 +26	+51 +32	+59 +37	+68 +43	+79 +50	+88 +56
	7	+43 +22	+51 +26	+62 +32	+72 +37	+83 +43	+96 +50	+108 +56

注:标注▼者为优先公差等级,应优先选用。

基本偏差从 a ～ h(A ～ H) 与基准件组成间隙配合。由于配合间隙的存在,在生产上有两种用途:一是利用间隙允许相配件作相对运动的性能,广泛地应用在需要活动结合(即相对运动)的部位上;二是利用间隙存在使相配件容易装卸的特点,应用在某些需要方便装卸的静止连接中。其中:

a、b、c 用于大间隙或热动配合,如内燃机排气阀和导管的配合等;

d、e、f 用于一般工作温度下的各种转动配合,如齿轮箱、电动机泵等的转轴与滑动轴承的配合等;

g、h 间隙较小,适用于精密滑动配合,如车床尾座顶尖与套筒的配合等;

cd、ef、fg 这 3 个基本偏差用得很少,其使用情况分别介于 c 与 d、e 与 f、f 与 g 之间。

基本偏差 j ～ n(J ～ N) 与基准件组成过渡配合。过渡配合装配时可能产生间隙,也可能产生过盈,且 X 或 Y 量都较小。由于 X 较小,虽不适用于有相对运动要求的配合部位,但能保证孔与轴准确地对中(即定心性能好);由于 Y 较小,虽须加紧固件才能传递扭矩,但装卸又比较方便。因此,过渡配合常用于相配合零件对中性要求较高而且又需要拆卸的静止结合部位。其中:

j、js 间隙出现的概率较大,用于易拆卸的配合,如联轴节、齿圈与轮毂的配合,滚动轴承外圈与座孔的配合等;

k 平均间隙接近零的配合,用于较精密定位配合,如齿轮与轴、轴颈与轴承孔等的配合;

m、n 产生过盈的概率大,用于精密定位配合,如蜗轮的青铜轮缘与轮毂的配合、冲床上齿轮与轴的配合等。

基本偏差 p～zc(P～ZC)与基准件组成过盈配合。由于过盈的作用,使装配后孔的尺寸被胀大,而轴的尺寸被压小,若两者的变形未超出零件材料的弹性极限,则在结合面上产生一定的紧固力,可用来固定零件和传递一定的扭矩。其中:

p 过盈量小,要加紧固件才能传递一定的扭矩,如卷扬机的绳轮与齿圈的配合,合金钢制零件的小过盈配合等;

r 靠过盈能承受中等的力和扭矩,传递大扭矩和冲击负荷时需加紧固件,如蜗轮与轴的配合等;

s、t 靠过盈能传递较大扭矩,用于钢和铸铁零件的永久性结合,如联轴节与轴的配合等;

u、v 靠过盈能传递很大扭矩,应用时应验算 Y_{max} 时会不会使材料因变形过大而损坏,如火车轮毂与轴的配合等;

x～zc 过盈很大,目前很少使用。

3) 孔的基本偏差和极限偏差

基本尺寸 ≤500mm 时,孔的基本偏差是从轴的基本偏差换算得到的。换算时,同一字母的孔的基本偏差和轴的基本偏差相对于零线是完全对称的,即

$$ES = -ei; EI = -es$$

这一情况适用于所有的基本偏差,但以下情况除外:

(1) 基本尺寸 >3～500mm,标准公差等级为 IT9～IT16 的基本偏差 N,其数值 ES = 0;

(2) 基本尺寸 >3～500mm,标准公差等级 ≤IT8(IT8,IT7,…)的基本偏差 J、K、M、N 以及标准公差等级 ≤IT7(IT7,IT6,…)的基本偏差 P～ZC,在计算孔的基本偏差时,应附加一个"Δ"值,其值见表 15-6。孔的基本偏差值见表 15-5。

表 15-5　孔的基本偏差值(摘自 GB/T 1800.3—1998)　　　　　　　　　(单位:μm)

基本尺寸 (mm)		下偏差 EI										
		所有标准公差等级										
大于	至	A	B	C	CD	D	E	EF	F	FG	G	H	JS
3	6	+270	+140	+70	+46	+30	+20	+14	+10	+6	+4	0	
6	10	+280	+150	+80	+56	+40	+25	+18	+13	+8	+5	0	
10	14	+290	+150	+95	—	+50	+32	—	+16	—	+6	0	
14	18												
18	24	+300	+160	+110	—	+65	+40	—	+20	—	+7	0	
24	30												
30	40	+310	+170	+120	—	+80	+50	—	+25	—	+9	0	
40	50	+320	+180	+130									

（续）

基本尺寸（mm）		下偏差 EI											
		所有标准公差等级											
大于	至	A	B	C	CD	D	E	EF	F	FG	G	H	JS
50	65	+340	+190	+140	—	+100	+60	—	+30	—	+10	0	JS系列基本偏差=±ITn/2，式中，ITn是标准公差等级数值
65	80	+360	+200	+150									
80	100	+380	+220	+170	—	+120	+72	—	+36	—	+12	0	
100	120	+410	+240	+180									
120	140	+460	+260	+200	—	+145	+85	—	+4	—	+14	0	
140	160	+520	+280	+210									
160	180	+580	+310	+230									
180	200	+660	+310	+240	—	+170	+100	—	+50	—	+15	0	
200	225	+740	+380	+260									
225	250	+820	+420	+280									
250	280	+920	+480	+300	—	+190	+110	—	+56	—	+17	0	
280	315	+1050	+540	+330									
315	355	+1200	+600	+360	—	+210	+125	—	+62	—	+18	0	
355	400	+1350	+680	+400									
400	450	+1500	+760	+440	—	+230	+135	—	+68	—	+20	0	
450	500	+1650	+840	+480									
500	560	—	—	—	—	+260	+145	—	+76	—	+22	0	
560	630												
630	710	—	—	—	—	+290	+160	—	+80	—	+24	0	
710	800												
800	900	—	—	—	—	+320	+170	—	+86	—	+26	0	
900	1000												
1000	1120	—	—	—	—	+350	+195	—	+98	—	+28	0	
1120	1250												
1250	1400	—	—	—	—	+390	+220	—	+110	—	+30	0	
1400	1600												
1600	1800	—	—	—	—	+430	+240	—	+120	—	+32	0	
1800	2000												

(续)

基本尺寸 (mm)		下偏差 EI										
^		所有标准公差等级										
大于	至	A	B	C	CD	D	E	EF	F	FG	G	H	JS
2000	2240	—	—	—	—	+480	+260	—	+130	—	+34	0	
2240	2500												
2500	2800	—	—	—	—	+520	+290	—	+145	—	+38	0	
2800	3150												

基本尺寸 (mm)		上偏差 ES								
^		IT6	IT7	IT8	≤IT8	>IT8	≤IT8	>IT8	≤IT8	>IT8	≤IT7
大于	至	J			K		M		N		P~ZC
—	3	+2	+4	+6	0	0	−2	−2	−4	−4	
3	6	+5	+6	+10	−1+Δ	—	−4+Δ	−4	−8+Δ	0	
6	10	+5	+8	+12	−1+Δ	—	−6+Δ	−6	−10+Δ	0	
10	14	+6	+10	+15	−1+Δ	—	−7+Δ	−7	−12+Δ	0	在大于IT7的相应数值上增加一个Δ
14	18										
18	24	+8	+12	+20	−2+Δ	—	−8+Δ	−8	−15+Δ	0	
24	30										
30	40	+10	+14	+24	−2+Δ	—	−9+Δ	−9	−17+Δ	0	
40	50										
50	65	+13	+18	+28	−2+Δ	—	−11+Δ	−11	−20+Δ	0	
65	80										
80	100	+16	+22	+34	−3+Δ	—	−13+Δ	−13	−23+Δ	0	
100	120										
120	140	+18	+26	+41	−3+Δ	—	−15+Δ	−15	−27+Δ	0	
140	160										
160	180										
180	200	+22	+30	+47	−4+Δ	—	−17+Δ	−17	−31+Δ	0	
200	225										
225	250										
250	280	+25	+36	+55	−4+Δ	—	−20+Δ	−20	−34+Δ	0	
280	315										

(续)

基本尺寸 (mm)		上偏差 ES									
		IT6	IT7	IT8	≤IT8	>IT8	≤IT8	>IT8	≤IT8	>IT8	≤IT7
大于	至	J			K		M		N		P~ZC
315	355	+29	+39	+60	−4+Δ	—	−21+Δ	−21	−37+Δ	0	在大于IT7的相应数值上增加一个Δ
355	400										
400	450	+33	+43	+66	−5+Δ	—	−23+Δ	−23	−40+Δ	0	
450	500										
500	560	—	—	—	0		−26		−44		
560	630										
630	710	—	—	—	0		−30		−50		
710	800										
800	900	—	—	—	0		−34		−56		
900	1000										
1000	1120	—	—	—	0		−40		−66		
1120	1250										
1250	1400	—	—	—	0		−48		−78		
1400	1600										
1600	1800	—	—	—	0		−58		−92		
1800	2000										
2000	2240	—	—	—	0		−68		−110		
2240	2500										
2500	2800	—	—	—	0		−76		−135		
2800	3150										

基本尺寸 (mm)		上偏差 ES 标准公差等级大于IT7									
大于	至	P	R	S	T	U	V	X	Y	Z	ZA	ZB	ZC
—	3	−6	−10	−14	—	−15	—	−20	—	−26	−32	−40	−60
3	6	−12	−15	−19	—	−23	—	−28	—	−35	−42	−50	−80
6	10	−15	−19	−23	—	−28	—	−34	—	−42	−52	−67	−97

第 15 章　公差配合、形位公差和表面粗糙度　· 183 ·

（续）

基本尺寸（mm）		上偏差 ES											
		标准公差等级大于 IT7											
大于	至	P	R	S	T	U	V	X	Y	Z	ZA	ZB	ZC
10	14	-18	-23	-28	—	-33	—	-40	—	-50	-64	-90	-130
14	18						-39	-45	—	-60	-77	-108	-150
18	24	-22	-28	-35	—	-41	-47	-54	-63	-73	-98	-136	-188
24	30				-41	-48	-55	-64	-75	-88	-118	-160	-218
30	40	-26	-34	-43	-48	-60	-68	-80	-94	-112	-148	-200	-274
40	50				-54	-70	-81	-97	-114	-136	-180	-242	-325
50	65	-32	-41	-53	-66	-87	-102	-122	-144	-172	-226	-300	-405
65	80		-43	-59	-75	-102	-120	-146	-175	-210	-274	-360	-480
80	100	-37	-51	-71	-91	-124	-146	-178	-214	-258	-335	-445	-585
100	120		-54	-79	-104	-144	-172	-210	-254	-310	-400	-525	-690
120	140	-43	-63	-92	-122	-170	-202	-248	-300	-365	-470	-620	-800
140	160		-65	-100	-134	-190	-228	-280	-340	-415	-535	-700	-900
160	180		-68	-108	-146	-210	-252	-310	-380	-465	-600	-780	-1000
180	200	-50	-77	-122	-166	-236	-284	-350	-425	-520	-670	-880	-1150
200	225		-80	-130	-180	-258	-310	-385	-470	-575	-740	-960	-1250
225	250		-84	-140	-196	-284	-340	-425	-520	-640	-820	-1050	-1350
250	280	-56	-94	-158	-218	-315	-385	-475	-580	-710	-920	-1200	-1550
280	315		-98	-170	-240	-350	-425	-525	-650	-790	-1000	-1300	-1700
315	355	-62	-108	-190	-268	-390	-475	-590	-730	-900	-1150	-1500	-1900
355	400		-114	-208	-294	-435	-530	-660	-820	-1000	-1300	-1650	-2100
400	450	-68	-126	-232	-330	-490	-595	-740	-920	-1100	-1450	-1850	-2400
450	500		-132	-252	-360	-640	-660	-820	-1000	-1250	-1600	-2100	-2600
500	560	-78	-150	-280	-400	-600	—	—	—	—	—	—	—
560	630		-155	-310	-450	-660							
630	710	-88	-175	-340	-500	-740	—	—	—	—	—	—	—
710	800		-185	-380	-560	-840							

（续）

基本尺寸 (mm)		上偏差 ES 标准公差等级大于 IT7											
大于	至	P	R	S	T	U	V	X	Y	Z	ZA	ZB	ZC
800	900	－100	－210	－430	－620	－940	—	—	—	—	—	—	—
900	1000		－220	－470	－680	－1050							
1000	1120	－120	－250	－520	－780	－1150	—	—	—	—	—	—	—
1120	1250		－260	－580	－810	－1300							
1250	1400	－140	－300	－640	－960	－1450	—	—	—	—	—	—	—
1400	1600		－330	－720	－1050	－1600							
1600	1800	－170	－370	－820	－1200	－1850	—	—	—	—	—	—	—
1800	2000		－400	－920	－1350	－2000							
2000	2240	－195	－440	－1000	－1500	－2300	—	—	—	—	—	—	—
2240	2500		－460	－1100	－1650	－2500							
2500	2800	－240	－550	－1250	－1900	－2900	—	—	—	—	—	—	—
2800	3150		－580	－1400	－2100	－3200							

注：(1) 基本尺寸小于或等于 1mm 时，基本偏差 A 和 B 及大于 IT8 的 N 均不采用；

(2) 公差带 JS7 ～ JS11，若 ITn 数值是奇数，则取偏差 ＝±（ITn－1)/2；

(3) 对小于或等于 IT8 的 K、M、N 或小于或等于 IT7 的 P ～ ZC，所需 Δ 值从表 15-6 中选取，如 18 ～ 30mm 段内的 K7：$\Delta = 8\mu m$，因此 $ES = -2 + \Delta = 6\mu m$；

(4) 特殊情况：250 ～ 315mm 段的 M6，$ES = -9\mu m$（代替 $-11\mu m$）。

表 15-6　孔的基本偏差值 Δ 值（摘自 GB/T 1800.3—1998）　　（单位：μm）

公差等级	Δ值												
	～3	3～6	6～10	10～18	18～30	30～50	50～80	80～120	120～180	180～250	250～315	315～400	400～500
IT3	0	1	1	1	1.5	1.5	2	2	3	3	4	4	5
IT4	0	1.5	1.5	2	2	3	3	4	4	4	4	5	5
IT5	0	1	2	3	3	4	5	5	6	6	7	7	7
IT6	0	3	3	3	4	5	6	7	7	9	9	11	13
IT7	0	4	6	7	8	9	11	13	15	17	20	21	23
IT8	0	6	7	9	12	10	16	19	23	26	29	32	34

孔的极限偏差值见表 15-7。

表 15-7　孔的极限偏差值(摘自 GB/T 1800.4—1999)　(单位:μm)

公差带	等级	基本尺寸(mm)						
		18～30	30～50	50～80	80～120	120～180	180～250	250～315
D	8	+98 +65	+119 +80	+146 +100	+174 +120	+208 +145	+242 +170	+271 +190
D	▼9	+117 +65	+142 +80	+174 +100	+207 +120	+245 +145	+285 +170	+320 +190
D	10	+149 +65	+180 +80	+220 +100	+260 +120	+305 +145	+355 +170	+400 +190
D	11	+195 +65	+240 +80	+290 +100	+340 +120	+395 +145	+460 +170	+510 +190
E	5	+49 +40	+61 +50	+73 +60	+87 +72	+103 +85	+120 +100	+133 +110
E	6	+53 +40	+66 +50	+79 +60	+94 +72	+110 +85	+129 +100	+142 +110
E	7	+61 +40	+75 +50	+90 +60	+107 +72	+125 +85	+146 +100	+162 +110
E	8	+73 +40	+89 +50	+106 +60	+125 +72	+148 +85	+172 +100	+191 +110
E	9	+92 +40	+112 +50	+134 +60	+159 +72	+185 +85	+215 +100	+240 +110
E	10	+124 +40	+150 +50	+180 +60	+212 +72	+245 +85	+285 +100	+320 +110
F	6	+33 +20	+41 +25	+49 +30	+58 +36	+68 +43	+79 +50	+88 +56
F	7	+41 +20	+50 +25	+60 +30	+71 +36	+83 +43	+96 +50	+108 +56
F	▼8	+53 +20	+64 +25	+76 +30	+90 +36	+106 +43	+122 +50	+137 +56
F	9	+72 +20	+87 +25	+104 +30	+123 +36	+143 +43	+165 +50	+186 +56
G	6	+20 +7	+25 +9	+29 +10	+34 +12	+39 +14	+44 +15	+49 +17
G	▼7	+28 +7	+34 +9	+40 +10	+47 +12	+54 +14	+61 +15	+69 +17

(续)

公差带	等级	基本尺寸(mm)						
		18～30	30～50	50～80	80～120	120～180	180～250	250～315
H	6	+13 0	+16 0	+19 0	+22 0	+25 0	+29 0	+32 0
	▼7	+21 0	+25 0	+30 0	+35 0	+40 0	+46 0	+52 0
	▼8	+33 0	+39 0	+46 0	+54 0	+63 0	+72 0	+81 0
	▼9	+52 0	+62 0	+74 0	+87 0	+100 0	+115 0	+130 0
	10	+84 0	+100 0	+120 0	+140 0	+160 0	+185 0	+210 0
	▼11	+130 0	+160 0	+190 0	+220 0	+250 0	+290 0	+320 0
JS	6	±6.5	±8	±9.5	±11	±12.5	±14.5	±16
	7	±10	±12	±15	±17	±20	±23	±26
	8	±16	±19	±23	±27	±31	±36	±40
K	6	+2 −11	+3 −13	+4 −15	+4 −18	+4 −21	+5 −24	+5 −27
	▼7	+6 −15	+7 −18	+9 −21	+10 −25	+12 −28	+13 −33	+16 −36
	8	+10 −23	+12 −27	+14 −32	+16 −38	+20 −43	+22 −50	+25 −56
M	6	−4 −17	−4 −20	−5 −24	−6 −28	−8 −33	−8 −37	−9 −41
	7	0 −21	0 −25	0 −30	0 −35	0 −40	0 −46	0 −52
	8	+4 −29	+5 −34	+5 −41	+6 −48	+8 −55	+9 −63	+9 −72
N	6	−11 −24	−12 −28	−14 −33	−16 −38	−20 −45	−22 −51	−25 −57
	▼7	−7 −28	−8 −33	−9 −39	−10 −45	−12 −52	−14 −60	−14 −66
	8	−3 −36	−3 −42	−4 −50	−4 −58	−4 −67	−5 −77	−5 −86
P	6	−18 −31	−21 −37	−26 −45	−30 −52	−36 −61	−41 −70	−47 −79
	▼7	−14 −35	−17 −42	−21 −51	−24 −59	−28 −68	−33 −79	−36 −88

（续）

公差带	等级	基本尺寸(mm)						
		18 ～ 30	30 ～ 50	50 ～ 80	80 ～ 120	120 ～ 180	180 ～ 250	250 ～ 315
R	6	－24 －37	－29 －45	－35 －54	－37 －56	－44 －66	－47 －69	－56 －81
	7	－20 －41	－25 －50	－30 －60	－32 －62	－38 －73	－41 －76	－48 －88
S	6	－31 －44	－38 －54	－47 －66	－53 －72	－64 －86	－72 －94	－85 －110
	▼ 7	－27 －48	－34 －59	－42 －72	－48 －78	－58 －93	－66 －101	－77 －117

2. 公差与配合的优先选用

国家标准规定了 20 个不同的公差等级以及孔与轴各级的基本偏差。任一基本偏差和任一标准公差均可以组合，得到大量不同大小和位置的公差带，从而得到大量不同的配合，但在实际工作中，使用过多的公差带不利于生产。为了减少定值刀具、量具的规格、数量，降低生产成本，国家标准规定了一般公差带、常用公差带和优先公差带。

国家标准根据我国生产的实际情况并参照国际公差标准的规定，在尺寸 ⩽ 500mm 内规定了 59 种基孔制常用配合，其中 13 种为优先配合，另外规定了 47 种基轴制常用配合，其中 13 种为优先配合，见表 15-8、表 15-9。选择时，应优先选择带圆圈的公差带，其次选用方框中的公差带，最后选用其他公差带。

合理地选择公差等级，对于解决机器零件的使用要求和制造工艺与成本之间的矛盾起着决定性的作用。一般在满足使用要求的情况下，尽可能地选择公差等级低的公差等级。在这个前提下，对于基本尺寸小于或等于 500mm 的较高等级配合，当标准公差 ⩽ IT8 时，国家标准推荐孔比轴低一级配合，但对于标准公差 ＞ IT8 级或基本尺寸 ＞ 500mm 的配合，推荐采用孔轴同级配合。

表 15-8　基本尺寸 ⩽ 500mm 一般常用和优先的轴公差带

							h1		js1												
							h2		js2												
							h3		js3												
						g4	h4		js4	k4	m4	n4	p4	r4	s4						
					f5	g5	h5	j5	js5	k5	m5	n5	p5	r5	s5	t5	u5	v5	x5	y5	z5
				e6	f6	g6	h6	j6	js6	k6	m6	n6	p6	r6	s6	t6	u6	v6	x6	y6	z6
			d7	e7	f7	g7	h7	j7	js7	k7	m7	n7	p7	r7	s7	t7	u7	v7	x7	y7	z7
		c8	d8	e8	f8	g8	h8		js8	k8	m8	n8	p8	r8	s8	t8	u8	v8	x8	y8	z8
a9	b9	c9	d9	e9	f9		h9		js9												
a10	b10	c10	d10	e10			h10		js10												
a11	b11	c11	d11				h11		js11												
a12	b12	c12					h12		js12												
a13	b13	c13					h13		js13												

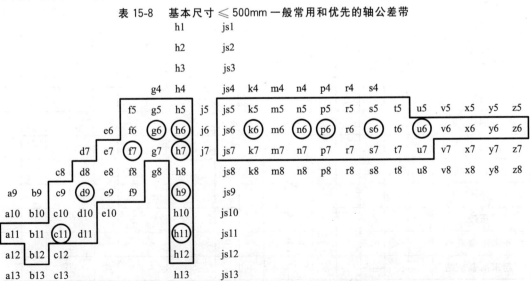

表 15-9　基本尺寸≤500mm 一般常用和优先的孔公差带

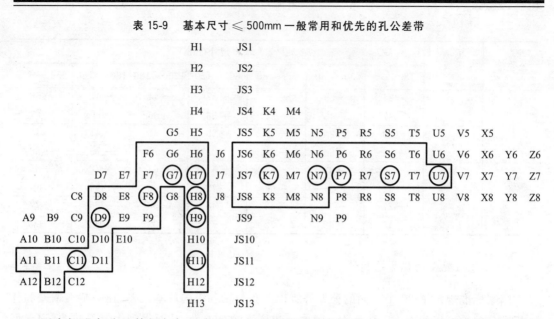

							H1		JS1												
							H2		JS2												
							H3		JS3												
							H4		JS4	K4	M4										
						G5	H5		JS5	K5	M5	N5	P5	R5	S5	T5	U5	V5	X5		
					F6	G6	H6	J6	JS6	K6	M6	N6	P6	R6	S6	T6	U6	V6	X6	Y6	Z6
			D7	E7	F7	G7	H7	J7	JS7	K7	M7	N7	P7	R7	S7	T7	U7	V7	X7	Y7	Z7
		C8	D8	E8	F8	G8	H8	J8	JS8	K8	M8	N8	P8	R8	S8	T8	U8	V8	X8	Y8	Z8
A9	B9	C9	D9	E9	F9		H9		JS9			N9	P9								
A10	B10	C10	D10	E10			H10		JS10												
A11	B11	C11	D11				H11		JS11												
A12	B12	C12					H12		JS12												
							H13		JS13												

国家标准各公差等级与加工方法的大致关系可以参见表 15-10，各公差等级的应用范围见表 15-11。各类配合的选择，应尽量选用优先、常用配合，优先配合选用说明可以参见表 15-12。

表 15-10　各种加工方法合理的加工精度

加工方法	公差等级(IT)																	
	01	0	1	2	3	4	5	6	7	8	9	10	11	12	13	14	15	16
研磨	—	—	—	—	—	—	—											
珩磨						—	—	—	—									
圆磨、平磨							—	—	—	—								
金钢石车							—	—	—									
金钢石镗							—	—	—	—								
拉削							—	—	—	—								
铰孔								—	—	—	—	—						
车镗									—	—	—	—	—					
铣										—	—	—	—					
刨插												—	—					
钻孔												—	—	—	—			
滚压、挤压												—	—					
冲压												—	—	—	—	—		
压铸													—	—	—	—		
粉末冶金成型								—	—	—								
粉末冶金烧结									—	—	—	—						

（续）

加工方法	公差等级(IT)																	
	01	0	1	2	3	4	5	6	7	8	9	10	11	12	13	14	15	16
砂型铸造、气割																		—
锻造																	—	

表 15-11　各公差等级的应用范围

应用范围	公差等级(IT)																		
	01	0	1	2	3	4	5	6	7	8	9	10	11	12	13	14	15	16	17	18
高精度标准量块(块规)	—	—	—																
量块,检验高精度工件用的量规及轴用卡规的校对塞规				—	—	—	—												
特别精密零件的配合尺寸						—	—	—	—										
检验低精度工件用的量规、精密零件的配合尺寸								—	—	—	—								
配合尺寸									—	—	—	—	—						
原材料公差										—	—	—	—	—					
未注公差尺寸(非配合尺寸,冲压件、模锻件、铸件等)													—	—	—	—	—	—	—

表 15-12　优先配合特性及应用举例

基孔制	基轴制	优先配合特性及应用举例
H11/c11	C11/h11	间隙很大,用于很松的、转动很慢的动配合;要求大公差与大间隙的外露组件;要求装配方便的很松的配合
H9/d9	D9/h9	间隙很大的自由转动配合,用于精度非主要要求,或有大的温度变动、高转速或大的轴颈压力时
H8/f7	F8/h7	间隙不大的转动配合,用于中等转速与中等轴颈压力的精确转动;也用于装配较易的中等定位配合
H7/g6	G7/h6	间隙很小的滑动配合,用于不希望自由转动但可自由移动和滑动并要求精密定位时,也可用于要求明确的定位配合
H7/h6, H8/h7 H9/h9, H11/h11		均为间隙定位配合,零件可自由装拆,而工作时一般相对静止不动。在最大实体条件下的间隙为零,在最小实体条件下的间隙由公差等级决定
H7/k6	K7/h6	过渡配合,用于精密定位
H7/n6	N7/h6	过渡配合,允许有较大过盈的更精密定位

(续)

基孔制	基轴制	优先配合特性及应用举例
H7/p6	P7/h6	过盈定位配合,即小过盈配合,用于定位精度特别重要时,能以最好的定位精度达到部件的刚性及对中性要求,而对内孔随压力无特殊要求,不依靠配合的紧固性传递摩擦负荷
H7/s6	S7/h7	中等压入配合,适用于一般钢件;或用于薄壁件的冷缩配合,用于铸铁件可得到最紧的配合
H7/u6	U7/h6	压入配合,适用于可以承受高压入力的零件,或不宜承受大压入力的冷缩配合

15.2 形状和位置公差

形状和位置误差简称形位误差,它不仅影响零件的装配,还影响零件的配合性能。如圆柱形零件的形状误差会使配合间隙不均匀,加快局部磨损,或者使配合过盈在各部位不一致,影响联结强度;凸轮、冲模、锻模等的形状误差更是直接影响工作精度和被加工零件的几何精度;齿轮传动中,箱体轴承孔的轴线间的位置误差会影响齿轮的正确啮合等。因此国家标准规定了形位公差,以控制形位误差。我国形位公差标准主要有:GB/T 1182—1996《形状和位置公差 通则、定义、符号和图样表示方法》、GB/T 1184—1996《形状和位置公差 未注公差值》、GB/T 4249—1996《公差原则》、GB/T 16671—1996《形状和位置公差 最大实体要求、最小实体要求和可逆要求》、GB 1958—2004《形状和位置公差 检测规定》。

常用形位公差符号见表 15-13。

表 15-13　常用形位公差符号(摘自 GB/T 1181—1996)

公差分类		特征项目	符号	单一/关联要素
形状	形状	直线度	——	单一要素
		平面度	▱	
		圆度	○	
		圆柱度	⌭	
形状/位置	轮廓	线轮廓度	⌒	单一或关联要素
		面轮廓度	⌓	

(续)

公差分类		特征项目	符号	单一/关联要素
位置	定向公差	平行度	∥	有基准
		垂直度	⊥	有基准
		倾斜度	∠	有基准
	定位公差	位置度	⊕	有或无基准
		同轴度	◎	有基准
		对称度	≡	有基准
	跳动公差	圆跳动	↗	有基准
		全跳动	↗↗	有基准

国际上对形状公差值未做强制性规定,仅推荐了一些数据供选用时参考。各形状位置公差的推荐公差值及其应用分别见表 15-14 ~ 表 15-17。轮廓度公差未做推荐。

表 15-14 直线度和平面度公差及其应用　　　　（单位:μm）

主参数 L 图例

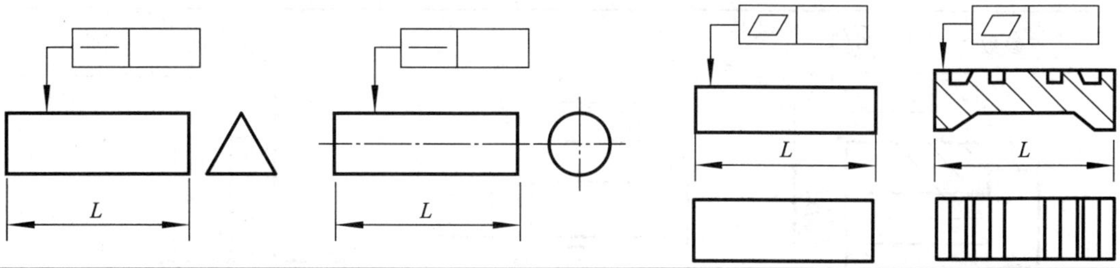

公差等级	主要参数 L（mm）									应用举例
	≤10	10~16	16~25	25~40	40~63	63~100	100~160	160~250	250~400	400~630	
5	2	2.5	3	4	5	6	8	10	12	15	普通精度的机床导轨
6	3	4	5	6	8	10	12	15	20	25	
7	5	6	8	10	12	15	20	25	30	40	轴承体的支承面,减速器的壳体,轴系支承轴承的接合面
8	8	10	12	15	20	25	30	40	50	60	
9	12	15	20	25	30	40	50	60	80	100	辅助机构及手动机械的支承面,液压管件和法兰的连接面
10	20	25	30	40	50	60	80	100	120	150	

表 15-15　圆度和圆柱度公差及其应用　　　　　　　　　　　　（单位：μm）

主参数 $d(D)$ 图例

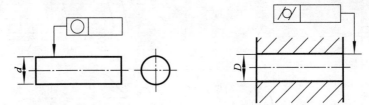

公差等级	主参数 $d(D)$ (mm)									应用举例
	6~10	10~18	18~30	30~50	50~80	80~120	120~180	180~250	250~315	315~400	400~500	
5	1.5	2	2.5	2.5	3	4	5	7	8	9	10	安装 E、C 级滚动轴承的配合面,通用减速器的轴颈,一般机床的主轴
6	2.5	3	4	4	5	6	8	10	12	13	15	
7	4	5	6	7	8	10	12	14	16	18	20	千斤顶或压力油缸的活塞,水泵及减速器的轴颈,液压传动系统的分配机构
8	6	8	9	11	13	15	18	20	23	25	27	
9	9	11	13	16	19	22	25	29	32	36	40	起重机、卷扬机用滑动轴承等
10	15	18	21	25	30	35	40	46	52	57	63	

表 15-16　平行度、垂直度和倾斜度公差及其应用　　　　　　　（单位：μm）

主参数 $L、d(D)$ 图例

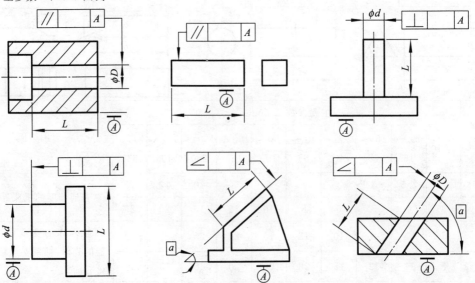

（续）

公差等级	主要参数 L、d、(D)(mm)										应用举例
	≤10	10～16	16～25	25～40	40～63	63～100	100～160	160～250	250～400	400～630	
5	5	6	8	10	12	15	20	25	30	40	垂直度用于发动机的轴和离合器的凸缘，装 D、E 级轴承和装 C、D 级轴承之箱体的凸肩
6	8	10	12	15	20	25	30	40	50	60	平行度用于中等精度钻模的工作面，7～10 级精度齿轮传动壳体孔的中心线
7	12	15	20	25	30	40	50	60	80	100	垂直度用于装 F、G 级轴承之壳体孔的轴线，按 h6 与 g6 连接的锥形轴减速机的机体孔中心线
8	20	25	30	40	50	60	80	100	120	150	平行度用于重型机械轴承盖的端面、手动传动装置中的传动轴

表 15-17　同轴度、对称度、圆跳动和全跳动公差及其应用　（单位：μm）

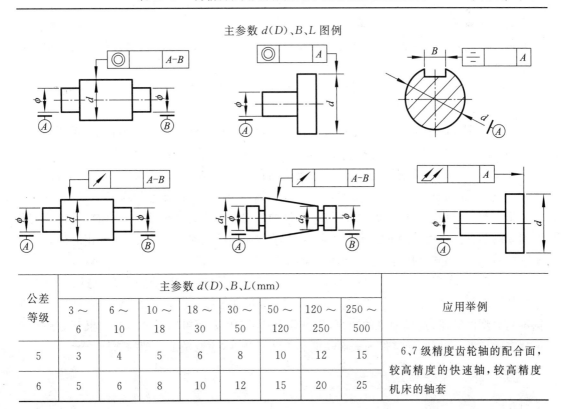

主参数 $d(D)$、B、L 图例

公差等级	主参数 $d(D)$、B、L(mm)								应用举例
	3～6	6～10	10～18	18～30	30～50	50～120	120～250	250～500	
5	3	4	5	6	8	10	12	15	6、7 级精度齿轮轴的配合面，较高精度的快速轴，较高精度机床的轴套
6	5	6	8	10	12	15	20	25	

(续)

公差等级	主参数 $d(D)$、B、L(mm)							应用举例
	3~6	6~10	10~18	18~30	30~50	50~120	120~250	250~500	
7	8	10	12	15	20	25	30	40	8、9级精度齿轮轴的配合面，普通精度高速轴(100r/min以下)，长度在1m以下的主传动轴，起重运输机的鼓轮配合孔和导轮的滚动面
8	12	15	20	25	30	40	50	60	

15.3 表面粗糙度

表面粗糙度(GB/T 3503—2000)是反映零件表面微观几何形状误差的一个重要技术指标，是检验零件表面质量的主要依据；它选择的合理与否，直接关系到产品的质量、使用寿命和生产成本。一般来说，表面粗糙度数值小，会提高配合质量，减少磨损，延长零件使用寿命，但零件的加工费用会增加，因此，要正确、合理地选用表面粗糙度数值。

15.3.1 公差等级与表面粗糙度值

通常情况下，机械零件尺寸公差要求越小，机械零件的表面粗糙度值也越小，但是它们之间又不存在固定的函数关系。例如，一些机器、仪器上的手柄、手轮以及卫生设备、食品机械上的某些机械零件的修饰表面，它们的表面要求加工得很光滑，即表面粗糙度要求很高，但其尺寸公差要求却很低。在一般情况下，有尺寸公差要求的零件，其公差等级与表面粗糙度数值之间还是有一定对应关系的。

对于不同类型的机器，其零件的配合稳定性和互换性要求是不同的。在现有的机械零件设计手册中，反映的主要有以下3种类型。

第一类主要用于精密机械。主要应用在精密仪器、仪表、精密量具的表面、极重要零件的摩擦面，如汽缸的内表面、精密机床的主轴颈、坐标镗床的主轴颈等。

第二类主要用于普通的精密机械。主要应用在机床、工具、与滚动轴承配合的表面、锥销孔，还有相对运动速度较高的接触面，如滑动轴承的配合表面、齿轮的轮齿工作面等。

第三类主要用于通用机械。要求机械零件的磨损极限不超过尺寸公差值的50%，没有相对运动的零件接触面，如箱盖、套筒，要求紧贴的表面、键和键槽的工作面等；相对运动速度不高的接触面，如支架孔、衬套、带轮轴孔的工作表面、减速器等。

表15-18、表15-19、表15-20给出了以上3类配合要求的表面粗糙度 Ra 与尺寸公差 IT 之间的关系的参考值。在机械零件设计工作中，按尺寸公差选择表面粗糙度数值时，应当根据不同类型的机器，选择相应的数值；但在设计工作中，表面粗糙度的选择归根到底还是必须从实际出发，全面衡量零件的表面功能和工艺经济性，才能做出合理的选择。

第 15 章　公差配合、形位公差和表面粗糙度　• 195 •

表 15-18　公差等级与表面粗糙度值(用于精密机械)

<table>
<tr><th rowspan="3">公差等级</th><th colspan="13">基本尺寸(mm)</th></tr>
<tr><th>≤3</th><th>3～6</th><th>6～10</th><th>10～18</th><th>18～30</th><th>30～50</th><th>50～80</th><th>80～120</th><th>120～180</th><th>180～250</th><th>250～315</th><th>315～400</th><th>400～500</th></tr>
<tr><th colspan="13">表面粗糙度值 Ra≤(μm)</th></tr>
<tr><td>IT6</td><td colspan="5">0.1</td><td colspan="4">0.2</td><td colspan="4">0.4</td></tr>
<tr><td>IT7</td><td colspan="2">0.1</td><td colspan="4">0.2</td><td colspan="4">0.4</td><td colspan="3">0.8</td></tr>
<tr><td>IT8</td><td colspan="3">0.2</td><td colspan="4">0.4</td><td colspan="6">0.8</td></tr>
<tr><td>IT9</td><td>0.2</td><td colspan="3">0.4</td><td colspan="5">0.8</td><td colspan="4">1.6</td></tr>
<tr><td>IT10</td><td colspan="2">0.4</td><td colspan="4">0.8</td><td colspan="3">1.6</td><td colspan="4">3.2</td></tr>
<tr><td>IT11</td><td colspan="3">0.8</td><td colspan="3">1.6</td><td colspan="5">3.2</td><td colspan="2">6.3</td></tr>
<tr><td>IT12</td><td>0.8</td><td colspan="2">1.6</td><td colspan="4">3.2</td><td colspan="6">6.3</td></tr>
</table>

表 15-19　公差等级与表面粗糙度值(用于普通精密机械)

<table>
<tr><th rowspan="3">公差等级</th><th colspan="13">基本尺寸(mm)</th></tr>
<tr><th>≤3</th><th>3～6</th><th>6～10</th><th>10～18</th><th>18～30</th><th>30～50</th><th>50～80</th><th>80～120</th><th>120～180</th><th>180～250</th><th>250～315</th><th>315～400</th><th>400～500</th></tr>
<tr><th colspan="13">表面粗糙度值 Ra≤(μm)</th></tr>
<tr><td>IT6</td><td colspan="4">0.2</td><td colspan="4">0.4</td><td colspan="5">0.8</td></tr>
<tr><td>IT7</td><td>0.2</td><td colspan="4">0.4</td><td colspan="4">0.8</td><td colspan="4">1.6</td></tr>
<tr><td>IT8</td><td colspan="3">0.4</td><td colspan="3">0.8</td><td colspan="4">1.6</td><td colspan="3">3.2</td></tr>
<tr><td>IT9</td><td colspan="4">0.8</td><td colspan="3">1.6</td><td colspan="5">3.2</td><td>6.3</td></tr>
<tr><td>IT10</td><td colspan="4">0.8</td><td colspan="4">1.6</td><td colspan="3">3.2</td><td colspan="2">6.3</td></tr>
<tr><td>IT11</td><td colspan="2">1.6</td><td colspan="3">3.2</td><td colspan="5">6.3</td><td colspan="3">12.5</td></tr>
<tr><td>IT12</td><td colspan="3">3.2</td><td colspan="4">6.3</td><td colspan="6">12.5</td></tr>
</table>

表 15-20　公差等级与表面粗糙度值(用于通用机械)

<table>
<tr><th rowspan="3">公差等级</th><th colspan="13">基本尺寸(mm)</th></tr>
<tr><th>≤3</th><th>3～6</th><th>6～10</th><th>10～18</th><th>18～30</th><th>30～50</th><th>50～80</th><th>80～120</th><th>120～180</th><th>180～250</th><th>250～315</th><th>315～400</th><th>400～500</th></tr>
<tr><th colspan="13">表面粗糙度值 Ra≤(μm)</th></tr>
<tr><td>IT7</td><td colspan="4">0.8</td><td colspan="4">1.6</td><td colspan="5">3.2</td></tr>
<tr><td>IT8</td><td colspan="2">0.8</td><td colspan="3">1.6</td><td colspan="5">3.2</td><td colspan="3">6.3</td></tr>
<tr><td>IT9</td><td colspan="3">1.6</td><td colspan="4">3.2</td><td colspan="5">6.3</td><td>12.5</td></tr>
<tr><td>IT10</td><td colspan="4">3.2</td><td colspan="4">6.3</td><td colspan="5">12.5</td></tr>
</table>

（续）

公差等级	基本尺寸(mm)												
	≤3	3～6	6～10	10～18	18～30	30～50	50～80	80～120	120～180	180～250	250～315	315～400	400～500
	表面粗糙度值 $Ra \leqslant (\mu m)$												
IT11	6.3					12.5					25		
IT12	6.3		12.5			25							

15.3.2　表面粗糙度的选择

在设计零件时，表面粗糙度数值的选择是根据零件在机器中的作用决定的。总的原则是在保证满足技术要求的前提下，选用较大的表面粗糙度数值。具体选择时，可以参考下述原则。

(1) 工作表面比非工作表面的粗糙度数值小。

(2) 摩擦表面比非摩擦表面的粗糙度数值小。滚动摩擦表面比滑动摩擦表面所要求的粗糙度数值小，运动速度高，单位压力大的摩擦表面应比运动速度低，单位压力小的摩擦表面的粗糙度参数值要小。

(3) 对间隙配合，配合间隙愈小，粗糙度数值应愈小；对过盈配合，为保证联接强度的牢固可靠，载荷愈大，要求粗糙度数值愈小。一般情况间隙配合比过盈配合粗糙度数值要小。

(4) 配合表面的粗糙度应与其尺寸精度要求相当。配合性质相同时，零件尺寸愈小，则粗糙度数值应愈小；同一精度等级，小尺寸比大尺寸的粗糙度数值小，轴比孔的粗糙度数值小(特别是 IT8～IT5 的精度)。

(5) 受周期性载荷的表面及可能会发生应力集中的内圆角、凹槽处粗糙度数值应较小。

15.3.3　表面粗糙度的参数值及加工方法

在常用值范围内，表面粗糙度与加工方法的关系如下。

$\overset{12.5}{\bigtriangledown}$：钻、粗车、粗刨等。

$\overset{6.4}{\bigtriangledown}$～$\overset{3.2}{\bigtriangledown}$：半精(车、刨、铣、镗等)加工。

$\overset{1.6}{\bigtriangledown}$：精(车、铣、刨、镗)加工及拉削、刮削、铰孔、滚压。(有配合要求的内孔，精度较高的平面如减速器的分离平面等)

$\overset{0.8}{\bigtriangledown}$：磨、精铰、精细镗。(有配合要求的外圆，如轴颈、轴头等)

$\overset{0.4}{\bigtriangledown}$：以上超精加工如精磨、珩磨、研磨、镜面磨、抛光等。(如各种量具工作面，量规 0.1、量块工作面 0.012、非工作面 0.05 等)

第16章 齿轮、蜗杆传动精度及公差

16.1 渐开线圆柱齿轮精度

在设计渐开线圆柱齿轮时必须按照使用要求确定其精度等级,1988 年我国首次制定和颁布了渐开线圆柱齿轮精度国家标准 GB/T 10095—1988,2001 年和 2002 年我国发布了新的圆柱齿轮精度和圆柱齿轮精度检验实施规范国家标准 GB/T 10095.1—2001 和 GB/T 10095.2—2001,用以代替国家标准 GB/T 10095—1988,一般适用于平行轴传动的渐开线圆柱齿轮及齿轮副,其法向模数 $m_n \geqslant 1\text{mm}$,基本齿廓按 GB/T 1356—2001《渐开线圆柱齿轮基本齿廓》的规定。当齿轮的模数 $m_n > 40\text{mm}$,分度圆直径 $d > 4000\text{mm}$ 时,其公差或极限偏差值可以按照标准给出的公差计算公式或关系式计算。

16.1.1 精度等级

在渐开线圆柱齿轮精度标准(GB/T 10095.1—2001 和 GB/T 10095.2—2001)中,分别对圆柱齿轮和锥齿轮规定有 13 个精度等级,按精度的高低依次为:0、1、2、…、12,其中 0 级精度最高,12 级精度最低。对径向综合误差 F_i''、f_i'' 的精度,新标准仅规定了 9 个精度等级,即 4~12 级,其中 4 级最高,12 级最低。表 16-1 给出了各种精度等级齿轮的使用和加工方法等,供选择精度等级时参考。

表 16-1 齿轮精度等级、使用和加工情况

精度等级	应用范围
2、3(特高精度)	检验用的齿轮,高速齿轮及在重载下要求特别安全可靠的齿轮。需用特殊的工艺方法制造
4、5(高精度)	用于高精度传动链及某些危险场合下工作的齿轮,如汽轮机齿轮,航空齿轮等。需要磨齿加工
6、7(较高精度)	用于中等速度的齿轮和要求安全可靠工作的车辆齿轮。一般需要采用磨齿或剃齿工艺,也可用高精度的滚齿加工
8、9(中等精度)	用于一般设备中速度不高的齿轮。通常用滚齿或插齿加工
10~12(低精度)	低速传动用不重要的齿轮。其中 12 级齿轮可不经切削加工而由铸造成形方法得到

16.1.2 齿轮、齿轮副误差及侧隙的定义和代号

根据误差特性及其对传动性的影响,将齿轮的各项公差项目分为 3 个组。在生产中,将根据齿轮副的功能要求和生产规模,在各公差组中选定一个检验组来检验齿轮的精度。公

差组分组见表16-2。

表16-2 齿轮各项公差

公差组	公差与极限偏差项目	误差特性
Ⅰ	F'_i、F_p、F_{pk}、F_r、F_w、F''_i	以齿轮一转为周期的误差
Ⅱ	f'_i、f''_i、f_f、f_{pb}、Δf_{pt}	在齿轮一周内，多次周期限性重复出现的误差
Ⅲ	F_β、F_b、F_{px}	齿向误差，轴向齿距偏差、齿形的径向位置误差

1. 第Ⅰ组公差组的检验组

(1) 切向综合总偏差F'_i。F'_i指被测齿轮与测量齿轮单面啮合转动时，在被测齿轮一转内，齿轮分度圆上实际圆周位移与理论圆周位移的最大差值。它是一个综合性指标。

(2) 齿距累积总偏差F_P和齿距累积偏差F_{Pk}。F_{Pk}指任意k个齿距的实际弧长与理论弧长的代数差，理论上它等于这k个齿距的单个齿距偏差的总和；F_P指齿轮同侧齿面任意弧段内的最大齿距累计偏差，它表现为齿距累计偏差曲线的总幅值。

(3) 径向跳动F_r。F_r指当测头(球形、圆柱形、砧形)相继置于每个齿槽时，从它到齿轮轴线的最大和最小径向距离之差。检测中，测头在近似齿高中部与左右齿面接触。

(4) 径向综合总偏差F''_i。F''_i是在径向(双面)综合检验时，产品齿轮的左右齿面同时与测量齿轮接触，并转过一整圈时出现的中心距的最大和最小值之差。

2. 第Ⅱ组公差组的检验组

(1) 一齿切向综合偏差f'_i。f'_i是在一齿距内的切向综合偏差，它反映由刀具的制造和安装误差机床传动链的短周期误差等的综合作用结果。

(2) 一齿径向综合偏差f''_i。f''_i是当产品齿轮啮合一整圈时，对应一个齿距(360°/z)的径向综合偏差值。产品齿轮所有轮齿的f''_i的最大值不应超过规定的允许值。

在成批生产中，f''_i为f'_i的代用指标(也为综合性指标)，但f''_i不如f'_i能直接全面反映传动平稳性要求。f''_i主要反映刀具误差引起的误差，不能反映机床周期的误差。

(3) 齿廓偏差。齿廓偏差值实际齿廓偏离设计齿廓的量。该偏差值在齿轮端平面内，且垂直于渐开线齿廓方向计值，其可细分如下。

① 齿廓总偏差F_a：指设计范围内，包容实际齿廓迹线的两条设计齿廓迹线间的距离。

② 齿廓形状偏差f_{fa}：指在计值范围内，包容实际齿廓迹线的两条与平均齿廓迹线(中线)相同的两直线间的距离，两条包容线应平行于中线。

③ 齿廓倾斜偏差f_{Ha}：指在计值范围内的两端与平均齿廓迹线相交的两条设计齿廓迹线间的距离。

3. 第Ⅲ公差组的检验组，主要是接触精度的评定指标

齿轮工作时，两齿面接触良好，才能保证齿面上载荷分布均匀。在齿高方向上，齿形误差会影响两齿面的接触；在齿宽方向上，齿向误差会影响两齿面的接触。

齿向误差是在加工齿轮时，刀具进给方向与齿轮基准轴线方向不平行造成的，如刀架导轨沿齿坯径向和切向的倾斜、齿坯定位端面对基准轴线的跳动等。此外机床传动链的调整

误差也是产生齿向误差的主要原因。

齿面接触精度的评定指标有螺旋线偏差,它指在基圆切线方向上测得的实际螺旋线对设计螺旋线的偏离量,其可细分如下。

(1) 螺旋线总偏差 F_β:指在计值范围内,包容实际螺旋线迹线的两条设计螺旋线迹线间的距离。

(2) 螺旋线形状偏差 $f_{f\beta}$:指在计值范围内,包容实际螺旋线迹线的两条与平均螺旋线迹线完全相同的直线间的距离。

(3) 螺旋线倾斜偏差 $f_{H\beta}$:指在计值范围内两端与平均螺旋线迹线相交的两条设计螺旋线迹线间的距离。

一般情况下,一个齿轮的 3 个公差组应选用相同的精度等级,根据使用的要求不同,也允许各公差组选用不同的精度等级。但在同一个公差组内,各项公差与极限偏差应保持相同的精度等级。

新标准将旧标准中的公法线长度变动、接触线误差和轴向齿距偏差这 3 项取消了,而将齿形误差 Δf_f 细分为齿廓总偏差 F_α、齿廓形状偏差 $f_{f\alpha}$ 和齿廓倾斜偏差 $f_{H\alpha}$。将齿向误差 ΔF_β 改为螺旋线总偏差 F_β,增加了螺旋线形状偏差 $f_{f\beta}$ 和螺旋线倾斜偏差 $f_{H\beta}$。

渐开线圆柱齿轮新标准和旧标准的多数误差、偏差的术语、定义及符号基本是相同的,仅有少数的差别,见表 16-3。新标准实施后,标注代号应按标准规定表示。新标准的各项公差与极限偏差的数值,是按公式进行计算,并按规定的圆整规则进行圆整的。在使用的时候,不需要再进行计算,而是直接查表就可以了。表 16-4 至表 16-25 列出了常用精度等级的齿轮公差的数值,供设计时使用参考。

表 16-3 GB/T 10095.1~2—2001,GB/Z 18620.1~4—2002 与 GB/T 10095—1988 术语、符号对照表

GB/T 10095.1~2—2001,GB/Z 18620.1~4—2002	GB/T 10095—1988
单个齿距偏差 f_{pt}	齿距偏差 Δf_{pt}
齿距累计偏差 F_{pk}	k 个齿距累计误差 ΔF_{pk}
齿距累计总偏差 F_P	齿距累计误差 ΔF_P
齿廓总偏差 F_α	
齿廓形状偏差 $f_{f\alpha}$	齿形误差 Δf_f
齿廓倾斜偏差 $f_{H\alpha}$	
螺旋线总偏差 F_β	齿向误差 ΔF_β
螺旋线形状偏差 $f_{f\beta}$	螺旋线波度误差 $\Delta f_{f\beta}$
螺旋线倾斜偏差 $f_{H\beta}$	
切向综合总偏差 F'_i	切向综合误差 $\Delta F'_i$
一齿切向综合偏差 f'_i	一齿切向综合误差 $\Delta f'_i$
径向综合总偏差 F''_i	径向综合总误差 $\Delta F''_i$
一齿径向综合偏差 f''_i	一齿径向综合误差 $\Delta f''_i$

（续）

GB/T 10095.1～2—2001,GB/Z 18620.1～4—2002	GB/T 10095—1988
径向跳动 F_r	齿圈径向跳动 ΔF_r 公法线长度变动 ΔF_w 基节偏差 Δf_{pb} 接触线误差 ΔF_b 轴向齿距偏差 ΔF_{px}
齿厚允许的上偏差 E_{sns}	齿厚上偏差 E_{ss}
齿厚允许的下偏差 E_{sni}	齿厚下偏差 E_{si}
法向侧隙 j_{bn}	法向侧隙 j_n
中心距偏差	中心距极限偏差 Δf_a
轴线平面内的平行度偏差 $f_{\Sigma\delta}$	X 方向轴线的平行度误差 Δf_x
垂直平面上的平行度偏差 $f_{\Sigma\beta}$	Y 方向轴线的平行度误差 Δf_y
齿轮接触斑点	接触斑点
	公法线平均长度偏差 ΔE_W

表 16-4　齿坯公差

齿轮精度等级①		1	2	3	4	5	6	7	8	9	10	11	12
孔	尺寸公差	IT4	IT4	IT4	IT4	IT5	IT6	IT7		IT8		IT8	
	形状公差	IT1	IT2	IT3									
轴	尺寸公差	IT4	IT4	IT4	IT4	IT5		IT6		IT7		IT8	
	形状公差	IT1	IT2	IT3									
顶圆直径②		IT6		IT7			IT8			IT9		IT11	

齿坯基准面径向圆跳动和端面圆跳动　（μm）

分度圆直径（mm）		精度等级					分度圆直径（mm）		精度等级				
大于	到	1 和 2	3 和 4	5 和 6	7 和 8	9～12	大于	到	1 和 2	3 和 4	5 和 6	7 和 8	9～12
—	125	2.8	7	11	18	28	800	1600	7	18	28	45	71
125	400	3.6	9	14	22	36	1600	2500	10	25	40	63	100
400	800	5	12	20	32	50	2500	4000	16	40	63	100	160

注：① 当三个公差组的精度等级不同时，按最高的精度等级确定公差值；

② 若顶圆不做测量齿厚的基准，尺寸公差按 IT11 给定，但不大于 0.1mm。（IT11 查表“标准公差数值”。）

表 16-5 常用的圆柱齿轮和齿轮副检验项目

项目		精度等级	
		7~8	9
公差组	Ⅰ	F_r 与 F_w	
	Ⅱ	f_f 与 $\pm f_{pb}$ 或 f_f 与 $\pm f_{pt}$，$\pm f_{ab}$ 与 $\pm f_{pt}$	
	Ⅲ	接触斑点 或 F_β	
齿轮副	对齿轮	E_w 或 E_s	
	对传动	接触斑点，$\pm f_a$	
	对箱体	f_a，F_r	
齿轮毛坯公差		顶圆直径公差，基准面的径向跳动公差，基准面的端面跳动公差	

表 16-6 径向跳动公差（F_r）值（摘自 GB 10095.2—2001） （单位：μm）

分度圆直径 d(mm)		法向模数 (mm)	精度等级											
大于	到		0	1	2	3	4	5	6	7	8	9	10	11	12
5	20	0.5~2.0	1.5	2.5	3.0	4.5	6.5	9.0	13.0	18.0	25.0	36.0	51.0	72.0	102.0
		2.0~3.5	1.5	2.5	3.5	4.5	6.5	9.5	13.0	19.0	27.0	38.0	53.0	75.0	106.0
20	50	0.5~2.0	2.0	3.0	4.0	5.5	8.0	11.0	16.0	23.0	32.0	46.0	65.0	92.0	130.0
		2.0~3.5	2.0	3.0	4.0	6.0	8.5	12.0	17.0	24.0	34.0	47.0	64.0	95.0	134.0
		3.5~6.0	2.0	3.0	4.5	6.0	8.5	12.0	17.0	25.0	35.0	49.0	70.0	99.0	139.0
		6.0~10	2.5	3.5	4.5	6.5	9.5	13.0	19.0	26.0	37.0	52.0	74.0	105.0	148.0
50	125	0.5~2.0	2.5	3.5	5.0	7.5	10.0	15.0	21.0	29.0	42.0	59.0	83.0	118.0	167.0
		2.0~3.5	2.5	4.0	5.5	7.5	11.0	15.0	21.0	30.0	43.0	61.0	86.0	121.0	171.0
		3.5~6.0	3.0	4.0	5.5	8.0	11.0	16.0	22.0	31.0	44.0	62.0	88.0	125.0	176.0
		6.0~10	3.0	4.0	6.0	8.0	12.0	16.0	23.0	33.0	46.0	65.0	92.0	131.0	185.0
125	280	0.5~2.0	3.5	5.0	7.0	10.0	14.0	20.0	28.0	39.0	55.0	78.0	110.0	156.0	221.0
		2.0~3.5	3.5	5.0	7.0	10.0	14.0	20.0	28.0	40.0	56.0	80.0	113.0	159.0	225.0
		3.5~6.0	3.5	5.0	7.0	10.0	14.0	20.0	29.0	41.0	58.0	82.0	115.0	163.0	231.0
		6.0~10	3.5	5.5	7.5	11.0	15.0	21.0	30.0	42.0	60.0	85.0	120.0	169.0	239.0
280	560	0.5~2.0	4.5	6.5	9.0	13.0	18.0	26.0	36.0	51.0	73.0	103.0	146.0	206.0	291.0
		2.0~3.5	4.5	6.5	9.0	13.0	18.0	26.0	37.0	52.0	74.0	105.0	148.0	209.0	296.0
		3.5~6.0	4.5	6.5	9.5	13.0	19.0	27.0	38.0	53.0	75.0	106.0	150.0	213.0	301.0
		6.0~10	5.0	7.0	9.5	14.0	19.0	27.0	39.0	55.0	77.0	109.0	155.0	219.0	310.0
560	1000	0.5~2.0	6.0	8.5	12.0	17.0	23.0	33.0	47.0	66.0	94.0	133.0	188.0	266.0	376.0
		2.0~3.5	6.0	8.5	12.0	17.0	24.0	34.0	48.0	67.0	95.0	134.0	190.0	269.0	380.0
		3.5~6.0	6.0	8.5	12.0	17.0	24.0	34.0	48.0	68.0	96.0	136.0	193.0	272.0	385.0
		6.0~10	6.0	8.5	12.0	17.0	25.0	35.0	49.0	70.0	98.0	139.0	197.0	279.0	394.0

表 16-7　一齿径向综合公差 f_i'' 值（摘自 GB 10095.2—2001）　　　（单位：μm）

分度圆直径 d(mm)	法向模数	精度等级								
		4	5	6	7	8	9	10	11	12
5≤d≤20	>0.2~0.5	1.0	2.0	2.5	3.5	5.0	7.0	10	14	20
	>0.5~0.8	2.0	2.5	4.0	5.5	7.5	11	15	22	31
	>0.8~1.0	2.5	3.5	5.0	7.0	10	14	20	28	39
	>1.0~1.5	3.0	4.5	6.5	9.0	13	18	25	36	50
	>1.5~2.5	4.5	6.5	9.5	13	19	26	37	53	74
	>2.5~4.0	7.0	10	14	20	29	41	58	82	115
20<d≤50	>0.2~0.5	1.5	2.0	2.5	3.5	5.0	7.0	10	14	20
	>0.5~0.8	2.0	2.5	4.0	5.5	7.5	11	15	22	31
	>0.8~1.0	2.5	3.5	5.0	7.0	10	14	20	28	40
	>1.0~1.5	3.0	4.5	6.5	9.0	13	18	25	36	51
	>1.5~2.5	4.5	6.5	9.5	13	19	26	37	53	75
	>2.5~4.0	7.0	10	14	20	29	41	58	82	116
	>4.0~6.0	11	15	22	31	43	61	87	123	174
	>6.0~10	17	24	34	48	67	95	135	190	269
50<d≤125	>0.2~0.5	1.5	2.0	2.5	3.5	5.0	7.5	10	15	21
	>0.5~0.8	2.0	3.0	4.0	5.5	8.0	11	16	22	31
	>0.8~1.0	2.5	3.5	5.0	7.0	10	14	20	28	40
	>1.0~1.5	3.0	4.5	6.5	9.0	13	18	26	36	51
	>1.5~2.5	4.5	6.5	9.5	13	19	26	37	53	75
	>2.5~4.0	7.0	10	14	20	29	41	58	82	116
	>4.0~6.0	11	15	22	31	44	62	87	123	174
	>6.0~10	17	24	34	48	67	95	135	191	269
125<d≤280	>0.2~0.5	1.5	2.0	2.5	3.5	5.5	7.5	11	15	21
	>0.5~0.8	2.0	3.0	4.0	5.5	8.0	11	16	22	32
	>0.8~1.0	2.5	3.5	5.0	7.0	10	14	20	29	41
	>1.0~1.5	3.0	4.5	6.5	9.0	13	18	26	36	52
	>1.5~2.5	4.5	6.5	9.5	13	19	27	38	53	75
	>2.5~4.0	7.5	10	15	21	29	41	58	82	116
	>4.0~6.0	11	15	22	31	44	62	87	124	175
	>6.0~10	17	24	34	48	67	95	135	191	270

(续)

分度圆直径 d(mm)	法向模数	精度等级							
		4	5	6	7	8	9	10	11	12
280<d≤560	>0.2~0.5	1.5	2.0	2.5	4.0	5.5	7.5	11	15	22
	>0.5~0.8	2.0	3.0	4.0	5.5	8.0	11	16	23	32
	>0.8~1.0	2.5	3.5	5.0	7.5	10	15	21	29	41
	>1.0~1.5	3.5	4.5	6.5	9.0	13	18	26	37	52
	>1.5~2.5	5.0	6.5	9.5	13	19	27	38	54	76
	>2.5~4.0	7.5	10	15	21	29	41	59	83	117
	>4.0~6.0	11	15	22	31	44	62	88	124	175
	>6.0~10	17	24	34	48	68	96	135	191	271
560<d≤1000	>0.2~0.5	1.5	2.0	3.0	4.0	5.5	8.0	11	16	23
	>0.5~0.8	2.0	3.0	4.0	6.0	8.5	12	17	24	33
	>0.8~1.0	2.5	3.5	5.5	7.5	11	15	21	30	42
	>1.0~1.5	3.5	4.5	6.5	9.5	13	19	27	38	53
	>1.5~2.5	5.0	7.0	9.5	14	19	27	38	54	77
	>2.5~4.0	7.5	10	15	21	30	42	59	83	118
	>4.0~6.0	11	16	22	31	44	62	88	125	176
	>6.0~10	17	24	34	48	68	96	136	192	272

表 16-8 齿形公差(F_f)值(摘自 GB 10095—1988)　　　　　　　　(单位:μm)

分度圆直径(mm)		法向模数(mm)	精度等级					
大于	到		5	6	7	8	9	10
—	125	1~3.5	6	8	11	14	22	36
		>3.5~6.3	7	10	14	20	32	50
		>6.3~10	8	12	17	22	36	56
125	400	1~3.5	7	9	13	18	28	45
		>3.5~6.3	8	11	16	22	36	56
		>6.3~10	9	13	19	28	45	71
		>10~16	11	16	22	32	50	80
400	800	1~3.5	9	12	17	25	40	63
		>3.5~6.3	10	14	20	28	45	71
		>6.3~10	11	16	24	36	56	90
		>10~16	13	18	26	40	63	100

（续）

分度圆直径(mm)		法向模数(mm)	精度等级					
大于	到		5	6	7	8	9	10
800	1600	1～3.5	11	17	24	36	56	90
		＞3.5～6.3	13	18	28	40	63	100
		＞6.3～10	14	20	30	45	71	112
		＞10～16	15	22	34	50	80	125

表 16-9 齿廓总公差(F_a)(摘自 GB 10095.2—2001) (单位:μm)

分度圆直径 d(mm)	模数 m(mm)	精度等级												
		0	1	2	3	4	5	6	7	8	9	10	11	12
$5 \leqslant d \leqslant 20$	$0.5 \leqslant m \leqslant 2$	0.8	1.1	1.6	2.3	3.2	4.6	6.5	9	13	18	26	37	52
	$2 < m \leqslant 3.5$	1.2	1.7	2.3	3.3	4.7	6.5	9.5	13	19	26	37	53	75
$20 < d \leqslant 50$	$0.5 \leqslant m \leqslant 2$	0.9	1.3	1.8	2.6	3.6	5	7.5	10	15	21	29	41	58
	$2 < m \leqslant 3.5$	1.3	1.8	2.5	3.6	5	7	10	14	20	29	40	57	81
	$3.5 < m \leqslant 6$	1.6	2.2	3.1	4.4	6	9	12	18	25	35	50	70	99
	$6 < m \leqslant 10$	1.9	2.7	3.8	5.5	7.5	11	15	22	31	43	61	87	123
$50 < d \leqslant 125$	$0.5 \leqslant m \leqslant 2$	1	1.5	2.1	2.9	4.1	6	8.5	12	17	23	33	47	66
	$2 < m \leqslant 3.5$	1.4	2	2.8	3.9	5.5	8	11	16	22	31	44	63	89
	$3.5 < m \leqslant 6$	1.7	2.4	3.4	4.8	6.5	9.5	13	19	27	38	54	76	108
	$6 < m \leqslant 10$	2	2.9	4.1	6	8	12	16	23	33	46	65	92	131
	$10 < m \leqslant 16$	2.5	3.5	5	7	10	14	20	28	40	56	79	112	159
	$16 < m \leqslant 25$	3	4.2	6	8.5	12	17	24	34	48	68	96	136	192
$125 < d \leqslant 280$	$0.5 \leqslant m \leqslant 2$	1.2	1.7	2.4	3.5	4.9	7	10	14	20	28	39	55	78
	$2 < m \leqslant 3.5$	1.6	2.2	3.2	4.5	6.5	9	13	18	25	36	50	71	101
	$3.5 < m \leqslant 6$	1.9	2.6	3.7	5.5	7.5	11	15	21	30	42	60	84	119
	$6 < m \leqslant 10$	2.2	3.2	4.5	6.5	9	13	18	25	36	50	71	101	143
	$10 < m \leqslant 16$	2.7	3.8	5.5	7.5	11	15	21	30	43	60	85	121	171
	$16 < m \leqslant 25$	3.2	4.5	6.5	9	13	18	25	36	51	72	102	144	204
	$25 < m \leqslant 40$	3.8	5.5	7.5	11	15	22	31	43	61	87	123	174	246
$280 < d \leqslant 560$	$0.5 \leqslant m \leqslant 2$	1.5	2.1	2.9	4.1	6	8.5	12	17	23	33	47	66	94
	$2 < m \leqslant 3.5$	1.8	2.6	3.6	5	7.5	10	15	21	29	41	58	82	116
	$3.5 < m \leqslant 6$	2.1	3	4.2	6	8.5	12	17	24	34	48	67	95	135
	$6 < m \leqslant 10$	2.5	3.5	4.9	7	10	14	20	28	40	56	79	112	158

(续)

分度圆直径 d(mm)	模数 m(mm)	精度等级												
		0	1	2	3	4	5	6	7	8	9	10	11	12
280<d≤560	10<m≤16	2.9	4.1	6	8	12	16	23	33	47	66	93	132	186
	16<m≤25	3.4	4.8	7	9.5	14	19	27	39	55	78	110	155	219
	25<m≤40	4.1	6	8	12	16	23	33	46	65	92	131	185	261
	40<m≤70	5	7	10	14	20	28	40	57	80	113	160	227	321
560<d≤1000	0.5≤m≤2	1.8	2.5	3.5	5	7	10	14	20	28	40	56	79	112
	2<m≤3.5	2.1	3	4.2	6	8.5	12	17	24	34	48	67	95	135
	3.5<m≤6	2.4	3.4	4.8	7	9.5	14	19	27	38	54	77	109	154
	6<m≤10	2.8	3.9	5.5	8	11	16	22	31	44	62	88	125	177
	10<m≤16	3.2	4.5	6.5	9	13	18	26	36	51	72	102	145	205
	16<m≤25	3.7	5.5	7.5	11	15	21	30	42	59	84	119	168	238
	25<m≤40	4.4	6	8.5	12	17	25	35	49	70	99	140	198	280
	40<m≤70	5.5	7.5	11	15	21	30	42	60	85	120	170	240	339

表 16-10 齿廓形状偏差 f_{fa}（摘自 GB 10095.1—2001）　　　　（单位：μm）

分度圆直径 d(mm)	模数 m(mm)	精度等级												
		0	1	2	3	4	5	6	7	8	9	10	11	12
5≤d≤20	0.5≤m≤2	0.6	0.9	1.3	1.8	2.5	3.5	5.0	7.0	10.0	14.0	20.0	28.0	40.0
	2<m≤3.5	0.9	1.3	1.8	2.6	3.6	5.0	7.0	10.0	14.0	20.0	29.0	41.0	58.0
20<d≤50	0.5≤m≤2	0.7	1.0	1.4	2.0	2.8	4.0	5.5	8.0	11.0	16.0	22.0	32.0	45.0
	2<m≤3.5	1.0	1.4	2.0	2.8	3.9	5.5	8.0	11.0	16.0	22.0	31.0	44.0	62.0
	3.5<m≤6	1.2	1.7	2.4	3.4	4.8	7.0	9.5	14.0	19.0	27.0	39.0	54.0	77.0
	6<m≤10	1.5	2.1	3.0	4.2	6.0	8.5	12.0	17.0	24.0	34.0	48.0	67.0	95.0
50<d≤125	0.5≤m≤2	0.8	1.1	1.6	2.3	3.2	4.5	6.5	9.0	13.0	18.0	26.0	36.0	51.0
	2<m≤3.5	1.1	1.5	2.1	3.0	4.3	6.0	8.5	12.0	17.0	24.0	34.0	49.0	69.0
	3.5<m≤6	1.3	1.8	2.6	3.7	5.0	7.5	10.0	15.0	21.0	29.0	42.0	59.0	83.0
	6<m≤10	1.6	2.2	3.2	4.5	6.5	9.0	13.0	18.0	25.0	36.0	51.0	72.0	101.0
	10<m≤16	1.9	2.7	3.9	5.5	7.5	11.0	15.0	22.0	31.0	44.0	62.0	87.0	123.0
	16<m≤25	2.3	3.3	4.7	6.5	9.5	13.0	19.0	26.0	37.0	53.0	75.0	106.0	149.0
125<d≤280	0.5≤m≤2	0.9	1.3	1.9	2.7	3.8	5.5	7.5	11.0	15.0	21.0	30.0	43.0	60.0
	2<m≤3.5	1.2	1.7	2.4	3.4	4.9	7.0	9.5	14.0	19.0	28.0	39.0	55.0	78.0
	3.5<m≤6	1.4	2.0	2.9	4.1	6.0	8.0	12.0	16.0	23.0	33.0	46.0	65.0	93.0

（续）

分度圆直径 d(mm)	模数 m(mm)	精度等级												
		0	1	2	3	4	5	6	7	8	9	10	11	12
$125<d\leqslant280$	$6<m\leqslant10$	1.7	2.4	3.5	4.9	7.0	10.0	14.0	20.0	28.0	39.0	55.0	78.0	111.0
	$10<m\leqslant16$	2.1	2.9	4.0	6.0	8.5	12.0	17.0	23.0	33.0	47.0	66.0	94.0	133.0
	$16<m\leqslant25$	2.5	3.5	5.0	7.0	10.0	14.0	20.0	28.0	40.0	56.0	79.0	112.0	158.0
	$25<m\leqslant40$	3.0	4.2	6.0	8.5	12.0	17.0	24.0	34.0	48.0	68.0	96.0	135.0	191.0
$280<d\leqslant560$	$0.5\leqslant m\leqslant2$	1.1	1.6	2.3	3.2	4.5	6.5	9.0	13.0	18.0	26.0	36.0	51.0	72.0
	$2<m\leqslant3.5$	1.4	2.0	2.8	4.0	5.5	8.0	11.0	16.0	22.0	32.0	45.0	64.0	90.0
	$3.5<m\leqslant6$	1.6	2.3	3.3	4.6	6.5	9.0	13.0	18.0	26.0	37.0	52.0	74.0	104.0
	$6<m\leqslant10$	1.9	2.7	3.8	5.5	7.5	11.0	15.0	22.0	31.0	43.0	61.0	87.0	123.0
	$10<m\leqslant16$	2.3	3.2	4.5	6.5	9.0	13.0	18.0	26.0	36.0	51.0	72.0	102.0	145.0
	$16<m\leqslant25$	2.7	3.8	5.5	7.5	11.0	15.0	21.0	30.0	43.0	60.0	85.0	121.0	170.0
	$25<m\leqslant40$	3.2	4.5	6.5	9.0	13.0	18.0	25.0	36.0	51.0	72.0	101.0	144.0	203.0
	$40<m\leqslant70$	3.9	5.5	8.0	11.0	16.0	22.0	31.0	44.0	62.0	88.0	125.0	177.0	250.0
$560<d\leqslant1000$	$0.5\leqslant m\leqslant2$	1.4	1.9	2.7	3.8	5.5	7.5	11.0	15.0	22.0	31.0	43.0	61.0	87.0
	$2<m\leqslant3.5$	1.6	2.3	3.3	4.6	6.5	9.0	13.0	18.0	26.0	37.0	52.0	74.0	104.0
	$3.5<m\leqslant6$	1.9	2.6	3.7	5.5	7.5	11.0	15.0	21.0	30.0	42.0	59.0	84.0	119.0
	$6<m\leqslant10$	2.1	3.0	4.3	6.0	8.5	12.0	17.0	24.0	34.0	48.0	68.0	97.0	137.0
	$10<m\leqslant16$	2.5	3.5	5.0	7.0	10.0	14.0	20.0	28.0	40.0	56.0	79.0	112.0	159.0
	$16<m\leqslant25$	2.9	4.1	6.0	8.0	12.0	16.0	23.0	33.0	46.0	65.0	92.0	131.0	185.0
	$25<m\leqslant40$	3.4	4.8	7.0	9.5	14.0	19.0	27.0	38.0	54.0	77.0	109.0	154.0	217.0
	$40<m\leqslant70$	4.1	6.0	8.5	12.0	17.0	23.0	33.0	47.0	66.0	93.0	132.0	187.0	264.0
$1000<d\leqslant1600$	$2\leqslant m\leqslant3.5$	1.9	2.7	3.8	5.5	7.5	11.0	15.5	21.0	30.0	42.0	60.0	85.0	120.0
	$3.5<m\leqslant6$	2.1	3.0	4.2	6.0	8.5	12.0	17.0	24.0	34.0	48.0	67.0	95.0	135.0
	$6<m\leqslant10$	2.4	3.4	4.8	7.0	9.5	14.0	19.0	27.0	38.0	54.0	76.0	108.0	153.0
	$10<m\leqslant16$	2.7	3.9	5.5	7.5	11.0	15.0	22.0	31.0	44.0	62.0	87.0	124.0	175.0
	$16<m\leqslant25$	3.1	4.4	6.5	9.0	13.0	18.0	25.0	35.0	50.0	71.0	100.0	142.0	201.0
	$25<m\leqslant40$	3.6	5.0	7.5	10.0	15.0	21.0	29.0	41.0	58.0	82.0	117.0	165.0	233.0
	$40<m\leqslant70$	4.4	6.0	8.5	12.0	17.0	25.0	35.0	49.0	70.0	99.0	140.0	198.0	280.0
$1600<d\leqslant2500$	$3.5\leqslant m\leqslant6$	2.4	3.4	4.8	6.5	9.5	13.0	19.0	27.0	38.0	54.0	76.0	108.0	152.0
	$6<m\leqslant10$	2.7	3.8	5.5	7.5	11.0	15.0	21.0	30.0	43.0	60.0	85.0	120.0	170.0
	$10<m\leqslant16$	3.0	4.2	6.0	8.5	12.0	17.0	24.0	34.0	48.0	68.0	96.0	136.0	192.0
	$16<m\leqslant25$	3.4	4.8	7.0	9.5	14.0	19.0	27.0	39.0	55.0	77.0	109.0	154.0	218.0
	$25<m\leqslant40$	3.9	5.5	8.0	11.0	16.0	22.0	31.0	44.0	63.0	89.0	125.0	177.0	251.0
	$40<m\leqslant70$	4.6	6.5	9.5	13.0	19.0	26.0	37.0	53.0	74.0	105.0	149.0	210.0	297.0

（续）

分度圆直径 d(mm)	模数 m(mm)	精度等级												
		0	1	2	3	4	5	6	7	8	9	10	11	12
2500<d≤4000	6≤m≤10	3.0	4.3	6.0	8.5	12.0	17.0	24.0	34.0	48.0	68.0	96.0	136.0	193.0
	10<m≤16	3.4	4.7	6.5	9.5	13.0	19.0	27.0	38.0	54.0	76.0	107.0	152.0	214.0
	16<m≤25	3.8	5.5	7.5	11.0	15.0	21.0	30.0	42.0	60.0	85.0	120.0	170.0	240.0
	25<m≤40	4.3	6.0	8.5	12.0	17.0	24.0	34.0	48.0	68.0	96.0	136.0	193.0	273.0
	40<m≤70	5.0	7.0	10.0	14.0	20.0	28.0	40.0	56.0	80.0	113.0	160.0	226.0	320.0
4000<d≤6000	6≤m≤10	3.4	4.8	7.0	9.5	14.0	19.0	27.0	39.0	55.0	77.0	109.0	155.0	219.0
	10<m≤16	3.8	5.5	7.5	11.0	15.0	21.0	30.0	43.0	60.0	85.0	120.0	170.0	241.0
	16<m≤25	4.2	6.0	8.5	12.0	17.0	24.0	33.0	47.0	67.0	94.0	133.0	189.0	267.0
	25<m≤40	4.7	6.5	9.5	13.0	19.0	26.0	37.0	53.0	75.0	106.0	150.0	212.0	299.0
	40<m≤70	5.5	7.5	11.0	15.0	22.0	31.0	43.0	61.0	87.0	122.0	173.0	245.0	346.0
6000<d≤8000	10≤m≤16	4.2	6.0	8.5	12.0	17.0	24.0	33.0	47.0	67.0	94.0	133.0	188.0	266.0
	16<m≤25	4.6	6.5	9.0	13.0	18.0	26.0	37.0	52.0	73.0	103.0	146.0	207.0	292.0
	25<m≤40	5.0	7.0	10.0	14.0	20.0	29.0	41.0	57.0	81.0	115.0	162.0	230.0	325.0
	40<m≤70	6.0	8.0	12.0	16.0	23.0	33.0	46.0	66.0	93.0	131.0	186.0	263.0	371.0
8000<d≤10000	10≤m≤16	4.5	6.5	9.0	13.0	18.0	25.0	36.0	51.0	72.0	102.0	144.0	204.0	288.0
	16<m≤25	4.9	7.0	10.0	14.0	20.0	28.0	39.0	56.0	79.0	111.0	157.0	222.0	314.0
	25<m≤40	5.5	7.5	11.0	15.0	22.0	31.0	43.0	61.0	87.0	123.0	173.0	245.0	347.0
	40<m≤70	6.0	8.5	12.0	17.0	25.0	35.0	49.0	70.0	98.0	139.0	197.0	278.0	393.0

表 16-11 齿廓倾斜偏差 $f_{H\alpha}$（摘自 GB 10095.1—2001） （单位：μm）

分度圆直径 d(mm)	模数 m(mm)	精度等级												
		0	1	2	3	4	5	6	7	8	9	10	11	12
5≤d≤20	0.5≤m≤2	0.5	0.7	1.0	1.5	2.1	2.9	4.2	6.0	8.5	12.0	17.0	24.0	33.0
	2<m≤3.5	0.7	1.0	1.5	2.1	3.0	4.2	6.0	8.5	12.0	17.0	24.0	34.0	47.0
20<d≤50	0.5≤m≤2	0.6	0.8	1.2	1.6	2.3	3.3	4.6	6.5	9.5	13.0	19.0	26.0	37.0
	2<m≤3.5	0.8	1.1	1.6	2.3	3.2	4.5	6.5	9.0	13.0	18.0	26.0	36.0	51.0
	3.5<m≤6	1.0	1.4	2.0	2.8	3.9	5.5	8.0	11.0	16.0	22.0	32.0	45.0	63.0
	6<m≤10	1.2	1.7	2.4	3.4	4.8	7.0	9.5	14.0	19.0	27.0	39.0	55.0	78.0
50<d≤125	0.5≤m≤2	0.7	0.9	1.3	1.9	2.6	3.7	5.5	7.5	11.0	15.0	21.0	30.0	42.0
	2<m≤3.5	0.9	1.2	1.8	2.5	3.5	5.0	7.0	10.0	14.0	20.0	28.0	40.0	57.0
	3.5<m≤6	1.1	1.5	2.1	3.0	4.3	6.0	8.5	12.0	17.0	24.0	34.0	48.0	68.0

（续）

分度圆直径 d(mm)	模数 m(mm)	精度等级												
		0	1	2	3	4	5	6	7	8	9	10	11	12
$50<d\leqslant 125$	$6<m\leqslant 10$	1.3	1.8	2.6	3.7	5.0	7.5	10.0	15.0	21.0	29.0	41.0	58.0	83.0
	$10<m\leqslant 16$	1.6	2.2	3.1	4.4	6.5	9.0	13.0	18.0	25.0	35.0	50.0	71.0	100.0
	$16<m\leqslant 25$	1.9	2.7	3.8	5.5	7.5	11.0	15.0	21.0	30.0	43.0	60.0	86.0	121.0
$125<d\leqslant 280$	$0.5\leqslant m\leqslant 2$	0.8	1.1	1.6	2.2	3.1	4.4	6.0	9.0	12.0	18.0	25.0	35.0	50.0
	$2<m\leqslant 3.5$	1.0	1.4	2.0	2.8	4.0	5.5	8.0	11.0	16.0	23.0	32.0	45.0	64.0
	$3.5<m\leqslant 6$	1.2	1.7	2.4	3.3	4.7	6.5	9.5	13.0	19.0	27.0	38.0	54.0	76.0
	$6<m\leqslant 10$	1.4	2.0	2.8	4.0	5.5	8.0	11.0	16.0	23.0	32.0	45.0	64.0	90.0
	$10<m\leqslant 16$	1.7	2.4	3.4	4.8	6.5	9.5	13.0	19.0	27.0	38.0	54.0	76.0	108.0
	$16<m\leqslant 25$	2.0	2.8	4.0	5.5	8.0	11.0	16.0	23.0	32.0	45.0	64.0	91.0	129.0
	$25<m\leqslant 40$	2.4	3.4	4.8	7.0	9.5	14.0	19.0	27.0	39.0	55.0	77.0	109.0	155.0
$280<d\leqslant 560$	$0.5\leqslant m\leqslant 2$	0.9	1.3	1.9	2.6	3.7	5.5	7.5	11.0	15.0	21.0	30.0	42.0	60.0
	$2<m\leqslant 3.5$	1.2	1.6	2.3	3.3	4.6	6.5	9.0	13.0	18.0	26.0	37.0	52.0	74.0
	$3.5<m\leqslant 6$	1.3	1.9	2.7	3.8	5.5	7.5	11.0	15.0	21.0	30.0	43.0	61.0	86.0
	$6<m\leqslant 10$	1.6	2.2	3.1	4.4	6.5	9.0	13.0	18.0	25.0	35.0	50.0	71.0	100.0
	$10<m\leqslant 16$	1.8	2.6	3.7	5.0	7.5	10.0	15.0	21.0	29.0	42.0	59.0	83.0	118.0
	$16<m\leqslant 25$	2.2	3.1	4.3	6.0	8.5	12.0	17.0	24.0	35.0	49.0	69.0	98.0	138.0
	$25<m\leqslant 40$	2.6	3.6	5.0	7.5	10.0	15.0	21.0	29.0	41.0	58.0	82.0	116.0	164.0
	$40<m\leqslant 70$	3.2	4.5	6.5	9.0	13.0	18.0	25.0	36.0	50.0	71.0	101.0	143.0	202.0
$560<d\leqslant 1000$	$0.5\leqslant m\leqslant 2$	1.1	1.6	2.2	3.2	4.5	6.5	9.0	13.0	18.0	25.0	36.0	51.0	72.0
	$2<m\leqslant 3.5$	1.3	1.9	2.7	3.8	5.5	7.5	11.0	15.0	21.0	30.0	43.0	61.0	86.0
	$3.5<m\leqslant 6$	1.5	2.2	3.0	4.3	6.0	8.5	12.0	17.0	24.0	34.0	49.0	69.0	97.0
	$6<m\leqslant 10$	1.7	2.5	3.5	4.9	7.0	10.0	14.0	20.0	28.0	40.0	56.0	79.0	112.0
	$10<m\leqslant 16$	2.0	2.9	4.0	5.5	8.0	11.0	16.0	23.0	32.0	46.0	65.0	92.0	129.0
	$16<m\leqslant 25$	2.3	3.3	4.7	6.5	9.5	13.0	19.0	27.0	38.0	53.0	75.0	106.0	150.0
	$25<m\leqslant 40$	2.8	3.9	5.5	8.0	11.0	16.0	22.0	31.0	44.0	62.0	88.0	125.0	176.0
	$40<m\leqslant 70$	3.3	4.7	6.5	9.5	13.0	19.0	27.0	38.0	53.0	76.0	107.0	151.0	214.0
$1000<d\leqslant 1600$	$2\leqslant m\leqslant 3.5$	1.5	2.2	3.1	4.4	6.0	8.5	12.0	17.0	25.0	35.0	49.0	70.0	99.0
	$3.5<m\leqslant 6$	1.7	2.4	3.5	4.9	7.0	10.0	14.0	20.0	28.0	39.0	55.0	78.0	110.0
	$6<m\leqslant 10$	2.0	2.8	3.9	5.5	8.0	11.0	16.0	22.0	31.0	44.0	62.0	88.0	125.0
	$10<m\leqslant 16$	2.2	3.1	4.5	6.5	9.0	13.0	18.0	25.0	36.0	50.0	71.0	101.0	142.0
	$16<m\leqslant 25$	2.5	3.6	5.0	7.0	10.0	14.0	20.0	29.0	41.0	58.0	82.0	115.0	163.0

(续)

分度圆直径 d(mm)	模数 m(mm)	精度等级											
		0	1	2	3	4	5	6	7	8	9	10	11	12
1000<d≤1600	25<m≤40	3.0	4.2	6.0	8.5	12.0	17.0	24.0	33.0	47.0	67.0	95.0	134.0	189.0
	40<m≤70	3.5	5.0	7.0	10.0	14.0	20.0	28.0	40.0	57.0	80.0	113.0	160.0	227.0
1600<d≤2500	3.5≤m≤6	2.0	2.8	3.9	5.5	8.0	11.0	16.0	22.0	31.0	44.0	62.0	88.0	125.0
	6<m≤10	2.2	3.1	4.4	6.0	8.5	12.0	17.0	25.0	35.0	49.0	70.0	99.0	139.0
	10<m≤16	2.5	3.5	4.9	7.0	10.0	14.0	20.0	28.0	39.0	55.0	78.0	111.0	157.0
	16<m≤25	2.8	3.9	5.5	8.0	11.0	16.0	22.0	31.0	44.0	63.0	89.0	126.0	178.0
	25<m≤40	3.2	4.5	6.5	9.0	13.0	18.0	25.0	36.0	51.0	72.0	102.0	144.0	204.0
	40<m≤70	3.8	5.5	7.5	11.0	15.0	21.0	30.0	43.0	60.0	85.0	121.0	170.0	241.0
2500<d≤4000	6≤m≤10	2.5	3.5	4.9	7.0	10.0	14.0	20.0	28.0	39.0	56.0	79.0	112.0	158.0
	10<m≤16	2.7	3.9	5.5	7.5	11.0	15.0	22.0	31.0	44.0	62.0	88.0	124.0	175.0
	16<m≤25	3.1	4.3	6.0	8.5	12.0	17.0	24.0	35.0	49.0	69.0	98.0	139.0	196.0
	25<m≤40	3.5	4.9	7.0	10.0	14.0	20.0	28.0	39.0	55.0	78.0	111.0	157.0	222.0
	40<m≤70	4.1	5.5	8.0	11.0	16.0	23.0	32.0	46.0	65.0	92.0	130.0	183.0	259.0
4000<d≤6000	6≤m≤10	2.8	4.0	5.5	8.0	11.0	16.0	22.0	32.0	45.0	63.0	90.0	127.0	179.0
	10<m≤16	3.1	4.4	6.0	8.5	12.0	17.0	25.0	35.0	49.0	70.0	98.0	139.0	197.0
	16<m≤25	3.4	4.8	7.0	9.5	14.0	19.0	27.0	38.0	54.0	77.0	109.0	154.0	218.0
	25<m≤40	3.8	5.5	7.5	11.0	15.0	22.0	30.0	43.0	61.0	86.0	122.0	172.0	244.0
	40<m≤70	4.4	6.0	9.0	12.0	18.0	25.0	35.0	50.0	70.0	99.0	141.0	199.0	281.0
6000<d≤8000	10≤m≤16	3.4	4.8	7.0	9.5	14.0	19.0	27.0	39.0	54.0	77.0	109.0	154.0	218.0
	16<m≤25	3.7	5.5	7.5	11.0	15.0	21.0	30.0	42.0	60.0	84.0	119.0	169.0	239.0
	25<m≤40	4.1	6.0	8.5	12.0	17.0	23.0	33.0	47.0	66.0	94.0	132.0	187.0	265.0
	40<m≤70	4.7	6.5	9.5	13.0	19.0	27.0	38.0	53.0	76.0	107.0	151.0	214.0	302.0
8000<d≤10000	10≤m≤16	3.7	5.0	7.5	10.0	15.0	21.0	29.0	42.0	59.0	83.0	118.0	167.0	236.0
	16<m≤25	4.0	5.5	8.0	11.0	16.0	23.0	32.0	45.0	64.0	91.0	128.0	181.0	257.0
	25<m≤40	4.4	6.0	9.0	12.0	18.0	25.0	35.0	50.0	71.0	100.0	141.0	200.0	283.0
	40<m≤70	5.0	7.0	10.0	14.0	20.0	28.0	40.0	57.0	80.0	113.0	160.0	226.0	320.0

表 16-12 单个齿距偏差(f_{pt})(摘自 GB 10095.1—2001) （单位：μm）

分度圆直径 d(mm)	模数 m(mm)	精度等级											
		0	1	2	3	4	5	6	7	8	9	10	11	12
5≤d≤20	0.5≤m≤2	0.8	1.2	1.7	2.3	3.3	4.7	6.5	9.5	13.0	19.0	26.0	37.0	53.0
	2<m≤3.5	0.9	1.3	1.8	2.6	3.7	5.0	7.5	10.0	15.0	21.0	29.0	41.0	59.0

（续）

分度圆直径 d(mm)	模数 m(mm)	精度等级												
		0	1	2	3	4	5	6	7	8	9	10	11	12
$20<d\leqslant50$	$0.5\leqslant m\leqslant2$	0.9	1.2	1.8	2.5	3.5	5.0	7.0	10.0	14.0	20.0	28.0	40.0	56.0
	$2<m\leqslant3.5$	1.0	1.4	1.9	2.7	3.9	5.5	7.5	11.0	15.0	22.0	31.0	44.0	62.0
	$3.5<m\leqslant6$	1.1	1.5	2.1	3.0	4.3	6.0	8.5	12.0	17.0	24.0	34.0	48.0	68.0
	$6<m\leqslant10$	1.2	1.7	2.5	3.5	4.9	7.0	10.0	14.0	20.0	28.0	40.0	56.0	79.0
$50<d\leqslant125$	$0.5\leqslant m\leqslant2$	0.9	1.3	1.9	2.7	3.8	5.5	7.5	11.0	15.0	21.0	30.0	43.0	61.0
	$2<m\leqslant3.5$	1.0	1.5	2.1	2.9	4.1	6.0	8.5	12.0	17.0	23.0	33.0	47.0	66.0
	$3.5<m\leqslant6$	1.1	1.6	2.3	3.2	4.6	6.5	9.0	13.0	18.0	26.0	36.0	52.0	73.0
	$6<m\leqslant10$	1.3	1.8	2.6	3.7	5.0	7.5	10.0	15.0	21.0	30.0	42.0	59.0	84.0
	$10<m\leqslant16$	1.6	2.2	3.1	4.4	6.5	9.0	13.0	18.0	25.0	35.0	50.0	71.0	100.0
	$16<m\leqslant25$	2.0	2.8	3.9	5.5	8.0	11.0	16.0	22.0	31.0	44.0	63.0	89.0	125.0
$125<d\leqslant280$	$0.5\leqslant m\leqslant2$	1.1	1.5	2.1	3.0	4.2	6.0	8.5	12.0	17.0	24.0	34.0	48.0	67.0
	$2<m\leqslant3.5$	1.1	1.6	2.3	3.2	4.6	6.5	9.0	13.0	18.0	26.0	36.0	51.0	73.0
	$3.5<m\leqslant6$	1.2	1.8	2.5	3.5	5.0	7.0	10.0	14.0	20.0	28.0	40.0	56.0	79.0
	$6<m\leqslant10$	1.4	2.0	2.8	4.0	5.5	8.0	11.0	16.0	23.0	32.0	45.0	64.0	90.0
	$10<m\leqslant16$	1.7	2.4	3.3	4.7	6.5	9.5	13.0	19.0	27.0	38.0	53.0	75.0	107.0
	$16<m\leqslant25$	2.1	2.9	4.1	6.0	8.0	12.0	16.0	23.0	33.0	47.0	66.0	93.0	132.0
	$25<m\leqslant40$	2.7	3.8	5.5	7.5	11.0	15.0	21.0	30.0	43.0	61.0	86.0	121.0	171.0
$280<d\leqslant560$	$0.5\leqslant m\leqslant2$	1.2	1.7	2.4	3.3	4.7	6.5	9.5	13.0	19.0	27.0	38.0	54.0	76.0
	$2<m\leqslant3.5$	1.3	1.8	2.5	3.6	5.0	7.0	10.0	14.0	20.0	29.0	41.0	57.0	81.0
	$3.5<m\leqslant6$	1.4	1.9	2.7	3.9	5.5	8.0	11.0	16.0	22.0	31.0	44.0	62.0	88.0
	$6<m\leqslant10$	1.5	2.2	3.1	4.4	6.0	8.5	12.0	17.0	25.0	35.0	49.0	70.0	99.0
	$10<m\leqslant16$	1.8	2.5	3.6	5.0	7.0	10.0	14.0	20.0	29.0	41.0	58.0	81.0	115.0
	$16<m\leqslant25$	2.2	3.1	4.4	6.0	9.0	12.0	18.0	25.0	35.0	50.0	70.0	99.0	140.0
	$25<m\leqslant40$	2.8	4.0	5.5	8.0	11.0	16.0	22.0	32.0	45.0	63.0	90.0	127.0	180.0
	$40<m\leqslant70$	3.9	5.5	8.0	11.0	16.0	22.0	31.0	45.0	63.0	89.0	126.0	178.0	252.0
$560<d\leqslant1000$	$0.5\leqslant m\leqslant2$	1.3	1.9	2.7	3.8	5.5	7.5	11.0	15.0	21.0	30.0	43.0	61.0	86.0
	$2<m\leqslant3.5$	1.4	2.0	2.9	4.0	5.5	8.0	11.0	16.0	23.0	32.0	46.0	65.0	91.0
	$3.5<m\leqslant6$	1.5	2.2	3.1	4.3	6.0	8.5	12.0	17.0	24.0	35.0	49.0	69.0	98.0
	$6<m\leqslant10$	1.7	2.4	3.4	4.8	7.0	9.5	14.0	19.0	27.0	38.0	54.0	77.0	109.0
	$10<m\leqslant16$	2.0	2.8	3.9	5.5	8.0	11.0	16.0	22.0	31.0	44.0	63.0	89.0	125.0
	$16<m\leqslant25$	2.3	3.3	4.7	6.5	9.5	13.0	19.0	27.0	38.0	53.0	75.0	106.0	150.0
	$25<m\leqslant40$	3.0	4.2	6.0	8.5	12.0	17.0	24.0	34.0	47.0	67.0	95.0	134.0	190.0
	$40<m\leqslant70$	4.1	6.0	8.0	12.0	16.0	23.0	33.0	46.0	65.0	93.0	131.0	185.0	262.0

表16-13 基节极限偏差±f_{pb}值(摘自GB 10095—1988)　　　(单位：μm)

分度圆直径 d(mm)		法向模数 m(mm)	精度等级					
大于	到		5	6	7	8	9	10
—	125	1~3.5	5	9	13	18	25	36
		>3.5~6.3	7	11	16	22	32	45
		>6.3~10	8	13	18	25	36	50
125	400	1~3.5	6	10	14	20	30	40
		>3.5~6.3	8	13	18	25	36	50
		>6.3~10	9	14	20	30	40	60
		>10~16	10	16	22	32	45	63
400	800	1~3.5	7	11	16	22	32	45
		>3.5~6.3	8	13	18	25	36	50
		>6.3~10	10	16	22	32	45	63
		>10~16	11	18	25	36	50	71
800	1600	1~3.5	8	13	18	25	36	50
		>3.5~6.3	9	14	20	30	40	60
		>6.3~10	10	16	22	32	45	67
		>10~16	11	18	25	36	50	71

表16-14 齿向公差值(ΔF_β)值(摘自GB 10095—1988)　　　(单位：μm)

有效齿宽(mm)		精度等级					
大于	到	5	6	7	8	9	10
—	40	7	9	11	18	28	45
40	100	10	12	16	25	40	63
100	160	12	16	20	32	50	80
160	250	16	19	24	38	60	105
250	400	18	24	28	45	75	120
400	630	22	28	34	55	90	140

表16-15 螺旋线总偏差(F_β)(摘自GB 10095.1—2001)　　　(单位：μm)

分度圆直径 d(mm)	齿宽 b(mm)	精度等级											
		0	1	2	3	4	5	6	7	8	9	10	11	12
5≤d≤20	4≤b≤10	1.1	1.5	2.2	3.1	4.3	6.0	8.5	12.0	17.0	24.0	35.0	49.0	69.0
	10<b≤20	1.2	1.7	2.4	3.4	4.9	7.0	9.5	14.0	19.0	28.0	39.0	55.0	78.0
	20<b≤40	1.4	2.0	2.8	3.9	5.5	8.0	11.0	16.0	22.0	31.0	45.0	63.0	89.0
	40<b≤80	1.6	2.3	3.3	4.6	6.5	9.5	13.0	19.0	26.0	37.0	52.0	74.0	105.0

（续）

分度圆直径 d(mm)	齿宽 b(mm)	精度等级												
		0	1	2	3	4	5	6	7	8	9	10	11	12
$20<d\leqslant50$	$4\leqslant b\leqslant10$	1.1	1.6	2.2	3.2	4.5	6.5	9.0	13.0	18.0	25.0	36.0	51.0	72.0
	$10<b\leqslant20$	1.3	1.8	2.5	3.6	5.0	7.0	10.0	14.0	20.0	29.0	40.0	57.0	81.0
	$20<b\leqslant40$	1.4	2.0	2.9	4.1	5.5	8.0	11.0	16.0	23.0	32.0	46.0	65.0	92.0
	$40<b\leqslant80$	1.7	2.4	3.4	4.8	6.5	9.5	13.0	19.0	27.0	38.0	54.0	76.0	107.0
	$80<b\leqslant160$	2.0	2.9	4.1	5.5	8.0	11.0	16.0	23.0	32.0	46.0	65.0	92.0	130.0
$50<d\leqslant125$	$4\leqslant b\leqslant10$	1.2	1.7	2.4	3.3	4.7	6.5	9.5	13.0	19.0	27.0	38.0	53.0	76.0
	$10<b\leqslant20$	1.3	1.9	2.6	3.7	5.5	7.5	11.0	15.0	21.0	30.0	42.0	60.0	84.0
	$20<b\leqslant40$	1.5	2.1	3.0	4.2	6.0	8.5	12.0	17.0	24.0	34.0	48.0	68.0	95.0
	$40<b\leqslant80$	1.7	2.5	3.5	4.9	7.0	10.0	14.0	20.0	28.0	39.0	56.0	79.0	111.0
	$80<b\leqslant160$	2.1	2.9	4.2	6.0	8.5	12.0	17.0	24.0	33.0	47.0	67.0	94.0	133.0
	$160<b\leqslant250$	2.5	3.5	4.9	7.0	10.0	14.0	20.0	28.0	40.0	56.0	79.0	112.0	158.0
	$250<b\leqslant400$	2.9	4.1	6.0	8.0	12.0	16.0	23.0	33.0	46.0	65.0	92.0	130.0	184.0
$125<d\leqslant280$	$4\leqslant b\leqslant10$	1.3	1.8	2.5	3.6	5.0	7.0	10.0	14.0	20.0	29.0	40.0	57.0	81.0
	$10<b\leqslant20$	1.4	2.0	2.8	4.0	5.5	8.0	11.0	16.0	22.0	32.0	45.0	63.0	90.0
	$20<b\leqslant40$	1.6	2.2	3.2	4.5	6.5	9.0	13.0	18.0	25.0	36.0	50.0	71.0	101.0
	$40<b\leqslant80$	1.8	2.6	3.6	5.0	7.5	10.0	15.0	21.0	29.0	41.0	58.0	82.0	117.0
	$80<b\leqslant160$	2.2	3.1	4.3	6.0	8.5	12.0	17.0	25.0	35.0	49.0	69.0	98.0	139.0
	$160<b\leqslant250$	2.6	3.6	5.0	7.0	10.0	14.0	20.0	29.0	41.0	58.0	82.0	116.0	164.0
	$250<b\leqslant400$	3.0	4.2	6.0	8.5	12.0	17.0	24.0	34.0	47.0	67.0	95.0	134.0	190.0
	$400<b\leqslant650$	3.5	4.9	7.0	10.0	14.0	20.0	28.0	40.0	56.0	79.0	112.0	158.0	224.0
$280<d\leqslant560$	$10\leqslant b\leqslant20$	1.5	2.1	3.0	4.3	6.0	8.5	12.0	17.0	24.0	34.0	48.0	68.0	97.0
	$20<b\leqslant40$	1.7	2.4	3.4	4.8	6.5	9.5	13.0	19.0	27.0	38.0	54.0	76.0	108.0
	$40<b\leqslant80$	1.9	2.7	3.9	5.5	7.5	11.0	15.0	22.0	31.0	44.0	62.0	87.0	124.0
	$80<b\leqslant160$	2.3	3.2	4.6	6.5	9.0	13.0	18.0	26.0	36.0	52.0	73.0	103.0	146.0
	$160<b\leqslant250$	2.7	3.8	5.5	7.5	11.0	15.0	21.0	30.0	43.0	60.0	85.0	121.0	171.0
	$250<b\leqslant400$	3.1	4.3	6.0	8.5	12.0	17.0	25.0	35.0	49.0	70.0	98.0	139.0	197.0
	$400<b\leqslant650$	3.6	5.0	7.0	10.0	14.0	20.0	29.0	41.0	58.0	82.0	115.0	163.0	231.0
	$650<b\leqslant1000$	4.3	6.0	8.5	12.0	17.0	24.0	34.0	48.0	68.0	96.0	136.0	193.0	272.0

表 16-16　螺旋线形状偏差 $f_{f\beta}$ 和螺旋线倾斜偏差 $f_{H\beta}$（摘自 GB 10095.1—2001）

（单位：μm）

分度圆直径 d(mm)	齿宽 b(mm)	精度等级												
		0	1	2	3	4	5	6	7	8	9	10	11	12
$5 \leqslant d \leqslant 20$	$4 \leqslant b \leqslant 10$	0.8	1.1	1.5	2.2	3.1	4.4	6	8.5	12	17	25	35	49
	$10 < b \leqslant 20$	0.9	1.2	1.7	2.5	3.5	4.9	7	10	14	20	28	39	56
	$20 < b \leqslant 40$	1	1.4	2	2.8	4	5.5	8	11	16	22	32	45	64
	$40 < b \leqslant 80$	1.2	1.7	2.3	3.3	4.7	6.5	9.5	13	19	26	37	53	75
$20 < d \leqslant 50$	$4 \leqslant b \leqslant 10$	0.8	1.1	1.6	2.3	3.2	4.5	6.5	9	13	18	26	36	51
	$10 < b \leqslant 20$	0.9	1.3	1.8	2.5	3.6	5	7	10	14	20	29	41	58
	$20 < b \leqslant 40$	1	1.4	2	2.9	4.1	6	8	12	16	23	33	46	65
	$40 < b \leqslant 80$	1.2	1.7	2.4	3.4	4.8	7	9.5	14	19	27	38	54	77
	$80 < b \leqslant 160$	1.4	2	2.9	4.1	6	8	12	16	23	33	46	65	93
$50 < d \leqslant 125$	$4 \leqslant b \leqslant 10$	0.8	1.2	1.7	2.4	3.4	4.8	6.5	9.5	13	19	27	38	54
	$10 < b \leqslant 20$	0.9	1.3	1.9	2.7	3.8	5.5	7.5	11	15	21	30	43	60
	$20 < b \leqslant 40$	1.1	1.5	2.1	3	4.3	6	8.5	12	17	24	34	48	68
	$40 < b \leqslant 80$	1.2	1.8	2.5	3.5	5	7	10	14	20	28	40	56	79
	$80 < b \leqslant 160$	1.5	2.1	3	4.2	6	8.5	12	17	24	34	48	67	95
	$160 < b \leqslant 250$	1.8	2.5	3.5	5	7	10	14	20	28	40	56	80	113
	$250 < b \leqslant 400$	2.1	2.9	4.1	6	8	12	16	23	33	46	66	93	132
$125 < d \leqslant 280$	$4 \leqslant b \leqslant 10$	0.9	1.3	1.8	2.5	3.6	5	7	10	14	20	29	41	58
	$10 < b \leqslant 20$	1	1.4	2	2.8	4	5.5	8	11	16	23	32	45	64
	$20 < b \leqslant 40$	1.1	1.6	2.2	3.2	4.5	6.5	9	13	18	25	36	51	72
	$40 < b \leqslant 80$	1.3	1.8	2.6	3.7	5	7.5	10	15	21	29	42	59	83
	$80 < b \leqslant 160$	1.5	2.2	3.1	4.4	6	8.5	12	17	25	35	49	70	99
	$160 < b \leqslant 250$	1.8	2.6	3.6	5	7.5	10	15	21	29	41	58	83	117
	$250 < b \leqslant 400$	2.1	3	4.2	6	8.5	12	17	24	34	48	68	96	135
	$400 < b \leqslant 650$	2.5	3.5	5	7	10	14	20	28	40	56	80	113	160
$280 < d \leqslant 560$	$10 \leqslant b \leqslant 20$	1.1	1.5	2.2	3	4.3	6	8.5	12	17	24	34	49	69
	$20 < b \leqslant 40$	1.2	1.7	2.4	3.4	4.8	7	9.5	14	19	27	38	54	77
	$40 < b \leqslant 80$	1.4	1.9	2.7	3.9	5.5	8	11	16	22	31	44	62	88
	$80 < b \leqslant 160$	1.6	2.3	3.2	4.6	6.5	9	13	18	26	37	52	73	104
	$160 < b \leqslant 250$	1.9	2.7	3.8	5.5	7.5	11	15	22	30	43	61	86	122
	$250 < b \leqslant 400$	2.2	3.1	4.4	6	9	12	18	25	35	50	70	99	140
	$400 < b \leqslant 650$	2.6	3.6	5	7.5	10	15	21	29	41	58	82	116	165
	$650 < b \leqslant 1000$	3	4.3	6	8.5	12	17	24	34	49	69	97	137	194

(续)

分度圆直径 d(mm)	齿宽 b(mm)	精度等级												
		0	1	2	3	4	5	6	7	8	9	10	11	12
560<d≤1000	10≤b≤20	1.2	1.7	2.3	3.3	4.7	6.5	9.5	13	19	26	37	53	75
	20<b≤40	1.3	1.8	2.6	3.7	5	7.5	10	15	21	29	41	58	83
	40<b≤80	1.5	2.1	2.9	4.1	6	8.5	12	17	23	33	47	66	94
	80<b≤160	1.7	2.4	3.4	4.9	7	9.5	14	19	27	39	55	78	110
	160<b≤250	2	2.8	4	5.5	8	11	16	23	32	45	64	90	128
	250<b≤400	2.3	3.2	4.6	6.5	9	13	18	26	37	52	73	103	146
	400<b≤650	2.7	3.8	5.5	7.5	11	15	21	30	43	60	85	121	171
	650<b≤1000	3.1	4.4	6.5	9	13	18	25	35	50	71	100	142	200
1000<d≤1600	20≤b≤40	1.4	2	2.8	3.9	5.5	8	11	16	22	32	45	63	89
	40<b≤80	1.6	2.2	3.1	4.4	6.5	9	13	18	25	35	50	71	100
	80<b≤160	1.8	2.6	3.6	5	7.5	10	15	21	29	41	58	82	116
	160<b≤250	2.1	3	4.2	6	8.5	12	17	24	34	47	67	95	134
	250<b≤400	2.4	3.4	4.8	6.5	9.5	13	19	27	38	54	76	108	153
	400<b≤650	2.8	3.9	5.5	8	11	16	22	31	44	63	89	125	177
	650<b≤1000	3.2	4.6	6.5	9	13	18	26	37	52	73	103	146	207
1600<d≤2500	20≤b≤40	1.5	2.1	3	4.3	6	8.5	12	17	24	34	48	68	96
	40<b≤80	1.7	2.4	3.4	4.8	6.5	9.5	13	19	27	38	54	76	108
	80<b≤160	1.9	2.7	3.9	5.5	7.5	11	15	22	31	44	62	87	124
	160<b≤250	2.2	3.1	4.4	6	9	12	18	25	35	50	71	100	141
	250<b≤400	2.3	3.5	5	7	10	14	20	28	40	57	80	113	160
	400<b≤650	2.9	4.1	6	8	12	16	23	33	46	65	92	130	184
	650<b≤1000	3.3	4.7	6.5	9.5	13	19	27	38	53	76	107	151	214
2500<d≤4000	40≤b≤80	1.8	2.6	3.6	5	7.5	10	15	21	29	41	58	83	117
	80<b≤160	2.1	2.9	4.1	6	8.5	12	17	23	33	47	66	94	133
	160<b≤250	2.4	3.3	4.7	6.5	9.5	13	19	27	38	53	75	106	150
	250<b≤400	2.6	3.7	5.5	7.5	11	15	21	30	42	60	85	120	169
	400<b≤650	3	4.3	6	8.5	12	17	24	34	48	68	97	137	193
	650<b≤1000	3.5	4.9	7	10	14	20	28	39	56	79	112	158	223
4000<d≤6000	80≤b≤160	2.2	3.2	4.5	6.5	9	13	18	25	36	51	72	101	144
	160<b≤250	2.5	3.6	5	7	10	14	20	29	40	57	81	114	161
	250<b≤400	2.8	4	5.5	8	11	16	22	32	45	64	90	127	180

(续)

分度圆直径 d(mm)	齿宽 b(mm)	精度等级											
		0	1	2	3	4	5	6	7	8	9	10	11	12
4000<d≤6000	400<b≤650	3.2	4.5	6.5	9	13	18	26	36	51	72	102	144	204
	650<b≤1000	3.7	5	7.5	10	15	21	29	41	58	83	117	165	234
6000<d≤8000	80≤b≤160	2.4	3.4	4.8	7	9.5	14	19	27	39	54	77	109	154
	160<b≤250	2.7	3.8	5.5	7.5	11	15	21	30	43	61	86	122	172
	250<b≤400	3	4.2	6	8.5	12	17	24	34	48	67	95	135	190
	400<b≤650	3.4	4.7	6.5	9.5	13	19	27	38	54	76	107	152	215
	650<b≤1000	3.8	5.5	7.5	11	15	22	31	43	61	86	122	173	244
8000<d≤10000	80≤b≤160	2.5	3.6	5	7	10	14	20	29	41	58	81	115	163
	160<b≤250	2.8	4	5.5	8	11	16	23	32	45	64	90	128	181
	250<b≤400	3.1	4.4	6	9	12	18	25	35	50	70	100	141	199
	400<b≤650	3.5	4.9	7	10	14	20	28	40	56	79	112	158	224
	650<b≤1000	4	5.5	8	11	16	22	32	45	63	90	127	179	253

表 16-17 公法线长度变动公差 F_w （单位：μm）

分度圆直径(mm)		精度等级					
大于	到	5	6	7	8	9	10
—	125	12	20	28	40	56	80
125	400	16	25	36	50	71	100
400	800	20	32	45	63	90	125
800	1600	25	40	56	80	112	160

表 16-18 齿距累计总偏差 F_P（摘自 GB/T10095.1—2001） （单位：μm）

分度圆直径 d(mm)	模数 m(mm)	精度等级											
		0	1	2	3	4	5	6	7	8	9	10	11	12
5≤d≤20	0.5≤m≤2	2	2.8	4	5.5	8	11	16	23	32	45	64	90	127
	2<m≤3.5	2.1	29	4.2	6	8.5	12	17	23	33	47	66	94	133
20<d≤50	0.5≤m≤2	2.5	3.6	5	7	10	14	20	29	41	57	81	115	162
	2<m≤3.5	2.6	3.7	5	7.5	10	15	21	30	42	59	84	119	168
	3.5<m≤6	2.7	3.9	5.5	7.5	11	15	22	31	44	62	87	123	174
	6<m≤10	2.9	4.1	6	8	12	16	23	33	46	65	93	131	185

（续）

分度圆直径 *d*(mm)	模数 *m*(mm)	精度等级												
		0	1	2	3	4	5	6	7	8	9	10	11	12
50<*d*≤125	0.5≤*m*≤2	3.3	4.6	6.5	9	13	18	26	37	52	74	104	147	208
	2<*m*≤3.5	3.3	4.7	6.5	9.5	13	19	27	38	53	76	107	151	214
	3.5<*m*≤6	3.4	4.9	7	9.5	14	19	28	39	55	78	110	156	220
	6<*m*≤10	3.6	5	7	10	14	20	29	41	58	82	116	164	231
	10<*m*≤16	3.9	5.5	7.5	11	15	22	31	44	62	88	124	175	248
	16<*m*≤25	4.3	6	8.5	12	17	24	34	48	68	96	136	193	273
125<*d*≤280	0.5≤*m*≤2	4.3	6	8.5	12	17	24	35	49	69	98	138	195	276
	2<*m*≤3.5	4.4	6	9	12	18	25	35	50	70	100	141	199	282
	3.5<*m*≤6	4.5	6.5	9	13	18	25	36	51	72	102	144	204	288
	6<*m*≤10	4.7	6.5	9.5	13	19	26	37	53	75	106	149	211	299
	10<*m*≤16	4.9	7	10	14	20	28	39	56	79	112	158	223	316
	16<*m*≤25	5.5	7.5	11	15	21	30	43	60	85	120	170	241	341
	25<*m*≤40	6	8.5	12	17	24	34	47	67	95	134	190	269	380
280<*d*≤560	0.5≤*m*≤2	5.5	8	11	16	23	32	46	64	91	129	182	257	364
	2<*m*≤3.5	6	8	12	16	23	33	46	65	92	131	185	261	370
	3.5<*m*≤6	6	8.5	12	17	24	33	47	66	94	133	188	266	376
	6<*m*≤10	6	8.5	12	17	24	34	48	68	97	137	193	274	387
	10<*m*≤16	6.5	9	13	18	25	36	50	71	101	143	202	285	404
	16<*m*≤25	6.5	9.5	13	19	27	38	54	76	107	151	214	303	428
	25<*m*≤40	7.5	10	15	21	29	41	58	83	117	165	234	331	468
	40<*m*≤70	8.5	12	17	24	34	48	68	95	135	191	270	382	540
560<*d*≤1000	0.5≤*m*≤2	7.5	10	15	21	29	41	59	83	117	166	235	332	469
	2<*m*≤3.5	7.5	10	15	21	30	42	59	84	119	168	238	336	475
	3.5<*m*≤6	7.5	11	15	21	30	43	60	85	120	170	241	341	482
	6<*m*≤10	7.5	11	15	22	31	44	62	87	123	174	246	348	492
	10<*m*≤16	8	11	16	22	32	45	64	90	127	180	254	360	509
	16<*m*≤25	8.5	12	17	24	33	47	67	94	133	189	267	378	534
	25<*m*≤40	9	13	18	25	36	51	72	101	143	203	287	405	573
	40<*m*≤70	10	14	20	29	40	57	81	114	161	228	323	457	646

(续)

分度圆直径 d(mm)	模数 m(mm)	精度等级												
		0	1	2	3	4	5	6	7	8	9	10	11	12
1000<d≤1600	2≤m≤3.5	9	13	18	26	37	52	74	105	148	209	296	418	591
	3.5<m≤6	9.5	13	19	26	37	53	75	106	149	211	299	423	598
	6<m≤10	9.5	13	19	27	38	54	76	108	152	215	304	430	608
	10<m≤16	10	14	20	28	39	55	78	111	156	221	313	442	625
	16<m≤25	10	14	20	29	41	57	81	115	163	230	325	460	650
	25<m≤40	11	15	22	30	43	61	86	122	172	244	345	488	690
	40<m≤70	12	17	24	34	48	67	95	135	190	269	381	539	762
1600<d≤2500	3.5≤m≤6	11	16	23	32	45	64	91	129	182	257	364	514	727
	6<m≤10	12	16	23	33	46	65	92	130	184	261	369	522	738
	10<m≤16	12	17	24	33	47	67	94	133	189	267	377	534	755
	16<m≤25	12	17	24	34	49	69	97	138	195	276	390	551	780
	25<m≤40	13	18	26	36	51	72	102	145	205	290	409	579	819
	40<m≤70	14	20	28	39	56	79	111	158	223	315	446	603	891
2500<d≤4000	6≤m≤10	14	20	28	40	56	80	113	159	225	318	450	637	901
	10<m≤16	14	20	29	41	57	81	115	162	229	324	459	649	917
	16<m≤25	15	21	29	42	59	83	118	167	236	333	471	666	942
	25<m≤40	15	22	31	43	61	87	123	174	245	347	491	694	982
	40<m≤70	16	23	33	47	66	93	132	186	264	373	525	745	1054
4000<d≤6000	6≤m≤10	17	24	34	48	68	97	137	194	274	387	548	775	1095
	10<m≤16	17	25	35	49	69	98	139	197	278	393	556	786	1112
	16<m≤25	18	25	36	50	71	100	142	201	284	402	568	804	1137
	25<m≤40	18	26	37	52	74	104	147	208	294	416	588	832	1176
	40<m≤70	20	28	39	55	78	110	156	221	312	441	624	883	1249
6000<d≤8000	10≤m≤16	20	29	41	57	81	115	162	230	325	459	650	919	1299
	16<m≤25	21	29	41	59	83	117	166	234	331	468	662	936	1324
	25<m≤40	21	30	43	60	85	121	170	241	341	482	682	964	1364
	40<m≤70	22	32	45	63	90	127	179	254	359	508	718	1015	1436
8000<d≤10000	10≤m≤16	23	32	46	65	91	129	182	258	365	516	730	1032	1460
	16<m≤25	23	33	46	66	93	131	186	262	371	525	742	1050	1485
	25<m≤40	24	34	48	67	95	135	191	269	381	539	762	1078	1524
	40<m≤70	25	35	50	71	100	141	200	282	399	564	798	1129	1596

表 16-19　接触斑点（摘自 GB/T 10095—1988）

接触斑点	单位	精度等级			
		6	7	8	9
按高度不小于	%	50(40)	45(35)	40(30)	30
按高度不小于	%	70	60	50	40

注：(1) 接触斑点的分布位置应趋近齿面中部，齿顶和两端部棱边处不允许接触；
(2) 括号内数值，用于轴向重合度 $\varepsilon_\beta > 0.8$ 的斜齿。

表 16-20　轴线平行度公差

x 方向轴线平行度公差 $f_x = F_\beta$	F_β 见表螺旋线总偏差 F_β 值
y 方向轴线平行度公差 $f_y = 0.5F_\beta$	

表 16-21　最小法向侧隙参考值 j_{nmin}（摘自 GB/T 10095—1988）　　（单位：μm）

中点锥距(mm)		小轮分锥角(°)		最小法向侧隙种类					
大于	到	大于	到	h	e	d	c	b	a
—	50	—	15	0	15	22	36	58	90
		15	25	0	21	33	52	84	130
		25	—	0	25	39	62	100	160
50	100	—	15	0	21	33	52	84	130
		15	25	0	25	39	62	100	160
		25	—	0	30	46	74	120	190
100	200	—	15	0	25	39	62	100	160
		15	25	0	35	54	87	140	220
		25	—	0	40	63	100	160	250
200	400	—	15	0	30	46	74	120	190
		15	25	0	46	72	115	185	290
		25	—	0	52	81	130	210	320
400	800	—	15	0	40	63	100	160	250
		15	25	0	57	89	140	230	360
		25	—	0	70	110	175	280	440
800	1600	—	15	0	52	81	130	210	320
		15	25	0	80	125	200	320	500
		25	—	0	105	165	260	420	660
1600	—	—	15	0	70	110	175	280	440
		15	25	0	125	195	310	500	780
		25	—	0	175	280	440	710	1100

注：(1) 正交齿轮副按中点锥距 R' 查表，非正交齿轮副按下式算出的 R' 查表：
$$R' = R(\sin2\delta_1 + \sin2\delta_2)/2，式中，\delta_1 与 \delta_2 为大、小轮分锥角；$$
(2) 准双曲面齿轮副按大轮中点锥距查表。

表 16-22　中心距极限偏差 ± f_a（摘自 GB/T 10095—1988）　（单位：μm）

第Ⅱ公差组精度等级		5～6	7～8	9～10
齿轮副的中心距（mm）		f_a		
大于	到	IT7	IT8	IT9
6	10	7.5	11	18
10	18	9	13.5	21.5
18	30	10.5	16.5	26
30	50	12.5	19.5	31
50	80	15	23	37
80	120	17.5	27	43.5
120	180	20	31.5	50
180	250	23	36	57.5
250	315	26	40.5	65
315	400	28.5	44.5	70
400	500	31.5	48.5	77.5
500	630	35	55	87
630	800	40	62	100
800	1000	45	70	115
1000	1250	52	82	130
1250	1600	62	97	150

表 16-23　齿厚极限偏差（摘自 GB/T 10095—1988）

$C = +1f_{pt}$	$G = -6f_{pt}$	$L = -16f_{pt}$	$R = -40f_{pt}$
$D = 0$	$H = -8f_{pt}$	$M = -20f_{pt}$	$S = -50f_{pt}$
$E = -2f_{pt}$	$J = -10f_{pt}$	$N = -25f_{pt}$	
$F = -4f_{pt}$	$K = -12f_{pt}$	$P = -32f_{pt}$	

注：对外啮合齿轮，公法线平均长度上偏差 $E_{wms} = E_{ss}\cos\alpha - 0.72F_r\sin\alpha$；
　　公法线平均长度下偏差 $E_{wmi} = E_{si}\cos\alpha + 0.72F_r\sin\alpha$；
　　公法线平均长度公差 $E_{wm} = T_s\cos\alpha - 1.44F_r\sin\alpha$。

表 16-24　齿厚极限偏差参考值　　（单位：μm）

Ⅱ组精度	法向模数（mm）	分度圆直径						
		80	80～125	125～180	180～250	250～315	315～400	400～500
6	>1～3.5	HK	JL	JL	KL	KL	LM	LM
	>3.5～6.3	GH	HJ	HK	JL	JL	KL	KL
	>6.3～10	GH	HJ	HK	HK	HK	JL	JL
	>10～16	—	—	GJ	HK	HK	HK	HK
7	>1～3.5	HK	HK	HK	HK	JL	KL	JL
	>3.5～6.3	GJ	GJ	GJ	HK	HK	HK	JL
	>6.3～10	GH	GJ	GJ	GJ	HK	HK	HK
	>10～16	—	—	GJ	GJ	GJ	HK	HK
8	>1～3.5	GJ	GJ	GJ	HK	HK	HK	HK
	>3.5～6.3	FG	GH	GJ	GJ	GJ	GJ	HK
	>6.3～10	FG	FG	FH	GH	GH	GH	GH
	>10～16	—	—	FG	FH	GH	GH	GH
9	>1～3.5	FH	GJ	GJ	GJ	GJ	HK	HK
	>3.5～6.3	FG	FG	FH	FH	GJ	GJ	GJ
	>6.3～10	FG	FG	FG	FG	FG	GH	GH
	>10～16	—	—	FG	FG	FG	FG	FG

注：(1) 本表为非标准；

(2) 本表代号是齿轮和箱体温差 25℃条件下制定的，一般不会由于发热而卡住。

表 16-25　外啮合圆柱齿轮的计算公式

名称及代号	计算公式及说明	
	直齿轮	斜齿及人字齿轮
模数 m	由强度计算或结构设计确定，并取标准值	法向模数 m_n 取标准值
		端面模数：$m_t = m_n \cos b$
分度圆螺旋角 b	$b=0$	两轮螺旋角相等，方向相反
分度圆压力角	$a=20°$	$a_n=20°$，$\tan a_t = \tan a_n / \cos b$
分度圆直径 d	$d=mz$	$d=m_t z$
标准中心距 a	$a=(d_1+d_2)/2=(z_1+z_2)m/2$	$a=(d_1+d_2)/2=(z_1+z_2)m_n/(2\cos b)$
变位后的中心距 a'	$a'=a+ym=a\cos a/\cos a'$	$a'=a+ytmt=a+ynmn=a\cos at/\cos at'$
齿根圆直径 d_f	$d_f=d-2(ha+c-xm)$	$d_f=d-2(han+cn-xnmn)$

（续）

名称及代号	计算公式及说明	
	直齿轮	斜齿及人字齿轮
啮合角 a'	情况Ⅰ：已知总变位系数(x_1+x_2)时，$\text{inv}a'=2(x_1+x_2)\tan a/(z_1+z_2)+\text{inv}a$；$\text{inv}at'=2(x_{n1}+x_{n2})\tan a_n/(z_1+z_2)+\text{inv}a_t$，求出啮合角 a'后，可求出变位后的中心距 a'	
	情况Ⅱ：已知变位后的中心距 a'时，$\cos a'=a\cos a/a'\cos at'=a\cos a_t/a'$，求出啮合角 a'后，由上式求(x_1+x_2)值，再进行分配	
中心距变动系数 y	$y=(a'-a)/m=(z_1+z_2)(\cos a/\cos a'-1)/2$	$y_n=(a'-a)/m_n$ $=(z_1+z_2)(\cos a_t/\cos a_t'-1)/(2\cos b)$ $y_t=y_n \text{con} b$
齿顶圆直径 d_a	$d_{a1}=2a'-d_{f2}-2c$	$d_{a1}=2a'-d_{f2}-2c_n$
	$d_{a2}=2a'-d_{f1}-2c$	$d_{a2}=2a'-d_{f1}-2c_n$
齿顶高 h_a	$h_a=(d_a-d)/2$	
齿根高 h_f	$h_f=(d-d_f)/2$	
齿高 h	$h=h_a+h_f$	
基圆直径 d_b	$d_b=d\cos a$	$d_b=d\cos a_t$
节圆直径 d'	$d'=d_b/\cos a'$	$d'=d_b\cos a_t$
分度圆齿距 p	$p=mp$	$p_n=m_n p$，$p_t=m_t \text{p}$
基圆齿距 p_b	$p_b=p\cos a$	$p_{bt}=p_t\cos a_t$
齿顶压力角 a_a	$a_a=\arccos(d_b/d_a)$	$a_{at}=\arccos(d_b/d_a)$
基圆螺旋角 b_b	$b_b=0$	$\tan b_b=\tan b\cos a_t$
		$\cos b_b=\cos b\cos a_n/\cos a_t$
端面重合度 e_a	$e_a=[z_1(\tan a_{a1}-\tan a')+z_2(\tan a_{a2}-\tan a')]/(2p)$	$e_a=[z_1(\tan a_{at1}-\tan a_t')+z_2(\tan aa_{t2}-\tan at')]/(2p)$
纵向重合度 e_b	$e_b=0$	$e_b=b\sin b/(m_n p)$，b 为齿轮宽度
总重合度 e_g	$e_g=e_a$	$e_g=e_a+e_b$

4．图样标注

在齿轮零件图上应标注齿轮的精度等级和齿厚极限偏差的字母代号，现举例如下：

(1) 7-6-6GM GB/T 10095—2001 表示齿轮第Ⅰ、Ⅱ、Ⅲ公差组的精度分别为 7 级、6 级、6 级，齿厚上、下偏差代号分别为 G、M。

如果 3 个公差组的精度等级相同，则只需标注的一个数字，如 7FLGB/T 10095—2001 表示齿轮第Ⅰ、Ⅱ、Ⅲ公差组的精度同为 7 级，齿厚上、下偏差代号分别为 F、L。

(2) $4\left({}^{-0.330}_{-0.405}\right)$ GB/T 10095—2001 表示齿轮第Ⅰ、Ⅱ、Ⅲ公差组的精度同为 4 级，齿厚上、下偏差值分别为−0.330mm、−0.495mm。

(3)齿轮装配图上应标注齿轮副精度等级和齿轮副的极限侧隙，如副 7-6-6 $\left({}^{+0.388}_{-0.223}\right)$GB/T

10095—2001 表示齿轮副切向综合误差精度为 7 级,切向一个齿轮副综合误差精度为 6 级,接触斑点精度为 6 级,齿轮副最小、最大圆周侧隙分别为+0.223mm、+0.388mm。

16.2 圆锥齿轮精度

GB/T11365—1989《锥齿轮和准双曲线齿轮精度》对渐开线锥齿轮及齿轮副规定了 12 个精度等级,1 级精度最高,12 级精度最低。

按照公差的特性对传动性能的影响,将锥齿轮与齿轮副的公差项目分成 3 个公差组。根据使用要求的不同,允许各公差组以不同精度等级组合,但对齿轮副中两齿轮的同一公差组,应规定同一精度等级。锥齿轮的精度应根据传动用途、使用条件、传递功率、圆周速度及其他技术要求决定。锥齿轮及齿轮副的检验项目也应根据工作要求和生产规模确定。对于 7、8、9 级精度的一般齿轮传动,推荐的检验项目见表 16-26。表 16-27 至表 16-40 列出了锥齿轮及齿轮副精度相关各项参数的推荐值,供设计者参考。

表 16-26 推荐的锥齿轮和齿轮副的检验项目

类别		锥齿轮			齿轮副			
精度等级		7	8	9	7	8	9	安装精度
公差组	I	F_p 或 F_r		F_r	$F_{i\Sigma c}''$		F_{Vj}	$\pm f_{AM}, \pm f_a, E_\Sigma$
	II	$\pm f_{pt}$			$f_{i\Sigma c}''$			
	III	接触斑点						
侧隙		E_{ss}, E_{si}			$j_{v\mu\nu}$			
齿坯公差		外径尺寸极限偏差及轴孔尺寸公差;齿坯顶锥母线跳动和基准端面跳动公差;齿坯轮冠距和顶锥角极限偏差						

注:本表不属于国标,仅供参考。

表 16-27 齿距累积公差值 （单位:μm）

L(mm)		精度等级				
大于	到	6	7	8	9	10
—	11.2	11	16	22	32	45
11.2	20	16	22	32	45	63
20	32	20	28	40	56	80
32	50	22	32	45	63	90
50	80	25	36	50	71	100
80	160	32	45	63	90	125
160	315	45	63	90	125	180
315	630	63	90	125	180	250

(续)

L(mm)		精度等级				
大于	到	6	7	8	9	10
630	1000	80	112	160	224	315
1000	1600	100	140	200	280	400
1600	2500	112	160	224	315	450

注：F_P 和 F_{PK} 按中点分度圆弧长 L 查表，查 F_P 时，取 $L=\pi d/2=\pi m_n/(2\cos\beta)$；查 F_{PK} 时，取 $L=K\pi m_n/\cos\beta$（没有特殊要求时，K 值取 z/6 或最接近的整齿数）。

表 16-28 齿圈跳动公差 F_r、齿形相对误差公差 f_c 值　　　（单位：μm）

中点分度圆直径 (mm)	中点法向模数 (mm)	F_r				f_c		
		精度等级						
		7	8	9	10	6	7	8
—	125							
		1～3.5						
		36	45	56	71	5	8	10
		>3.5～6.3						
		40	50	63	80	6	9	13
		>6.3～10						
		45	56	71	90	8	11	17
		>10～16						
		50	63	80	100	10	15	22
125	400	1～3.5	50	63	80	100	7	9	13
		>3.5～6.3	56	71	90	112	8	11	15
		>6.3～10	63	80	100	125	9	13	19
		>10～16	71	90	112	140	11	17	25
400	800	1～3.5	63	80	100	125	9	12	18
		>3.5～6.3	71	90	112	140	10	14	20
		>6.3～10	80	100	125	160	11	16	24
		>10～16	90	112	140	180	13	20	30
800	1600	1～3.5	—	—	—	—			
		>3.5～6.3	80	100	160	160	13	19	28
		>6.3～10	90	112	180	180	14	21	32
		>10～16	100	125	200	200	16	25	38

表 16-29 锥齿轮的齿距极限偏差 $\pm f_{pt}$ 值　　　（单位：μm）

中点分度圆直径(mm)		中点法向模数 (mm)	精度等级				
大于	到		6	7	8	9	10
—	125	1～3.5	10	14	20	28	40
		>3.5～6.3	13	18	25	36	50
		>6.3～10	14	20	28	40	56
		>10～16	17	24	34	48	67

(续)

中点分度圆直径(mm)		中点法向模数 (mm)	精度等级				
大于	到		6	7	8	9	10
125	400	1~3.5	11	16	22	32	45
		>3.5~6.3	14	20	28	40	56
		>6.3~10	16	22	32	45	63
		>10~16	18	25	36	50	71
400	800	1~3.5	13	18	25	36	50
		>3.5~6.3	14	20	28	40	56
		>6.3~10	18	25	36	50	71
		>10~16	20	28	40	56	80
800	1600	1~3.5	—	—	—	—	—
		>3.5~6.3	16	22	32	45	63
		>6.3~10	18	25	36	50	71
		>10~16	20	28	40	56	80

表 16-30 接触斑点

精度等级	6、7	8、9	10
沿齿长方向(%)	50~70	35~65	25~55
沿齿高方向(%)	55~75	40~70	30~60

注：(1) 对于齿面修形的齿轮，在齿面大端、小端和齿顶边缘处不允许出现接触斑点；
(2) 对于齿面不修形的齿轮，其接触斑点不小于表中的平均值。

表 16-31 齿圈轴向位移极限偏差 ±f_{AM} 值　　　　（单位：μm）

中点锥距		分锥角		6 级精度			
				中点法向模数（mm）			
大于	到	大于	到	>1~3.5	>3.5~6.3	>6.3~10	>10~16
—	50	—	20	14	8		
		20	45	12	6.7	—	—
		45	—	5	2.8		
50	100	—	20	48	26	17	13
		20	45	40	22	15	11
		45	—	17	9.5	6	4.5
100	200	—	20	105	60	38	28
		20	45	90	50	32	24
		45	—	38	21	13	10

(续)

中点锥距		分锥角		6级精度			
				中点法向模数（mm）			
大于	到	大于	到	>1~3.5	>3.5~6.3	>6.3~10	>10~16
200	400	—	20	240	130	85	60
		20	45	200	105	71	50
		45	—	85	45	30	21
400	800	—	20	530	280	180	130
		20	45	450	240	150	110
		45	—	190	100	63	45
800	1600	—	20			380	280
		20	45	—	—		240
		45	—				100

中点锥距		分锥角		7级精度			
				中点法向模数（mm）			
大于	到	大于	到	>1~3.5	>3.5~6.3	>6.3~10	>10~16
—	50	—	20	20	11		
		20	45	17	9.5	—	—
		45	—	71	4		
50	100	—	20	67	38	24	18
		20	45	56	32	21	16
		45	—	24	13	8.5	6.7
100	200	—	20	150	80	53	40
		20	45	130	71	45	34
		45	—	53	30	19	14
200	400	—	20	340	180	120	85
		20	45	280	150	100	71
		45	—	120	63	40	30
400	800	—	20	750	400	250	180
		20	45	630	340	210	160
		45	—	270	140	90	67
800	1600	—	20			560	400
		20	45	—	—		340
		45	—			—	140

（续）

| 中点锥距 || 分锥角 || 8级精度 ||||
||||| 中点法向模数（mm） ||||
大于	到	大于	到	>1~3.5	>3.5~6.3	>6.3~10	>10~16
—	50	—	20	—	16	—	—
		20	45	—	13		
		45	—	—	5.6		
50	100	—	20	95	53	34	26
		20	45	80	45	30	22
		45	—	34	17	12	9
100	200	—	20	200	120	75	56
		20	45	180	100	63	48
		45	—	75	40	26	20
200	400	—	20	480	250	170	120
		20	45	400	210	140	100
		45	—	170	90	60	42
400	800	—	20	50	560	360	260
		20	45	900	480	300	220
		45	—	380	200	125	90
800	1600	—	20	—	—	750	560
		20	45	—	—	—	480
		45	—	—	—	—	200

| 中点锥距 || 分锥角 || 9级精度 ||||
||||| 中点法向模数(mm) ||||
大于	到	大于	到	>1~3.5	>3.5~6.3	>6.3~10	>10~16
—	50	—	20	40	22	—	—
		20	45	34	19		
		45	—	14	8		
50	100	—	20	140	75	50	38
		20	45	120	63	42	30
		45	—	48	26	17	13
100	200	—	20	300	160	105	80
		20	45	260	140	90	67
		45	—	105	60	38	28

(续)

中点锥距		分锥角		9级精度			
				中点法向模数(mm)			
大于	到	大于	到	>1~3.5	>3.5~6.3	>6.3~10	>10~16
200	400	—	20	670	360	240	170
		20	45	560	300	200	150
		45	—	240	130	85	60
400	800	—	20	1500	800	500	380
		20	45	1300	670	440	300
		45	—	530	280	180	130
800	1600	—	20			1100	800
		20	45	—	—	—	670
		45	—			—	280

中点锥距		分锥角		10级精度			
				中点法向模数(mm)			
大于	到	大于	到	>1~3.5	>3.5~6.3	>6.3~10	>10~16
—	50	—	20	56	32		
		20	45	48	26	—	—
		45	—	20	11		
50	100	—	20	190	105	71	50
		20	45	160	90	60	45
		45	—	67	38	24	18
100	200	—	20	420	240	150	110
		20	45	360	190	130	95
		45	—	150	80	53	40
200	400	—	20	950	500	320	240
		20	45	800	420	280	200
		45	—	340	180	120	85
400	800	—	20	2100	1100	710	500
		20	45	1700	950	600	440
		45	—	750	400	250	180
800	1600	—	20			1500	1100
		20	45	—	—	—	950
		45	—			—	400

注：(1) 表中数值用于非修形齿轮，对修形齿轮，允许采用低一级的 $\pm f_{AM}$；

(2) 表中数值用于 $\alpha=20°$ 的齿轮，当 $\alpha\neq20°$ 时，表中数值乘以 $\sin20°/\sin\alpha$。

表 16-32　轴间距极限偏差 $\pm f_a$ 值　（单位：μm）

中点锥距(mm)	精度等级				
	6	7	8	9	10
≤50	12	18	28	36	67
>50～100	15	20	30	45	75
>100～200	18	25	36	55	90
>200～400	25	30	45	75	120
>400～800	30	36	60	90	150
>800～1600	40	50	85	130	200
>1600	56	67	100	160	280

注：(1) 表中数值用于无纵向修形的齿轮副，对纵向修形的齿轮副允许采用低一级的 $\pm f_a$ 值；

(2) 对准双曲面齿轮副，按大轮中点锥距查表。

表 16-33　轴交角极限偏差 $\pm E_\Sigma$　（单位：μm）

中点锥距(mm)		小轮分锥角(°)		最小法向侧隙种类				
大于	到	大于	到	*h*、*e*	*d*	*c*	*b*	*a*
—	50	—	15	7.5	11	18	30	45
		15	25	10	16	26	42	63
		25	—	12	19	30	50	80
50	100	—	15	10	16	26	42	63
		15	25	12	19	30	50	80
		25	—	15	22	32	60	95
100	200	—	15	12	19	30	50	80
		15	25	17	26	45	71	110
		25	—	20	32	50	80	125
200	400	—	15	15	22	32	60	95
		15	25	24	36	56	90	140
		25	—	26	40	63	100	160
400	800	—	15	20	32	50	80	125
		15	25	28	45	71	110	180
		25	—	34	56	85	140	220
800	1600	—	15	26	40	63	100	160
		15	25	40	63	100	160	250
		25	—	53	85	130	210	320

（续）

中点锥距(mm)		小轮分锥角(°)		最小法向侧隙种类				
大于	到	大于	到	h、e	d	c	b	a
1600	—	—	15	34	66	85	140	222
		15	25	63	95	160	250	380
		25	—	85	140	220	340	530

注：(1) $\pm E_{\Sigma}$ 的公差带位置相对于零线可以不对称或取在一侧；

(2) 准双曲面齿轮副按大轮中点锥距查表；

(3) 表中数值用于正交齿轮副，对非正交齿轮副的±ES 值不按本表查取，规定为 $\pm j_{nmin}/2$；

(4) 表中数值用于 $\alpha=20°$ 的齿轮副，当 $\alpha \neq 20°$ 时，表中的 $\pm E_{\Sigma}$ 值乘以 $\sin20°/\sin\alpha$。

表 16-34　齿厚上偏差 E_{SS} 值　　（单位：μm）

	中点法面	中点分度圆直径(mm)											
	模数(mm)	≤125			>125～400			>400～800			>800～1600		
		分锥角(°)											
		≤20	>20～45	>45	≤20	>20～45	>45	≤20	>20～45	>45	≤20	>20～45	>45
基本值	1～3.5	−20	−20	−22	−28	−32	−30	−36	−50	−45	—	—	—
	>3.5～6.3	−22	−22	−25	−32	−32	−30	−38	−55	−45	−75	−85	−80
	>6.3～10	−25	−25	−28	−36	−36	−34	−40	−55	−50	−80	−90	−85
	>10～16	−28	−28	−30	−36	−38	−36	−48	−60	−55	−80	−100	−85

	最小法向	第Ⅱ公差组精度等级						
	侧隙种类	4～6	7	8	9	10	11	12
系数	h	0.9	1	—	—	—	—	—
	e	1.45	1.6	—	—	—	—	—
	d	1.8	2	2.2	—	—	—	—
	c	2.4	2.7	3	3.2	—	—	—
	b	3.4	3.8	4.2	4.6	4.9	—	—
	a	5	5.5	6	6.6	7	7.8	9

注：(1) 各最小法向侧隙种类和各精度等级齿轮的 E_{SS} 值，由基本值栏查出的数值乘以系数得出；

(2) 当轴交角公差带相对零线不对称时，$E_{\Sigma S}$ 数值修正如下：增大轴交角上偏差时，E_{SS} 加上 $(E_{\Sigma S}-|E_{\Sigma}|)\mathrm{tg}\alpha$；减小轴交角上偏差时，$E_{SS}$ 减去 $(E_{\Sigma i}-|E_{\Sigma}|)\tan\alpha$，式中，$E_{\Sigma S}$ 为修改后的轴交角上偏差；$E_{\Sigma i}$ 为修改后的轴交角下偏差；E_{Σ} 为轴交角上极限偏差（查表）；α—齿形角；

(3) 允许把大、小轮齿厚上偏差（E_{SS1} · E_{SS2}）之和，重新分配在两个齿轮上。

表 16-35　最大法向侧隙(j_{nmax})的制造误差补偿部分 $E_{s\Delta}$ 值　　(单位:μm)

第Ⅱ公差组精度等级	中点法向模数(mm)	精度等级											
		≤125			>125~400			>400~800			>800~1600		
		分锥角(°)											
		≤20	20~45	>45	≤20	20~45	>45	≤20	20~45	>45	≤20	20~45	>45
4~6	≥1~3.5	18	18	20	25	28	28	32	45	40	—	—	—
	>3.5~6.3	20	20	22	28	28	28	34	50	40	67	75	72
	>6.3~10	22	22	25	32	32	30	36	50	45	72	80	75
	>10~16	25	25	28	32	34	32	45	55	50	72	90	75
	>16~25	—	—	—	36	36	36	45	56	45	72	90	85
7	≥1~3.5	20	20	22	28	32	30	36	50	45	—	—	—
	>3.5~6.3	22	22	25	32	32	30	38	55	45	75	85	80
	>6.3~10	25	25	28	36	36	34	40	55	50	80	90	85
	>10~16	28	28	30	36	38	36	48	60	55	80	100	85
	>16~25	—	—	—	40	40	40	50	65	60	80	100	95
8	≥1~3.5	22	22	24	30	36	32	40	55	50	—	—	—
	>3.5~6.3	24	24	28	36	36	32	42	60	50	80	90	85
	>6.3~10	28	28	30	40	40	38	45	60	55	85	100	95
	>10~16	30	30	32	40	42	40	55	65	60	85	110	95
	>16~25	—	—	—	45	45	45	55	72	65	85	110	105
9	≥1~3.5	24	24	25	32	38	36	45	65	55	—	—	—
	>3.5~6.3	25	25	30	48	48	36	45	65	55	90	100	95
	>6.3~10	30	30	32	45	45	40	48	65	60	95	110	100
	>10~16	32	32	36	45	45	45	48	70	65	95	120	100
	>16~25	—	—	—	48	48	48	60	75	70	95	120	115
10	≥1~3.5	25	25	28	36	42	40	48	65	60	—	—	—
	>3.5~6.3	28	28	32	42	42	40	50	70	60	95	110	105
	>6.3~10	32	32	36	48	48	45	50	70	65	105	115	110
	>10~16	36	36	40	48	50	48	60	80	70	105	130	110
	>16~25	—	—	—	50	50	50	65	85	80	105	130	125
11	≥1~3.5	30	30	32	40	45	45	50	70	65	—	—	—
	>3.5~6.3	32	32	36	45	45	45	55	80	65	110	125	115
	>6.3~10	36	36	40	50	50	50	60	80	70	115	130	125
	>10~16	40	40	45	50	55	50	70	85	80	115	145	125
	>16~25	—	—	—	60	60	60	70	95	85	115	145	140

表 16-36 最小法向侧隙 j_{nmin} 值　　　　　　　　　　（单位：μm）

中点锥距(mm)		小轮分锥角(°)		最小法向侧隙种类					
大于	到	大于	到	h	e	d	c	b	a
—	50	—	15	0	15	22	36	58	90
		15	25	0	21	33	52	84	130
		25	—	0	25	39	62	100	160
50	100	—	15	0	21	33	52	84	130
		15	25	0	25	39	62	100	160
		25	—	0	30	46	74	120	190
100	200	—	15	0	25	39	62	100	160
		15	25	0	35	54	87	140	220
		25	—	0	40	63	100	160	250
200	400	—	15	0	30	46	74	120	190
		15	25	0	46	72	115	185	290
		25	—	0	52	81	130	210	320
400	800	—	15	0	40	63	100	160	250
		15	25	0	57	89	140	230	360
		25	—	0	70	110	175	280	440
800	1600	—	15	0	52	81	130	210	320
		15	25	0	80	125	200	320	500
		25	—	0	105	165	260	420	660
1600	—	—	15	0	70	110	175	280	440
		15	25	0	125	195	310	500	780
		25	—	0	175	280	440	710	1100

注：(1) 正交齿轮副按中点锥距 R' 查表，非正交齿轮副按下式算出的 R' 查表：$R'=R(\sin2\delta_1+\sin2\delta_2)/2$，式中，$\delta_1$ 与 δ_2 为大、小轮分锥角；

(2) 准双曲面齿轮副按大轮中点锥距查表。

表 16-37 齿厚公差 T_s 值　　　　　　　　　　（单位：μm）

齿圈跳动公差		最小法向侧隙种类				
大于	到	H	D	C	B	A
—	8	21	25	30	40	52
8	10	22	28	34	45	55
10	12	24	30	36	48	60
12	16	26	32	40	52	65

(续)

齿圈跳动公差		最小法向侧隙种类				
大于	到	H	D	C	B	A
16	20	28	36	45	58	75
20	25	32	42	52	65	85
25	32	38	48	60	75	95
32	40	42	55	70	85	110
40	50	50	65	80	100	130
50	60	60	75	95	120	150
60	80	70	90	110	130	180
80	100	90	110	140	170	220
100	125	110	130	170	200	260
125	160	130	160	200	250	320
160	200	160	200	260	320	400
200	250	200	250	320	380	500
250	320	240	300	400	480	630
320	400	300	380	500	600	750
400	500	380	480	600	750	950
500	630	450	500	750	950	1180

表 16-38 齿坯顶锥母线跳动和基准端面跳动公差   （单位：μm）

		大于	到	精度等级		
				6	7～8	9～10
顶锥母线跳动公差	外径(mm)	—	30	15	25	50
		30	50	20	30	60
		50	120	25	40	80
		120	250	30	50	100
		250	500	40	60	120
		500	800	50	80	150
		800	1250	60	100	200
		1250	2000	80	120	250
基准端面跳动公差	基准端面直径(mm)	—	30	6	10	15
		30	50	8	12	20
		50	120	10	15	25

(续)

基准端面跳动公差	基准端面直径(mm)	大于	到	精度等级		
				6	7~8	9~10
		120	250	12	20	30
		250	500	15	25	40
		500	800	20	30	50
		800	1250	25	40	60
		1250	2000	30	50	80

注:当3个公差组精度等级不同时,公差值按最高的精度等级查取。

表 16-39 齿坯公差

精度等级	4	5	6	7	8	9	10	11	12
轴径尺寸公差	IT4	IT5		IT6		IT7			
孔径尺寸公差	IT5	IT6		IT7		IT8			
外径尺寸极限偏差	0 −IT7	0 −IT8				0 −IT9			

注:(1) IT 为标准公差按国家标准(查表);
(2) 当3个公差组精度等级不同时,公差值按最高的精度等级查取。

表 16-40 齿坯轮冠距和顶锥角极限偏差 (单位:μm)

中点法向模数(mm)	≤1.2	>1.2~10	>10
轮冠距极限偏差(mm)	0 −50	0 −75	0 −100
顶锥角极限偏差(′)	+50 0	+8 0	+8 0

16.3 圆柱蜗杆蜗轮精度

国家标准(GB/T 10089—1988)《圆柱蜗杆、蜗轮精度》对蜗杆、蜗轮和蜗杆传动规定了12个精度等级,第1级的精度最高,第12级的精度最低,蜗杆和配对蜗轮的精度一般都取成相同的等级。

按照公差的特性对传动性能的保证作用,将蜗杆、蜗轮和蜗杆传动的公差分成3个公差组,常用的圆柱蜗杆、蜗轮和蜗杆传动的检验项目及各项目公差值推荐见表16-41~表16-51。而根据使用要求不同,允许各公差组选用不同的精度等级组合,但在同一公差组中,各项的公差与极限偏差应有相同的精度等级。

表 16-41 蜗杆传动的误差检验组

检查组序号	传动类型	精度等级	公差组					
			Ⅰ		Ⅱ		Ⅲ	
			蜗杆	蜗轮	蜗杆	蜗轮	蜗杆	蜗轮
1	固定中心距传动	5～7		ΔF_p	Δf_{px}、Δf_{fpxL}、Δf_r	Δf_{pt}	Δf_{f1}	Δf_{f2}
2	一般动力蜗杆传动	7～9		ΔF_p	Δf_{px}、Δf_{pxL}	Δf_{pt}	Δf_{f1}	Δf_{f2}
3	成批大量生产的蜗杆传动	7～9		$\Delta F''_i$	Δf_{px}、Δf_{pxL}	$\Delta f''_i$	Δf_{f1}	Δf_{f2}
4	低精度蜗杆传动	10～12		ΔF_r	Δf_{px}	Δf_{pt}	传动接触斑点	

表 16-42 蜗杆各检验项目的公差或极限偏差 （单位:μm）

代号	模数 m (mm)	精度等级											
		1	2	3	4	5	6	7	8	9	10	11	12
f_h	≥1～3.5	1.0	1.7	2.8	4.5	7.1	11	14	—	—	—	—	—
	>3.5～6.3	1.3	2.0	3.4	5.6	9	14	20	—	—	—	—	—
	>6.3～10	1.7	2.8	4.5	7.1	11	18	25	—	—	—	—	—
	>10～16	2.2	3.6	5.6	9	15	24	32	—	—	—	—	—
	>16～25	—	—	—	—	—	32	45	—	—	—	—	—
f_{hL}	≥1～3.5	2	3.4	5.6	9	14	22	32	—	—	—	—	—
	>3.5～6.3	2.6	4.2	7.1	11	17	28	40	—	—	—	—	—
	>6.3～10	3.4	5.6	9	14	22	36	50	—	—	—	—	—
	>10～16	4.5	7.1	11	18	32	45	63	—	—	—	—	—
	>16～25	—	—	—	—	—	63	90	—	—	—	—	—
f_{px}	≥1～3.5	±0.70	±1.20	±1.90	±3.00	±4.80	±7.50	±11.00	±14.00	±20.00	±28.00	±40.00	±56.00
	>3.5～6.3	±1.00	±1.40	±2.40	±3.60	±6.30	±9.00	±14.00	±20.00	±25.00	±36.00	±53.00	±75.00
	>6.3～10	±1.20	±2.00	±3.00	±4.80	±7.50	±12.00	±17.00	±25.00	±32.00	±48.00	±67.00	±90.00
	>10～16	±1.60	±2.50	±4.00	±6.30	±10.00	±16.00	±22.00	±32.00	±46.00	±63.00	±85.00	±120.00
	>16～25	—	—	—	—	—	±22.00	±32.00	±45.00	±63.00	±85.00	±120.00	±160.00
f_{pxL}	≥1～3.5	1.3	2	3.4	5.3	8.5	13	18	25	36	—	—	—
	>3.5～6.3	1.7	2.6	4	6.7	10	16	24	34	48	—	—	—
	>6.3～10	2.0	3.4	5.3	8.5	13	21	32	45	63	—	—	—
	>10～16	2.8	4.4	7.1	11	17	28	40	56	80	—	—	—
	>16～25	—	—	—	—	—	40	53	75	100	—	—	—

（续）

代号	模数 m (mm)	精度等级											
		1	2	3	4	5	6	7	8	9	10	11	12
f_{f1}	≥1～3.5	1.1	1.8	2.8	4.5	7.1	11	16	22	32	45	60	85
	>3.5～6.3	1.6	2.4	3.6	5.6	9	14	22	32	45	60	80	120
	>6.3～10	2.0	3.0	4.8	7.5	12	19	28	40	53	75	110	150
	>10～16	2.6	4.0	6.7	11	16	25	36	53	75	100	140	200
	>16～25	—	—	—	—	—	36	53	75	100	140	190	270

表 16-43　蜗轮的公差和极限偏差值　　（单位：μm）

分度圆直径 d_1(mm)	模数 m(mm)	齿圈径向跳动公差 f_r				齿距极限偏差 $\pm f_{pt}$				齿形公差 f_{f2}				蜗轮径向综合公差 f''_i			蜗轮一齿径向综合公差 f''_i		
		精度等级																	
		6	7	8	9	6	7	8	9	6	7	8	9	7	8	9	7	8	9
<125	≥1～3.5	28	40	50	63	10	14	20	28	8	11	14	22	56	71	90	20	28	36
	>3.5～6.3	36	50	63	80	13	18	25	36	10	14	20	32	71	90	112	25	36	45
	>6.3～10	40	56	71	90	14	20	28	40	12	17	22	36	80	100	125	28	40	50
>125～400	≥1～3.5	32	45	56	71	11	16	22	32	9	13	18	28	63	80	100	22	32	40
	>3.5～6.3	40	56	71	90	14	20	28	40	11	16	22	36	80	100	125	28	40	50
	>6.3～10	45	63	80	100	16	22	32	45	13	19	28	45	90	112	140	32	45	56
	>10～16	50	71	90	112	18	25	36	50	16	22	32	50	100	125	160	36	50	63
>400～800	≥1～3.5	45	63	80	100	13	18	25	36	12	17	25	40	90	112	140	25	36	45
	>3.5～6.3	50	71	90	112	14	20	28	40	14	20	28	45	100	125	160	28	40	50
	>6.3～10	56	80	100	125	19	25	36	50	16	24	36	56	112	140	180	32	45	56
	>10～16	71	100	125	160	20	28	40	56	18	26	40	63	140	190	224	40	56	71
	>16～25	90	125	160	200	25	36	50	71	24	36	56	90	180	224	280	50	71	90
>800～1600	≥1～3.5	50	71	90	112	14	20	28	40	17	24	36	56	100	125	160	28	40	50
	>3.5～6.3	56	80	100	125	16	22	32	45	18	28	40	63	112	140	180	32	45	56
	>6.3～10	63	90	112	140	18	25	36	50	20	30	45	71	125	160	200	36	50	63
	>10～16	71	100	125	160	20	28	40	56	22	34	50	80	140	180	224	40	56	71
	>16～25	90	125	160	200	25	36	50	71	28	42	63	100	180	224	280	50	71	90

表 16-44　传动接触斑点的要求和 $\pm f_a$、$\pm f_x$、$\pm f_\Sigma$ 的值　　（单位：μm）

传动中心 a(mm)	传动中心距极限偏差 $\pm f_a$				传动中心平面极限偏差 $\pm f_k$				蜗轮齿宽 b_2(mm)	传动轴交角极限偏差 $\pm f_\Sigma$			
	精度等级				精度等级					精度等级			
	6	7	8	9	6	7	8	9		6	7	8	9
>50~80	23	37		60	19	30		48	≤30	10	12	17	24
>80~120	27	44		70	22	36		56	>30~50	11	14	19	28
>120~180	32	50		80	27	40		64	>50~80	13	16	22	32
>180~250	36	58		92	29	47		74	>80~120	15	19	24	36
>250~315	40	65		105	32	52		85	>120~180	17	22	28	42
>315~400	45	70		115	36	56		92	>180~250	20	25	32	48
>400~500	50	78		125	40	63		100	>250	22	28	36	53
>500~630	55	87		140	44	70		112					
>630~800	62	100		160	50	80		130					
>800~1000	70	115		180	56	92		145					

表 16-45　传动接触斑点的要求

精度 等级	接触面积的百分比(%)		接触形状	接触位置
	沿齿高 不小于	沿齿长 不小于		
5 和 6	65	60	接触斑点在齿高方向无断缺，不允许成带状条纹	接触斑点痕迹的分布位置趋近齿面中部，允许略偏于啮入端。在齿顶和啮入、啮出端的棱边处不允许接触
7 和 8	55	50	不做要求	接触斑点痕迹应偏于啮出端，但不允许在齿顶和啮入、啮出端的棱边接触
9 和 10	45	40		

注：采用修形齿面的蜗杆传动，接触斑点的要求可以不受本标准规定的限制。

表 16-46　传动的最小法向侧隙 j_{nmin} 值　　（单位：μm）

传动中心距 a (mm)	侧隙种类							
	h	g	f	e	d	c	b	a
≤30	0	9	13	21	33	52	84	130
>30~50	0	11	16	25	39	62	100	160
>50~80	0	13	19	30	46	74	120	190
>80~120	0	15	22	35	54	87	140	220
>120~180	0	18	25	40	63	100	160	250

（续）

传动中心距 a（mm）	侧隙种类							
	h	g	f	e	d	c	b	a
＞180～250	0	20	29	46	72	115	185	290
＞250～315	0	23	32	52	81	130	210	320
＞315～400	0	25	36	57	89	140	230	360
＞400～500	0	27	40	63	97	155	250	400
＞500～630	0	30	44	70	110	175	280	440
＞630～800	0	35	50	80	125	200	320	500
＞800～1000	0	40	56	90	140	230	360	560
＞1000～1250	0	46	66	105	165	260	420	660
＞1250～1600	0	54	78	125	195	310	500	780

注：传动的最小圆周侧隙 ，$j_{tmin} \approx j_{nmin}/(\cos r' \cos \alpha_n)$，式中，$r'$ 为蜗杆节圆柱导程角，α_n 为蜗杆法向齿形角。

表 16-47　蜗杆齿厚公差 T_{s1} 和蜗轮齿厚公差 T_{s2} 值　　（单位：μm）

蜗杆齿厚公差 T_{s1}							蜗轮齿厚公差 T_{s1}					
分度圆直径 d_2(mm)	模数 m (mm)	精度等级					模数 m (mm)	精度等级				
		6	7	8	9	10		6	7	8	9	10
≤125	1～3.5	71	90	110	130	160	1～3.5	36	45	53	67	95
	＞3.5～6.3	85	110	130	160	190						
	＞6.3～10	90	120	140	170	210	＞3.5～6.3	45	56	71	90	130
＞125～400	1～3.5	80	100	120	140	170	＞6.3～10	60	71	90	110	160
	＞3.5～6.3	90	120	140	170	210						
	＞6.3～10	100	130	160	190	230	＞10～16	80	95	120	150	210
	＞10～16	110	140	170	210	260	＞16～25	110	130	160	200	280
	＞16～25	130	170	210	260	320						
＞400～800	1～3.5	85	110	130	160	190						
	＞3.5～6.3	90	120	140	170	210						
	＞6.3～10	100	130	160	190	230						
	＞10～16	120	160	190	230	290						
	＞16～25	140	190	230	290	350						
＞800～1600	1～3.5	90	120	140	170	210						
	＞3.5～6.3	100	130	160	190	230						
	＞6.3～10	110	140	170	210	260						
	＞10～16	120	160	190	230	290						
	＞16～25	140	190	230	290	350						

注：(1) 精度等级分别按蜗轮、蜗杆第Ⅱ公差组确定；

(2) 在最小法向侧隙能保证的条件下，T_{s2} 公差带允许采用对称分布；

(3) 对传动最大法向侧隙 j_{nmax} 无要求时，允许蜗杆齿厚公有效期 T_{s1} 增大，最大不超过两倍。

表 16-48　蜗杆齿厚上偏差（E_{ss_1}）中的误差补偿部分 $E_{s\triangle}$ 的值　　（单位：μm）

精度等级	模数 m (mm)	传动中心距(mm)													
		≤30	>30~50	>50~80	>80~120	>120~180	>180~250	>250~315	>315~400	>400~500	>500~630	>630~800	>800~1000	>1000~1250	>1250~1600
6	1~3.5	30	30	32	36	40	45	48	50	56	60	65	75	85	100
	>3.5~6.3	32	36	38	40	45	48	50	56	60	63	70	75	90	100
	>6.3~10	42	45	45	48	50	52	56	60	63	68	75	80	90	105
	>10~16	—	—	—	58	60	63	65	68	71	75	80	85	95	110
	>16~25	—	—	—	—	75	78	80	85	85	90	95	100	110	120
7	1~3.5	45	48	50	56	60	71	75	80	85	95	105	120	135	160
	>3.5~6.3	50	56	58	63	68	75	80	85	90	100	110	125	140	160
	>6.3~10	60	63	65	71	75	80	85	90	95	105	115	130	140	165
	>10~16	—	—	—	80	85	90	95	100	105	110	125	135	150	170
	>16~25	—	—	—	—	115	120	120	125	130	135	145	155	165	185
8	1~3.5	50	56	58	63	68	75	80	85	90	100	110	125	140	160
	>3.5~6.3	68	71	75	78	80	85	90	95	100	110	120	130	145	170
	>6.3~10	80	85	90	90	95	100	100	105	110	120	130	140	150	175
	>10~16	—	—	—	110	115	115	120	125	130	135	140	155	165	185
	>16~25	—	—	—	—	150	155	155	160	160	170	175	180	190	210
9	1~3.5	75	80	90	95	100	110	120	130	140	155	170	190	220	260
	>3.5~6.3	90	95	100	105	110	120	130	140	150	160	180	200	225	260
	>6.3~10	110	115	120	125	130	140	145	155	160	170	190	210	235	270
	>10~16	—	—	—	160	165	170	180	185	190	200	220	230	255	290

（续）

精度等级	模数m (mm)	传动中心距(mm)													
		≤30	>30 ~50	>50 ~80	>80 ~120	>120 ~180	>180 ~250	>250 ~315	>315 ~400	>400 ~500	>500 ~630	>630 ~800	>800 ~1000	>1000 ~1250	>1250 ~1600
9	>16 ~25	—	—	—	—	215	220	225	230	235	245	255	270	290	320
10	1~ 3.5	100	105	110	115	120	130	140	145	155	165	185	200	230	270
	>3.5 ~6.3	120	125	130	135	140	145	155	160	170	180	200	210	240	280
	>6.3 ~10	155	160	165	170	175	180	185	190	200	205	220	240	260	290
	>10 ~16	—	—	—	210	215	220	225	230	235	240	260	270	290	320
	>16 ~25	—	—	—	—	280	285	290	295	300	305	310	320	340	370

注：精度等级按蜗杆第Ⅱ公差组确定。

表 16-49　蜗杆、蜗轮齿坯尺寸和形状公差

精度等级		1	2	3	4	5	6	7	8	9	10	11	12
孔	尺寸公差	IT4	IT4	IT4		IT5	IT6	IT7		IT8		IT8	
	形状公差	IT1	IT2	IT3		IT4	IT5	IT6		IT7		—	
轴	尺寸公差	IT4	IT4	IT4		IT5		IT6		IT7		IT8	
	形状公差	IT1	IT2	IT3		IT4		IT5		IT6		—	
齿顶圆直径公差		IT6		IT7			IT8			IT9		IT11	

注：(1) 当 3 个公有效期组的精度等级不同时，按最高精度等级确定公差；
(2) 当齿顶圆不作为测量基准时，尺寸公差按 IT11 确定，但不得大于 0.1mm；
(3) IT 为标准公差，查“标准公差”。

表 16-50　蜗杆、蜗轮齿坯基准面径向和端面圆跳动公差

基准面直径 d (mm)	精度等级		
	6	7~8	9~10
≤31.5	4	7	10
>31.5~63	6	10	16
>63~125	8.5	14	22
>125~400	11	18	28
>400~800	14	22	36
>800~1600	20	32	50

(续)

基准面直径 d (mm)	精度等级		
	6	7~8	9~10
>1600~2500	28	45	71
>2500~4000	40	63	100

注：(1) 当3个公差组的精度等级不同时，按最高的精度等级确定公差；
（2）当以齿顶作为测置基准时，也即为蜗杆、蜗轮的齿坯基准面。

表 16-51　蜗杆、蜗轮的表面粗糙 Ra 推荐值

蜗杆					蜗轮				
精度等级		7	8	9	精度等级		7	8	9
Ra	齿面	0.8	1.6	3.2	Ra	齿面	0.8	1.6	3.2
	顶圆	1.6	1.6	3.2		顶圆	3.2	3.2	6.3

注：本表不属国家标准，仅供参考。

第17章 电 动 机

17.1 常用电动机的特点及用途

电动机类型很多,包括笼形异步电动机、绕线转子异步电动机、同步电动机和直流电动机等。在减速器设计中最常选用的电动机为 Y 系列三相异步电动机(ZBK 22007－1988)。Y 系列电动机是按照国际电工委员会(IEC)标准设计的,具有国际互换性的特点。其中 Y (IP44)小型三相异步电动机为一般用途笼形封闭自冷式电动机,具有防止灰尘或其他杂物侵入的特点,B 级绝缘,可采用全压或降压起动。该电动机的工作条件为环境温度－15～＋40℃,相对湿度不超过 90%,海拔高度不超过 1000m。电源额定电压 380V,频率 50Hz。常用于对启动性能、调速性能和转差率均无特殊要求的机器或设备,如金属切削机床、水泵、鼓风机、运输机械和农业机械等。

电动机型号含义如下。

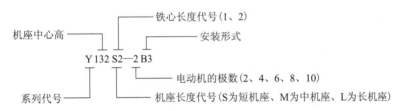

17.2 Y 系列三相异步电动机的技术数据

Y 系列三相异步电动机的型号及相关数据见表 17-1。

表 17-1 Y 系列三相异步电动机的型号及相关数据(摘自 ZBK 22007—1988)

电动机型号	额定功率(kW)	满载转速(r/min)	启动转矩/额定转矩	最大转矩/额定转矩	电动机型号	额定功率(kW)	满载转速(r/min)	启动转矩/额定转矩	最大转矩/额定转矩
同步转速在 750r/min(8 极)					同步转速在 1500r/min(4 极)				
Y132S－8	2.2	710	2.0	2.0	Y90S－4	1.1	1400	2.2	2.2
Y132M－8	3	710	2.0	2.0	Y90L－4	1.5	1400	2.2	2.2
Y160M1－8	4	720	2.0	2.0	Y100L1－4	2.2	1420	2.2	2.2
Y160M2－8	5.5	720	2.0	2.0	Y100L2－4	3	1420	2.2	2.2
Y160L－8	7.5	720	2.0	2.0	Y112M－4	4	1440	2.2	2.2
Y180L－8	11	730	1.7	2.0	Y132S－4	5.5	1440	2.2	2.2
Y200L－8	15	730	1.8	2.0	Y132M－4	7.5	1440	2.2	2.2

(续)

电动机型号	额定功率(kW)	满载转速(r/min)	启动转矩/额定转矩	最大转矩/额定转矩	电动机型号	额定功率(kW)	满载转速(r/min)	启动转矩/额定转矩	最大转矩/额定转矩
同步转速在750r/min(8极)					同步转速在1500r/min(4极)				
Y225S—8	18.5	730	1.7	2.0	Y160M—4	11	1460	2.2	2.2
Y225M—8	22	730	1.8	2.0	Y160L—4	15	1460	2.2	2.2
Y250M—8	30	730	1.8	2.0	Y180M—4	18.5	1470	2.0	2.2
Y280S—8	37	740	1.8	2.0	Y180L—4	22	1470	2.0	2.2
Y280M—8	45	740	1.8	2.0	Y200L—4	30	1470	2.0	2.2
同步转速1000r/min(6极)					Y225S—4	37	1480	1.9	2.2
Y90S—6	0.75	910	2.0	2.0	Y225M—4	45	1480	1.9	2.2
Y90L—6	1.1	910	2.0	2.0	同步转速3000r/min(2极)				
Y100L—6	1.5	940	2.0	2.0	Y90S—2	1.5	2840	2.2	2.2
Y112M—6	2.2	940	2.0	2.0	Y90L—2	2.2	2840	2.2	2.2
Y132S—6	3	960	2.0	2.0	Y100L—2	3	2880	2.2	2.2
Y132M1—6	4	960	2.0	2.0	Y112M—4	4	2890	2.2	2.2
Y132M2—6	5.5	960	2.0	2.0	Y132S1—2	5.5	2900	2.2	2.2
Y160M—6	7.5	970	2.0	2.0	Y132S2—2	7.5	2900	2.0	2.2
Y160L—6	11	970	2.0	2.0	Y160M1—2	11	2930	2.0	2.2
Y180L—6	15	970	1.8	2.0	Y160M2—2	15	2930	2.0	2.2
Y200L1—6	18.5	970	1.8	2.0	Y160L—2	18.5	2930	2.0	2.2
Y200L2—6	22	970	1.8	2.0	Y180M—2	22	2940	2.0	2.2
Y225M—6	30	980	1.7	2.0	Y200L1—2	30	2950	2.0	2.2
Y250M—6	37	980	1.8	2.0	Y200L2—2	37	2950	2.0	2.2
Y280S—6	45	980	1.8	2.0	Y225M—2	45	2970	2.0	2.2

17.3　Y 系列三相异步电动机的外形和安装尺寸

B_3型机座带底脚、端盖无凸缘 Y 系列三相异步电动机的外形和安装尺寸见表 17-2。

表 17-2　B_3型机座带底脚、端盖无凸缘 Y 系列三相异步电动机的外形和安装尺寸　（单位：mm）

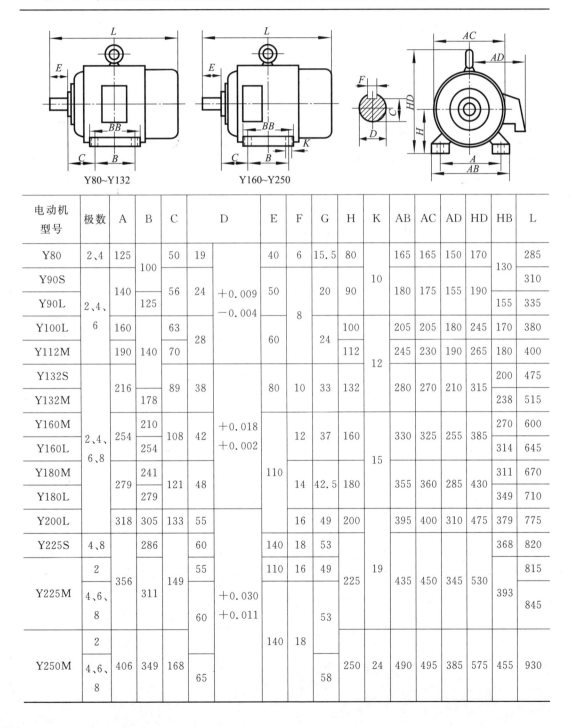

Y80~Y132　　Y160~Y250

<table>
<tr><th>电动机型号</th><th>极数</th><th>A</th><th>B</th><th>C</th><th colspan="2">D</th><th>E</th><th>F</th><th>G</th><th>H</th><th>K</th><th>AB</th><th>AC</th><th>AD</th><th>HD</th><th>HB</th><th>L</th></tr>
<tr><td>Y80</td><td>2、4</td><td>125</td><td rowspan="2">100</td><td>50</td><td>19</td><td rowspan="5">+0.009
−0.004</td><td>40</td><td>6</td><td>15.5</td><td>80</td><td rowspan="3">10</td><td>165</td><td>165</td><td>150</td><td>170</td><td rowspan="2">130</td><td>285</td></tr>
<tr><td>Y90S</td><td rowspan="4">2、4、6</td><td rowspan="2">140</td><td rowspan="2">56</td><td rowspan="2">24</td><td rowspan="2">50</td><td rowspan="4">8</td><td rowspan="2">20</td><td rowspan="2">90</td><td rowspan="2">180</td><td rowspan="2">175</td><td rowspan="2">155</td><td rowspan="2">190</td><td>310</td></tr>
<tr><td>Y90L</td><td>125</td><td>155</td><td>335</td></tr>
<tr><td>Y100L</td><td>160</td><td rowspan="3">140</td><td>63</td><td rowspan="2">28</td><td rowspan="2">60</td><td rowspan="2">24</td><td>100</td><td rowspan="4">12</td><td>205</td><td>205</td><td>180</td><td>245</td><td>170</td><td>380</td></tr>
<tr><td>Y112M</td><td>190</td><td>70</td><td>112</td><td>245</td><td>230</td><td>190</td><td>265</td><td>180</td><td>400</td></tr>
<tr><td>Y132S</td><td rowspan="7">2、4、6、8</td><td rowspan="2">216</td><td rowspan="2">89</td><td rowspan="2">38</td><td rowspan="6">+0.018
+0.002</td><td rowspan="2">80</td><td rowspan="2">10</td><td rowspan="2">33</td><td rowspan="2">132</td><td rowspan="2">280</td><td rowspan="2">270</td><td rowspan="2">210</td><td rowspan="2">315</td><td>200</td><td>475</td></tr>
<tr><td>Y132M</td><td>178</td><td>238</td><td>515</td></tr>
<tr><td>Y160M</td><td rowspan="2">254</td><td>210</td><td rowspan="2">108</td><td rowspan="2">42</td><td rowspan="5">110</td><td rowspan="2">12</td><td rowspan="2">37</td><td rowspan="2">160</td><td rowspan="4">15</td><td rowspan="2">330</td><td rowspan="2">325</td><td rowspan="2">255</td><td rowspan="2">385</td><td>270</td><td>600</td></tr>
<tr><td>Y160L</td><td>254</td><td>314</td><td>645</td></tr>
<tr><td>Y180M</td><td rowspan="2">279</td><td>241</td><td rowspan="2">121</td><td rowspan="2">48</td><td rowspan="2">14</td><td rowspan="2">42.5</td><td rowspan="2">180</td><td rowspan="2">355</td><td rowspan="2">360</td><td rowspan="2">285</td><td rowspan="2">430</td><td>311</td><td>670</td></tr>
<tr><td>Y180L</td><td>279</td><td>349</td><td>710</td></tr>
<tr><td>Y200L</td><td>318</td><td>305</td><td>133</td><td>55</td><td rowspan="6">+0.030
+0.011</td><td>16</td><td>49</td><td>200</td><td rowspan="4">19</td><td>395</td><td>400</td><td>310</td><td>475</td><td>379</td><td>775</td></tr>
<tr><td>Y225S</td><td>4、8</td><td rowspan="3">356</td><td>286</td><td rowspan="3">149</td><td>60</td><td>140</td><td>18</td><td>53</td><td rowspan="3">225</td><td rowspan="3">435</td><td rowspan="3">450</td><td rowspan="3">345</td><td rowspan="3">530</td><td>368</td><td>820</td></tr>
<tr><td rowspan="2">Y225M</td><td>2</td><td rowspan="2">311</td><td>55</td><td>110</td><td>16</td><td>49</td><td rowspan="2">393</td><td>815</td></tr>
<tr><td>4、6、8</td><td rowspan="2">60</td><td rowspan="3">140</td><td rowspan="3">18</td><td rowspan="2">53</td><td>845</td></tr>
<tr><td rowspan="2">Y250M</td><td>2</td><td rowspan="2">406</td><td rowspan="2">349</td><td rowspan="2">168</td><td rowspan="2">250</td><td rowspan="2">24</td><td rowspan="2">490</td><td rowspan="2">495</td><td rowspan="2">385</td><td rowspan="2">575</td><td rowspan="2">455</td><td rowspan="2">930</td></tr>
<tr><td>4、6、8</td><td>65</td><td>58</td></tr>
</table>

17.4 Y系列三相异步电动机的参考比价

Y系列三相异步电动机的参考比价见表17-3。

表17-3 Y系列三相异步电动机的参考比价

功率 kW) 极 数	0.75	1.1	1.5	2.2	3	4	5.5	7.5	11	15	18.5	22	30	37
2	1.07	1.15	1.30	1.41	1.87	2.26	3.15	3.44	5.09	5.65	6.09	7.74	10.5	11.5
4	1.13	1.26	1.35	1.67	1.87	2.22	3.09	3.52	5.00	5.96	7.44	8.89	10.9	12.9
6	1.26	1.35	1.78	2.22	3.09	3.48	3.70	5.00	5.96	8.89	9.91	10.9	14.1	17.8
8	—	—	—	3.09	3.52	5.00	5.48	5.96	8.89	10.9	12.9	14.1	17.8	—

注:本表以4极(同步转速1500r/min)、功率为0.55kW的电动机为1.00计算,表中数值为相对值,仅供参考。

第三部分　课程设计参考图例及设计题目

第 18 章　减速器零件工作图

18.1　减速器装配图示例

常见减速器装配图示例如图 18.1～图 18.6 所示。

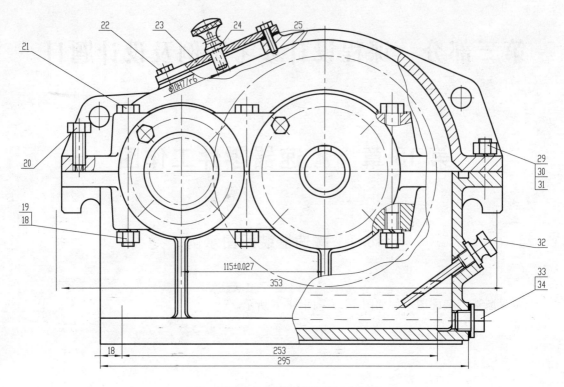

(a) 一级圆柱齿轮减速器装配图主视图

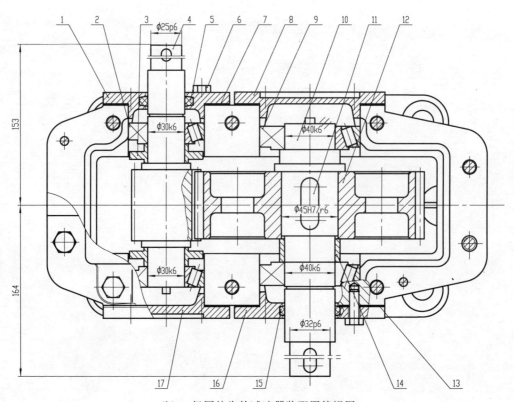

(b) 一级圆柱齿轮减速器装配图俯视图

第 18 章 减速器零件工作图

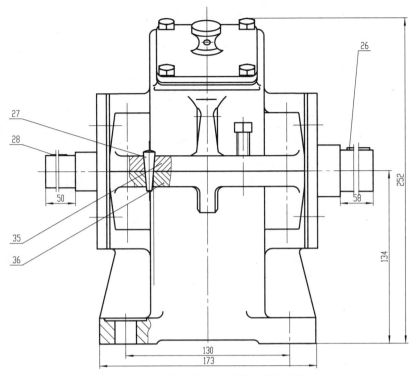

(c) 一级圆柱齿轮减速器装配图左视图

技术特性

功率:3kW;高速轴转速:483r/min 传动比:3.46

技术要求

1. 装配前,其他所有零件用煤油清洗,轴承用汽油清洗,箱体内不许有任何杂物,箱体内壁涂不被机油侵蚀的涂料两次;
2. 啮合侧隙用铅丝检验不小于 0.14mm,铅丝不得大于最小侧隙的 4 倍;
3. 用涂色法检验斑点:按齿高方向不小于 30%,沿齿长方向不小于 40%,必要时可用研磨或刮后研磨改善接触状况;
4. 应调整轴承轴向间隙 $\phi 30$ 为 $0.04\sim0.07$mm,$\phi 40$ 为 $0.05\sim0.10$mm;
5. 检查剖分面、各接触面及密封处,均不允许漏油,剖分面允许涂以密封胶或水玻璃,不允许使用其他填料;
6. 机座内涂 HJ—46 润滑油至规定高度;
7. 表面涂以灰色油漆。

...	...	...	...	...	...
11	键 14×40	1		GB 1096—1979	
10	从动轴	1	45	BT 00—06	
9	轴承 7208E	2		GB 297—1984	
8	轴承盖	1	35	BT 00—05	
7	垫片	2组	08F	BT 00—04	
6	螺栓 M8×30	16		GB 5783—1986	
5	毡圈密封	1	羊毛毡	JB 4606—1986	
4	齿轮轴	1	40Cr	BT 00—03	$m_n=2$ $z=19$
3	甩油环	2	35	BT 00—02	
2	轴承 7206E	2		GB 297—1984	
1	轴承盖	1	35	BT 00—01	
序号	名称	数量	材料	代号	备注
一级圆柱齿轮减速器			比例	1:1	图号
			数量		重量
设计					
绘图			(校名班名)		
审阅					

图 18.1 一级圆柱齿轮减速器装配图

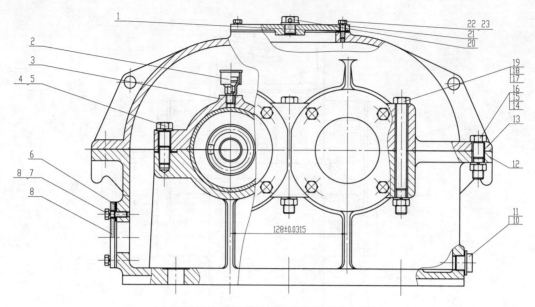

(a) 双级同轴式圆柱齿轮减速器装配图主视图

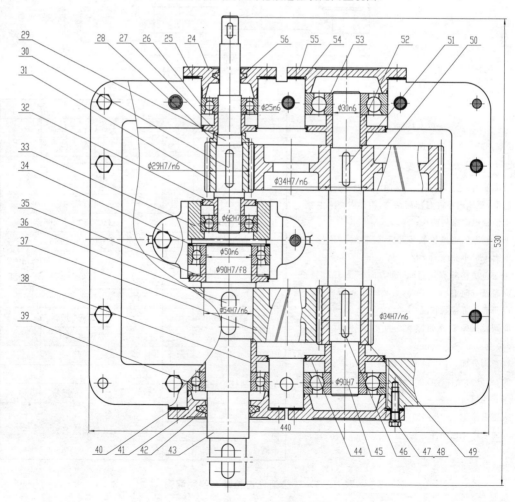

(b) 双级同轴式圆柱齿轮减速器装配图俯视图

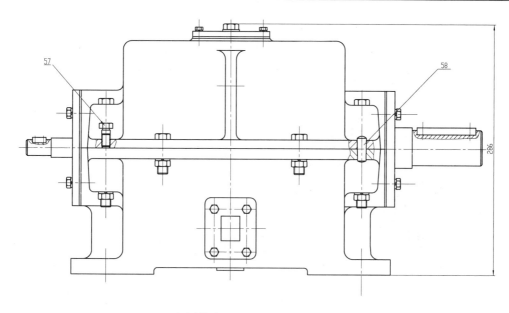

(c) 双级同轴式圆柱齿轮减速器装配图左视图

技术特性

功率:5kW;高速轴转速:1440r/min;第一级传动比:4;第二级传动比:3.17

技术要求

1. 装配前,其他所有零件用煤油清洗,轴承用汽油清洗,箱体内不许有任何杂物,箱体内壁涂不被机油侵蚀的涂料两次;
2. 啮合侧隙用铅丝检验不小于0.16mm,铅丝不得大于最小侧隙的4倍;
3. 用涂色法检验斑点:按齿高方向不少于40%,沿齿长方向不小于50%,必要时可用研磨或刮后研磨改善接触状况;
4. 应调整轴承向间隙为0.05~0.10mm;
5. 检查剖分面、各接触面及密封处,均不允许漏油,剖分面允许涂以密封胶或水玻璃,不允许使用其他填料;
6. 机座内装工业用齿轮油(SY 1172—1980)至规定高度;
7. 表面涂以灰色油漆。

...	...	...	...	...	...
11	封油圈	1	耐油橡胶		
10	油塞	1	Q235		
9	观察窗	1	有机玻璃		
8	弹簧垫圈6	4	耐油橡胶	GB 93—1987	
7	螺栓 M6×20	4		GB 5782—1987	性能等级4.8
6	密封垫片	1	0.8F		
5	弹簧垫圈12	1	耐油橡胶	GB 93—1987	
4	螺栓 M12×35	2		GB 5782—1986	性能等级4.8
3	中间连接上盖	1	HT200		
2	旋盖式油杯	2	1	GB 1154—1989	
1	密封圈	1	纸		
序号	名称	数量	材料	代号	备注
双级同轴式圆柱齿轮减速器			比例	图号	
			数量	重量	
设计					
绘图			(校名班名)		
审阅					

图 18.2 双级同轴式圆柱齿轮减速器装配图

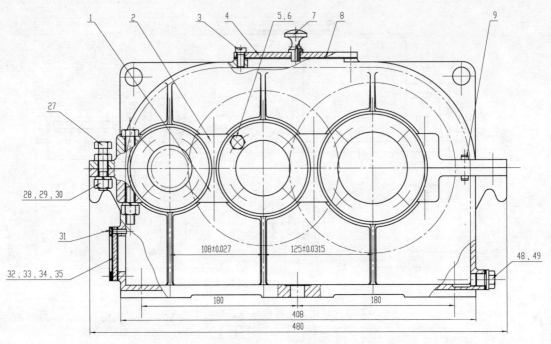

(a) 双级展开式圆柱齿轮减速器装配图主视图

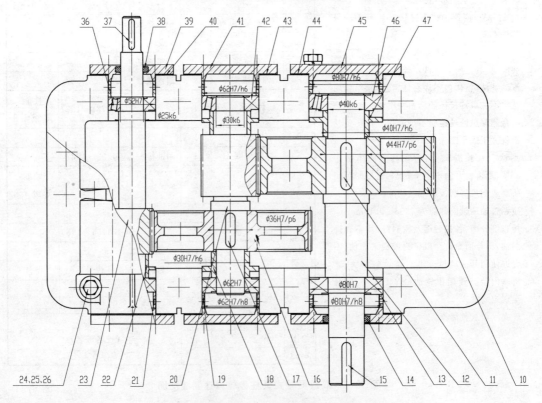

(b) 双级展开式圆柱齿轮减速器装配图俯视图

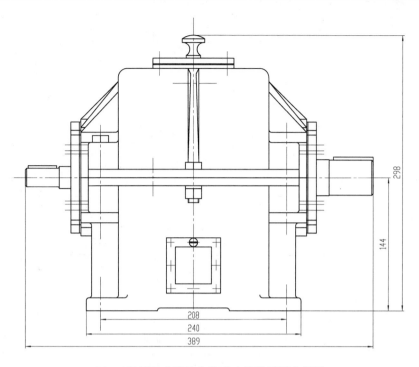

(c) 双级展开式圆柱齿轮减速器装配图左视图

技术特性

功率:5kW;高速轴转速:1440r/min;第一级传动比:4;

第二级传动比:3.17

技术要求

1. 装配前,其他所有零件用煤油清洗,轴承用汽油清洗,箱体内不许有任何杂物,箱体内壁涂不被机油侵蚀的涂料两次;
2. 啮合侧隙用铅丝检验不小于0.16mm,铅丝不得大于最小侧隙的4倍;
3. 用涂色法检验斑点:按齿高方向不小于40%,沿齿长方向不小于50%,必要时可用研磨或刮后研磨改善接触状况;
4. 应调整轴承轴向间隙为0.05~0.10mm;
5. 检查剖分面、各接触面及密封处,均不允许漏油,剖分面允许涂以密封胶或水玻璃,不允许使用其他填料;
6. 机座内装 HJ-50 润滑油至规定高度;
7. 表面涂以灰色油漆。

...	...	...	...	...	...
11	键 12×8	1	Q275	GB 1096—1979	
10	齿轮	1	45		M=2,z=92
9	销 B8×28	2	35	GB 119—1986	
8	密封垫片	1	油纸		
7	通气器	1	Q235		
6	垫圈	24	65Mn	GB 93—1987	
5	螺栓 M12×25	24		GB 5783—1986	
4	盖板	1	Q215		
3	螺钉	6		GB 65—1985	
2	箱盖	1	HT200		
1	箱体	1	HT200		
序号	名称	数量	材料	代号	备注
双级展开式圆柱齿轮减速器		比例		图号	KS00
		数量		重量	
设计					
绘图		(校名班名)			
审阅					

图 18.3 双级展开式圆柱齿轮减速器装配图

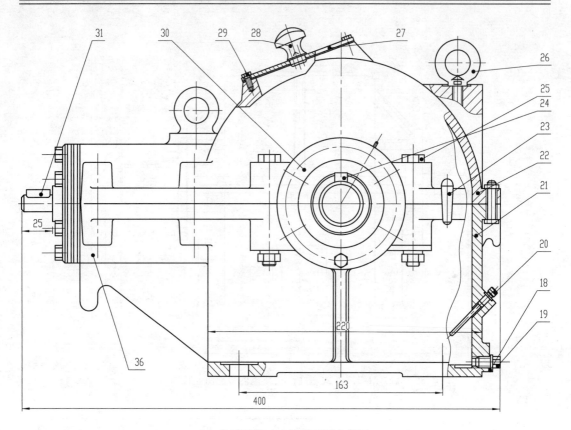

(a) 单级圆锥减速器装配图主视图

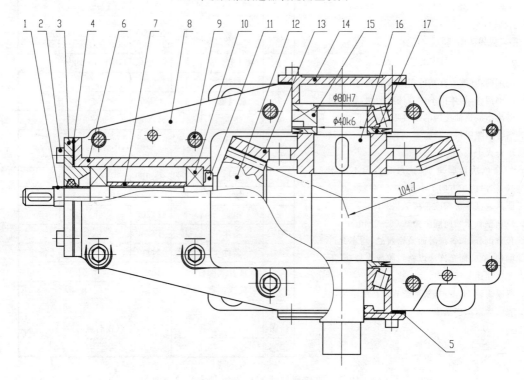

(b) 单级圆锥减速器装配图俯视图

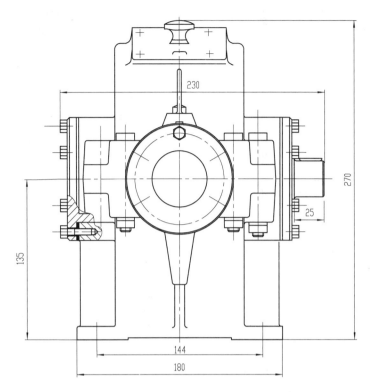

(c) 单级圆锥减速器装配图左视图

技术特性

功率:5kW;高速轴转速:1440r/min;传动比:3.2

技术要求

1. 装配前,其他所有零件用煤油清洗,轴承用汽油清洗,箱体内不许有任何杂物,箱体内壁涂不被机油侵蚀的涂料两次;
2. 啮合侧隙用铅丝检验不小于0.16mm,铅丝不得大于最小侧隙的4倍;
3. 用涂色法检验斑点:按齿高方向不小于40%,沿齿长方向不小于50%,必要时可用研磨或刮后研磨改善接触状况;
4. 应调整轴承轴向间隙 $\phi30$ 为 0.05~0.10mm,$\phi25$ 为 0.03~0.08mm;
5. 检查剖分面、各接触面及密封处,均不允许漏油,剖分面允许涂以密封胶或水玻璃,不允许使用其他填料;
6. 机座内装 HJ-50 润滑油至规定高度;
7. 表面涂以灰色油漆。

...	...	...	...	...	...
11	挡油环	1	Q235A		
10	轴承 32304	2		GB 297—1984	
9	螺栓 M8×15	8		GB 5783—1986	
8	箱座	1	HT200		
7	定距环	1	Q235		
6	轴承套杯	1			
5	垫片	2	石棉橡胶		
4	垫片	1	08F		
3	轴承盖	1	HT200		
2	螺钉 M8×25	4		GB 5783—1986	8.8
1	定距环	1	Q235		
序号	名称	数量	材料	代号	备注
单级圆锥齿轮减速器		比例		图号	KS00
		数量		重量	
设计					
绘图		(校名班名)			
审阅					

图 18.4 单级圆锥齿轮减速器装配图

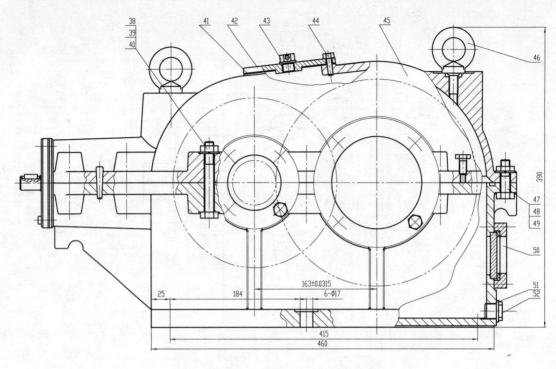

(a) 圆锥圆柱齿轮减速器装配图主视图

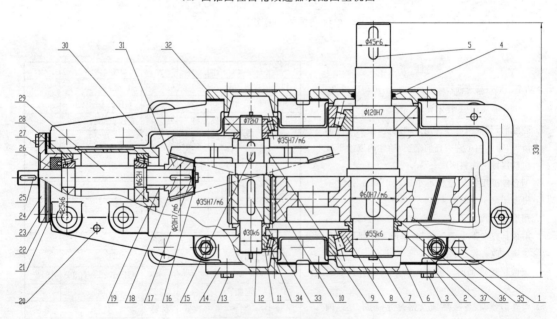

(b) 圆锥圆柱齿轮减速器装配图俯视图

第 18 章 减速器零件工作图

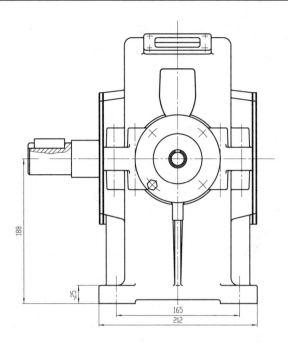

(c) 圆锥圆柱齿轮减速器装配图左视图

技术特性

功率：5kW；高速轴转速：1440r/min；第一级传动比：4.31；第二级传动比：4.67

技术要求

1. 装配前，其他所有零件用煤油清洗，轴承用汽油清洗，箱体内不许有任何杂物，箱体内壁涂不被机油侵蚀的涂料两次；
2. 啮合侧隙用铅丝检验不小于 0.16mm，铅丝不得大于最小侧隙的 4 倍；
3. 用涂色法检验斑点：高速级沿齿高和齿长方向不小于 60%，低速级沿齿高方向不小于 45%，齿长方向不小于 60%；
4. 应调整轴承轴向间隙为 0.05～0.10mm；
5. 检查剖分面、各接触面及密封处，均不允许漏油，剖分面允许涂以密封胶或水玻璃，不允许使用其他填料；
6. 机座内装 990 号工业用齿轮油（SY 1172—1980）至规定高度；
7. 按 JB 1130—70 的规定进行负荷实验，实验时油池温度不超过 35℃，轴承温升不超过 40℃；
8. 表面涂以灰色油漆。

...	...	...	...	...	...
11	轴承 30306	2		GB 292—1983	
10	小斜齿轮	1	45 调质		$Mn=2.25$ $z=24$
9	大圆锥齿轮	1	45 调质		$M=2.25$ $z=100$
8	轴承 30311	2		GB 292—1983	
7	轴	1	45		
6	垫片	2	石棉纸		
5	键 14×50	1		GB 1095—1979	
4	粘圈	1		ZQ 4606—1986	
3	螺栓 M10×20	4		GB 5783—1986	4.6
2	轴承盖	2	Q235		
1	启盖螺钉 M10×30	1		GB 5782—1986	4.6
序号	名称	数量	材料	代号	备注
圆锥圆柱齿轮减速器			比例	图号	KS00
			数量	重量	
设计			(校名班名)		
绘图					
审阅					

图 18.5 圆锥圆柱齿轮减速器装配图

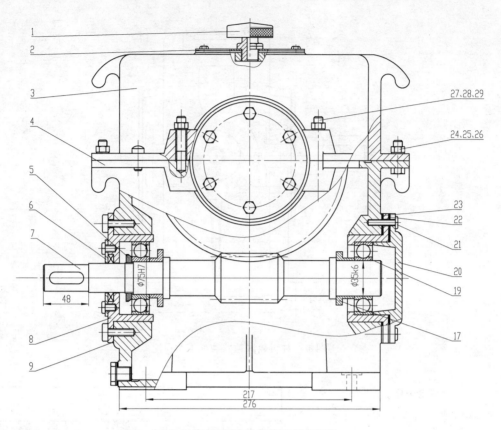

(a) 蜗轮/蜗杆减速器装配图主视图

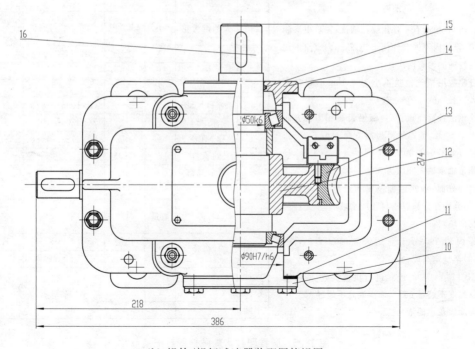

(b) 蜗轮/蜗杆减速器装配图俯视图

第 18 章 减速器零件工作图

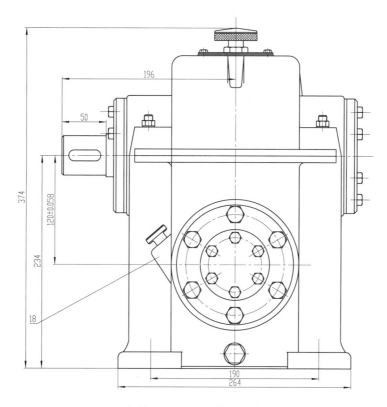

(c) 蜗轮/蜗杆减速器装配图左视图

技术特性

功率:4kW;输入转速:960r/min;传动比:19

技术要求

1. 装配前,其他所有零件用煤油清洗,轴承用汽油清洗,箱体内不许有任何杂物,箱体内壁涂不被机油侵蚀的涂料两次;
2. 要求最小极限法向侧隙不小于 0.072mm;
3. 用涂色法检验斑点:要求在齿高和齿长方向不小于 65% 和 60%;
4. 蜗杆轴承的轴向游隙为 0.05~0.1mm,蜗轮轴承轴向游隙为 0.12~0.2mm;
5. 检查剖分面、各接触面及密封处,均不允许漏油,剖分面允许涂以密封胶或水玻璃,不允许使用其他填料;
6. 润滑油选用 sh0094-91,蜗轮蜗杆油 680 号;
7. 装配后进行空负荷实验,要求高速轴转速为 1000r/min,正反转各运转 1h,平稳无噪声,温升不超过 60℃;
8. 表面涂以灰色油漆。

...	...	...	...	...	...
11	调整垫片	1	08F		
10	轴承盖	1	HT150		
9	蜗杆	1	45		
8	轴承盖	1	HT150		
7	调整垫片	1	08F		
6	轴承盖	1	HT150		
5	定位螺母 M72×2	1		GB 812—1988	
4	机座	1	HT200		
3	机盖	1	HT200		
2	窥视孔盖	1	有机玻璃		
1	通气孔	1	Q235		
序号	名称	数量	材料	代号	备注
圆锥圆柱齿轮减速器			比例	图号	KS00
			数量	重量	
设计					
绘图			(校名班名)		
审阅					

图 18.6 蜗轮/蜗杆减速器装配图

18.2 减速器零件工作图示例

减速器零件工作图示例如图 18.7～图 18.15 所示。

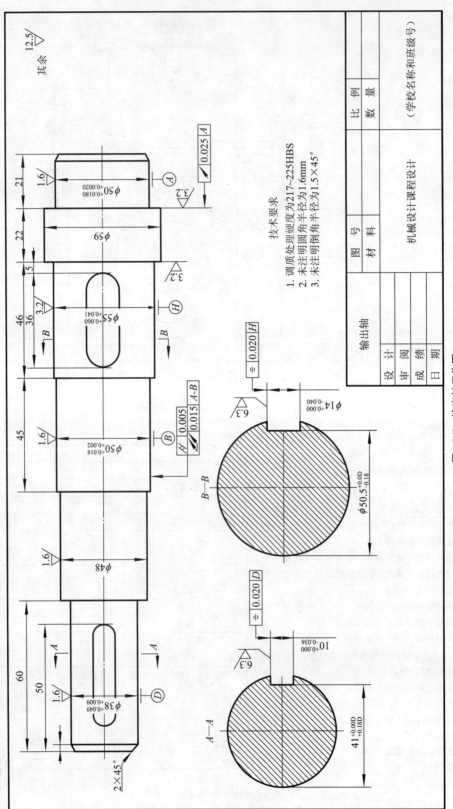

图 18.7 输出轴工作图

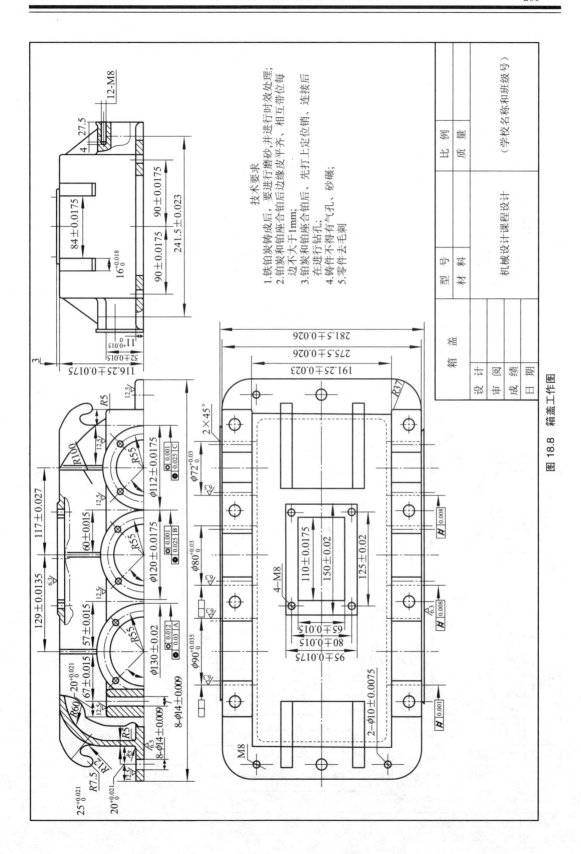

技术要求
1.铁铝炭铸成后，要进行磨砂,并进行时效处理;
2.铝炭和铝座合铝后边缘皮平齐、相互带位每边不大于1mm;
3.铝炭和铝座合铝后、先打上定位销、连接后在进行钻孔;
4.铸件不得有气孔、砂碾;
5.零件去毛刺
箱盖
比例
质量
型号
材料
设计
审阅
成绩
日期
机械设计课程设计
（学校名称和班级号）

图 18.8　箱盖工作图

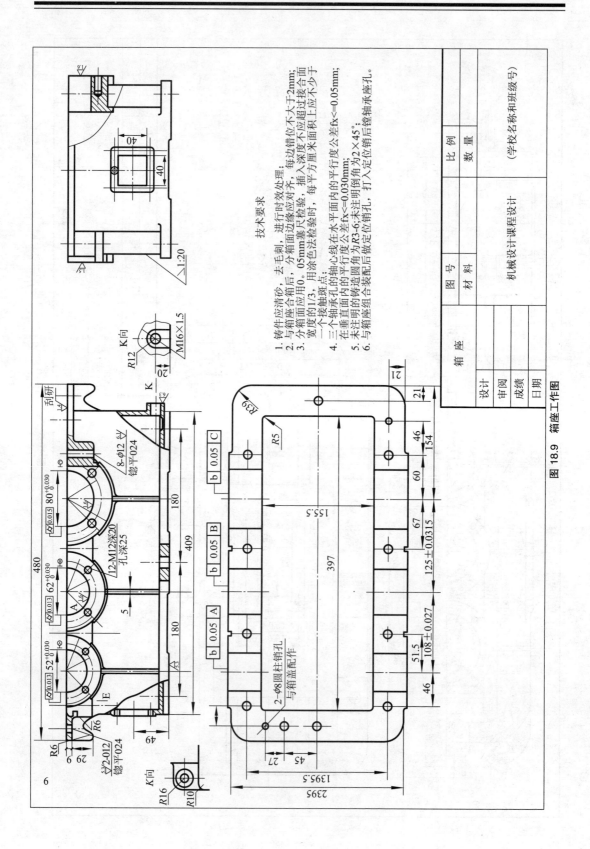

技术要求
1. 铸件应清砂，去毛刺，进行时效处理;
2. 与箱座合箱后，分箱面边缘应对齐，每边错位不大于2mm;
3. 分箱面应用0.05mm塞尺检验，插入深度不应超过接合面宽度的1/3，用涂色法检验时，每平方厘米面积上应不少于一个接触斑点;
4. 三个轴承孔的轴心线在水平面内的平行度公差fx<=0.05mm;在垂直面内的平行度公差fx<=0.030mm;
5. 未注明的铸造圆角为R3-6;未注明倒角为2×45°;
6. 与箱座组合装配后做定位销孔，打入定位销后镗轴承座孔。
箱 座
图 号
材 料
比 例
数 量
设计
审阅
成绩
日期
机械设计课程设计
(学校名称和班级号)

图 18.9 箱座工作图

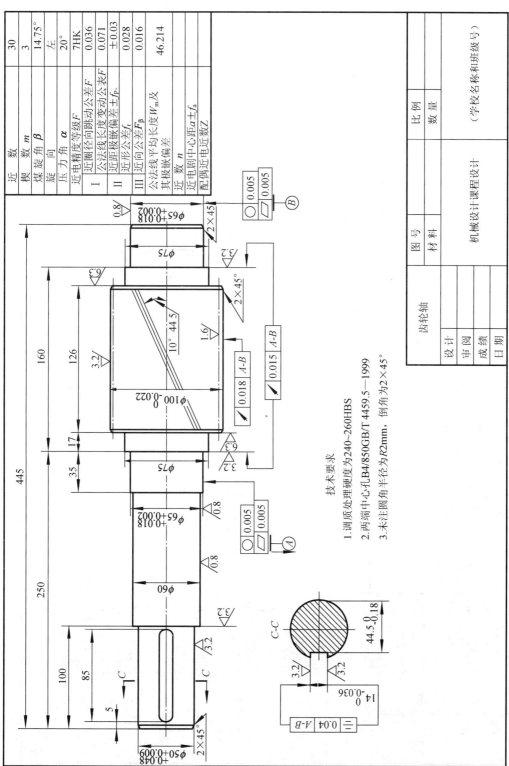

近　数		30
楔　数 m		3
煤旋角 β		14.75°
旋　向		左
压力角 α		20°
近电精度等级F		7HK
I	近圈径向跳动公差F	0.036
	公法线长度变动公表F	0.071
II	近距极嵌偏差$\pm f_{P+}$	±0.03
	近形公差f_r	0.028
III	近向公差F_β	0.016
公法线平均长度W_m及其极嵌偏差		46.214
近　数 n		
近电剧中心距$a\pm f_a$		
配偶近电近数Z		

技术要求

1.调质处理硬度为240~260HBS

2.两端中心孔B4/850GB/T 4459.5—1999

3.未注圆角半径为R2mm，倒角为2×45°

齿轮轴		图号		比例	
		材料		数量	
设计		机械设计课程设计		（学校名称和班级号）	
审阅					
成绩					
日期					

图 18.10　齿轮轴工作图

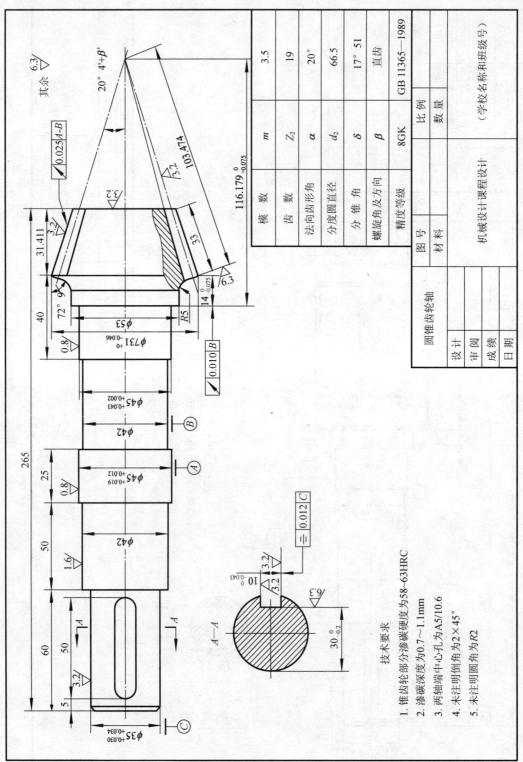

模　数	m	3.5
齿　数	Z_2	19
法向齿形角	α	20°
分度圆直径	d_2	66.5
分 锥 角	δ	17° 51
螺旋角及方向	β	直齿
精度等级	8GK	GB 11365—1989

技术要求

1. 锥齿轮部分渗碳硬度为58~63HRC
2. 渗碳深度为0.7～1.1mm
3. 两轴端中心孔为A5/10.6
4. 未注明倒角为2×45°
5. 未注明圆角为$R2$

圆锥齿轮轴	图号		比例	
	材料		数量	
设计		机械设计课程设计	（学校名称和班级号）	
审阅				
成绩				
日期				

图 18.11　圆锥齿轮轴工作图

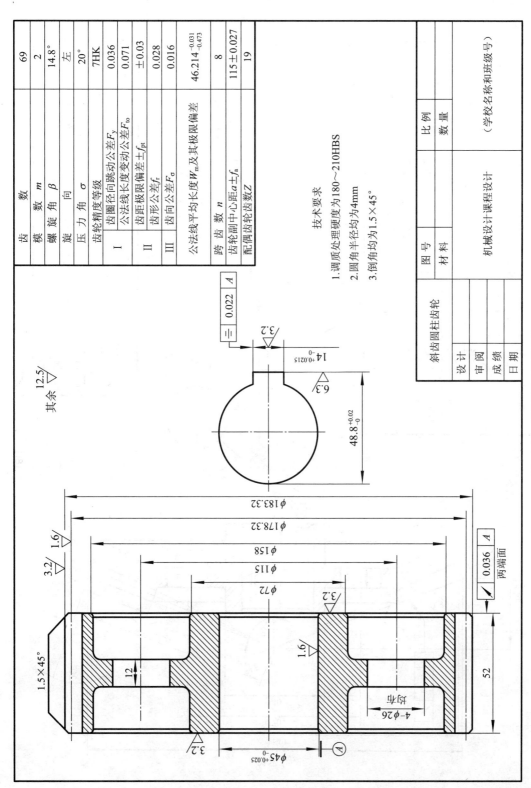

齿　数		69
模　数　m		2
螺 旋 角　β		14.8°
旋　向		左
压 力 角　σ		20°
齿轮精度等级		7HK
I	齿圈径向跳动公差F_y	0.036
	公法线长度变动公差F_{to}	0.071
II	齿距极限偏差$\pm f_{pt}$	±0.03
	齿形公差f_r	0.028
III	齿向公差F_σ	0.016
公法线平均长度W_m及其极限偏差		$46.214^{-0.031}_{-0.473}$
跨 齿 数　n		8
齿轮副中心距$a \pm f_a$		115±0.027
配偶齿轮齿数Z		19

技术要求

1.调质处理硬度为180～210HBS

2.圆角半径均为4mm

3.倒角均为1.5×45°

斜齿圆柱齿轮	图 号		比 例	
	材 料		数 量	
设 计		机械设计课程设计	（学校名称和班级号）	
审 阅				
成 绩				
日 期				

图 18.12　斜齿圆柱齿轮工作图

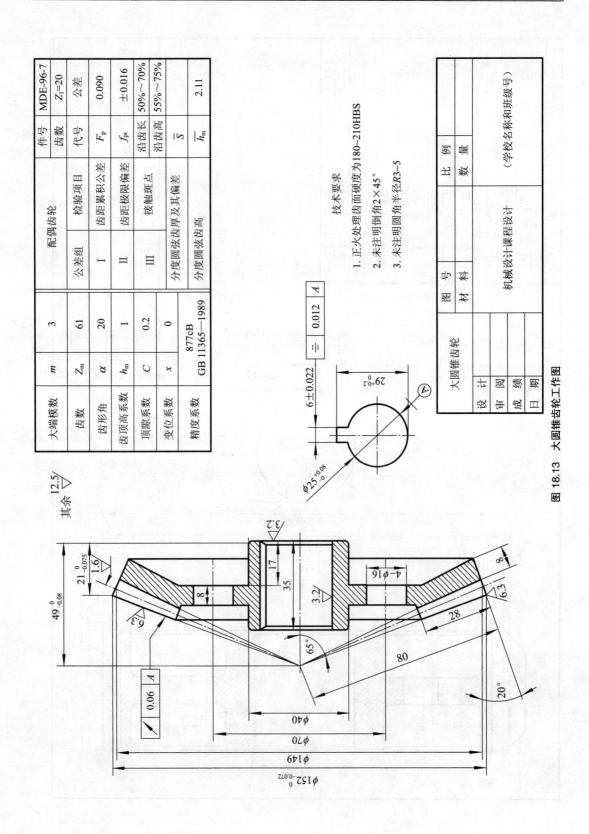

大端模数	m	3	配偶齿轮		件号	MDE-96-7
					齿数	Z_1=20
齿数	Z_m	61	公差组	检验项目	代号	公差
齿形角	α	20	Ⅰ	齿距累积公差	F_p	0.090
齿顶高系数	h_m	1	Ⅱ	齿距极限偏差	f_{pt}	±0.016
顶隙系数	C	0.2	Ⅲ	接触斑点	沿齿长	50%～70%
					沿齿高	55%～75%
变位系数	x	0	分度圆弦齿厚及其偏差		$\overline{S}$	
精度系数	877cB GB 11365—1989		分度圆弦齿高		$\overline{h_m}$	2.11

技术要求

1. 正火处理齿面硬度为180~210HBS
2. 未注明倒角2×45°
3. 未注明圆角半径R3~5

大圆锥齿轮		图　号		比　例
		材　料		数　量
设　计		机械设计课程设计		（学校名称和班级号）
审　阅				
成　绩				
日　期				

图 18.13　大圆锥齿轮工作图

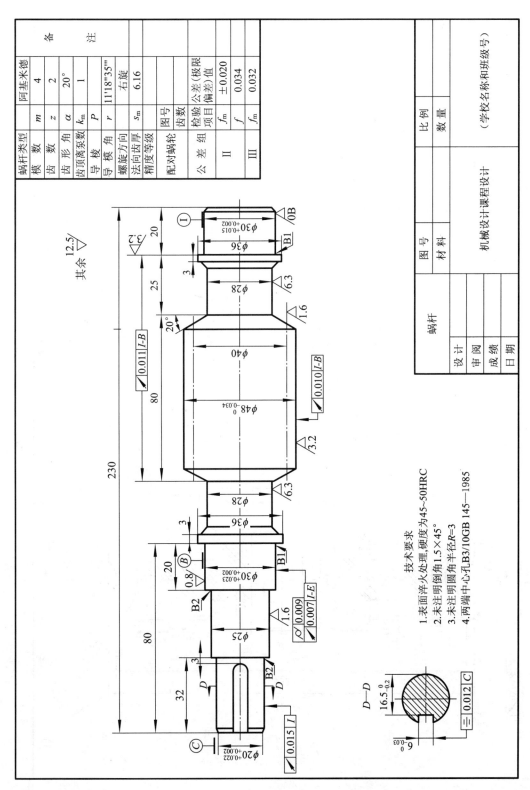

蜗杆类型		阿基米德	备注
模　数	m	4	
齿　数	z	2	
齿 形 角	α	20°	
齿顶离泵数	k_m	1	
导　棱	P		
导 模 角	r	11'18"35"'	
螺旋方向		右旋	
法向齿厚	s_m	6.16	
精度等级			
配对蜗轮	图号		
	齿数		
公 差 组	检验项目	公差(极限偏差)值	
II	f_m	±0.020	
	f	0.034	
III	f_m	0.032	

技术要求
1.表面淬火处理,硬度为45~50HRC
2.未注明倒角1.5×45°
3.未注明圆角半径R=3
4.两端中心孔B3/10GB 145—1985

蜗杆		图 号		比 例	
		材 料		数 量	
设 计		机械设计课程设计		(学校名称和班级号)	
审 阅					
成 绩					
日 期					

图 18.14　蜗杆工作图

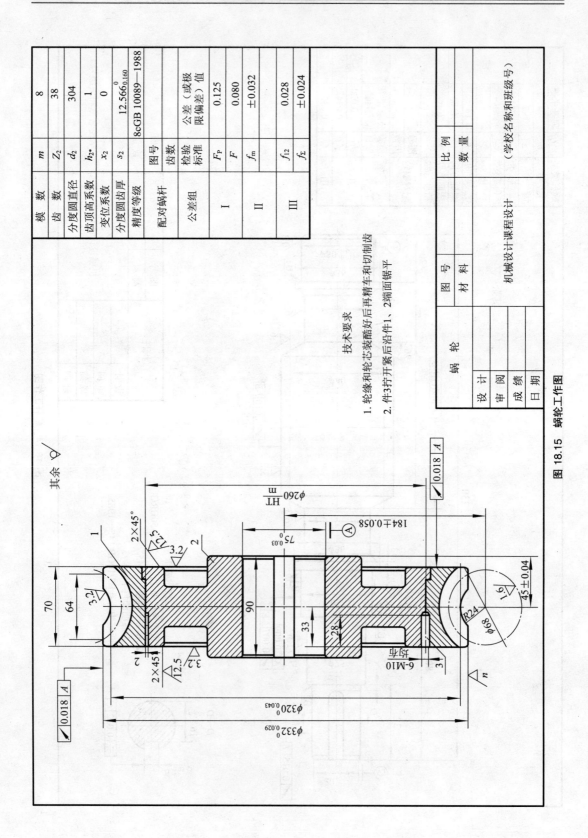

模　数	m	8
齿　数	Z_2	38
分度圆直径	d_2	304
齿顶高系数	h_{2*}	1
变位系数	x_2	0
分度圆齿厚	s_2	$12.566^{0}_{0.160}$
精度等级		8cGB 10089—1988
配对蜗杆	图号	
	齿数	
公差组	检验标准	公差（或极限偏差）值
I	F_P	0.125
	F	0.080
II	f_m	±0.032
III	f_{12}	0.028
	f_Σ	±0.024

技术要求

1. 轮缘和轮芯装酷好后再精车和切制齿
2. 件3拧开紧后沿件1、2端面锯平

蜗　轮	图　号		比　例	
	材　料		数　量	
设　计		机械设计课程设计	（学校名称和班级号）	
审　阅				
成　绩				
日　期				

图 18.15　蜗轮工作图

第 19 章 机械设计课程设计题目

题目 1：设计一个用于带式运输机上的单级圆柱齿轮减速器，如图 19.1 所示。

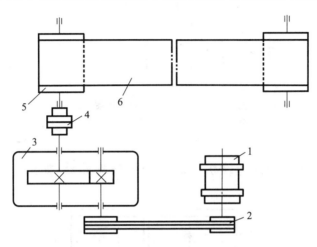

图 19.1 单级圆柱齿轮减速器（一）

1—电动机 2—带传动 3—减速器 4—联轴器 5—滚筒 6—传送带

给定数据及要求见表 19-1。

表 19-1 题目 1 给定数据及要求

数据编号	A1	A2	A3	A4	A5	A6	A7	A8	A9
运输带工作拉力 F (kN)	1.50	2.15	2.25	2.35	2.55	2.65	2.80	2.90	3.00
运输带工作速度 v(m/s)	1.50	1.60	1.70	1.50	1.55	1.60	1.55	1.65	1.70
卷筒直径 D(mm)	250	260	270	240	250	260	250	260	280

已知条件：运输带工作拉力、运输带工作速度（运输带速度允许误差为 ±5%）；滚筒直径，两班制，连续单向运转，载荷平稳；工作年限 8 年；环境最高温度 35℃；小批量生产。

题目 2：设计一个用于螺旋运输机上的单级圆柱齿轮减速器，如图 19.2 所示。

给定数据及要求见表 19-2。

表 19-2 题目 2 给定数据及要求

数据编号	B1	B2	B3	B4	B5	B6	B7	B8	B9
运输带工作轴转矩 T(N·m)	700	720	750	780	800	830	850	880	900
运输带工作转速 n(r/min)	150	145	140	145	135	130	125	125	120

已知条件：运输带工作转矩、运输带工作转速、（运输带速度允许误差为 ±5%）；两班制，连续单向运转，载荷轻微冲击；工作年限 8 年；环境最高温度 35℃；小批量生产。

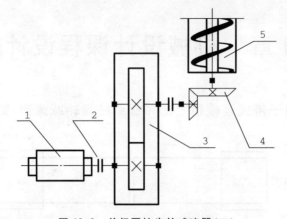

图 19.2　单级圆柱齿轮减速器（二）
1—电动机　2—联轴器　3—一级圆柱齿轮减速器　4—开式圆锥齿轮传动
5—输送螺旋

题目 3：设计一个用于带式运输机上的单级蜗杆减速器，如图 **19.3** 所示。

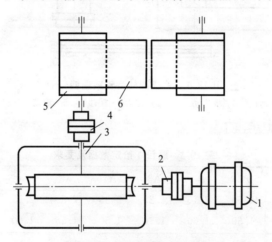

图 19.3　单级蜗杆减速器
1—电动机　2—联轴器　3—减速器　4—联轴器　5—滚筒　6—传送带

给定数据及要求见表 19-3。

表 19-3　题目 3 给定数据及要求

数据编号	C1	C2	C3	C4	C5	C6	C7	C8	C9
运输带工作拉力 F (kN)	6.0	5.5	6.5	7.0	7.2	8.0	7.0	5.5	6.5
运输带工作速度 v (m/s)	1.30	1.60	1.70	1.50	1.55	1.60	1.75	1.75	1.70
卷筒直径 D (mm)	400	450	430	300	250	360	250	450	280
设计者（学号）	21	22	23	24	25				

已知条件：运输带工作拉力 F、运输带工作速度 v（运输带速度允许误差为 ±5%）、滚筒直径 D 均见表 19-3；两班制，连续单向运转，载荷平稳；环境最高温度 35℃；工作年限 10 年；小批量生产。

题目 4：设计一个用于带式运输机上的单级圆锥齿轮减速器，如图 **19.4** 所示。

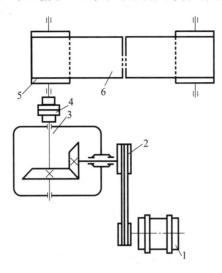

图 19.4　单级圆锥齿轮减速器

1—电动机　2—带传动　3—减速器　4—联轴器　5—滚筒　6—传送带

给定数据及要求见表 19-4。

表 19-4　题目 4 给定数据及要求

数据编号	D1	D2	D3	D4	D5	D6	D7	D8	D9
运输带工作拉力 F(kN)	6.0	5.5	6.5	7.0	7.2	8.0	7.0	5.5	6.5
运输带工作速度 v(m/s)	1.30	1.60	1.70	1.50	1.55	1.60	1.75	1.75	1.70
卷筒直径 D(mm)	400	450	430	300	250	360	250	450	280

已知条件：运输带工作拉力 F、运输带工作速度 v（运输带速度允许误差为 $\pm5\%$）、滚筒直径 D 均见表 19-4；两班制，连续单向运转，载荷较平稳；环境最高温度 35℃；工作年限 10 年；小批量生产。

题目 5：设计一个用于带式运输机上的两级圆柱齿轮减速器，如图 **19.5** 所示。

给定数据及要求见表 19-5。

表 19-5　题目 5 给定数据及要求

数据编号	E1	E2	E3	E4	E5	E6	E7	E8	E9
运输带工作拉力 F(kN)	2.50	2.15	2.25	2.35	2.55	2.65	2.80	2.90	1.90
运输带工作速度 v(m/s)	2.50	2.60	2.70	2.50	2.55	2.60	2.25	1.65	1.70
卷筒直径 D(mm)	350	360	370	340	350	360	350	330	380

已知条件：运输带工作拉力、运输带工作速度、（运输带速度允许误差为 $\pm5\%$）；滚筒直径，两班制，连续单向运转，载荷轻微冲击；工作年限 10 年；环境最高温度 35℃；小批量生产。

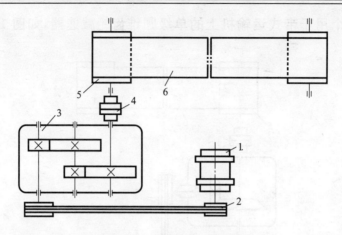

图 19.5　两级圆柱齿轮减速器

1—电动机　2—带传动　3—减速器　4—联轴器　5—滚筒　6—传送带

题目 6：设计一个带式运输机上的两级圆锥-圆柱齿轮减速器，如图 19.6 所示。

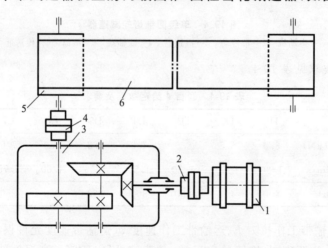

图 19.6　两级圆锥-圆柱齿轮减速器

1—电动机　2—联轴器　3—减速器　4—联轴器　5—滚筒　6—传送带

给定数据及要求见表 19-6。

表 19-6　题目 6 给定数据及要求

数据编号	F1	F2	F3	F4	F5	F6	F7	F8	F9
运输带工作拉力 F(kN)	2.50	2.40	2.25	2.35	2.55	2.65	2.80	2.90	1.90
运输带工作速度 v(m/s)	1.50	1.60	1.30	1.50	1.55	1.60	1.25	1.65	1.70
卷筒直径 D(mm)	250	260	270	240	250	260	250	280	250

已知条件：运输带工作拉力 F、运输带工作速度 v（运输带速度允许误差为 ±5%）、滚筒直径 D 均见表 19-6；单班工作制，连续单向运转，载荷较平稳；环境最高温度 35℃；小批量生产。

第 20 章　离心加速度实验装置设计

20.1　概　述

现代军事、国防领域对火工品飞行器的机动性要求很高。火工品的机动性越好，对其整体强度要求就越高，承受机动过载的能力越强。

据统计，过载情况下产生的法向加速度直接影响火工品的机动性能。通常情况下，机动性能优良的火工品可承受的过载加速度为重力加速度的几十倍甚至上百倍，在这种情况下弹体的弯曲变形非常明显，弯曲幅度在几十毫米甚至上百毫米(与火工品长度有关)。很显然这么大的变形势必会影响发动机结构强度，甚至弹体可能会被折断；同时大变形也可能引起绝热层的脱粘等，从而增加了发动机着火、烧穿等的可能性。为保证火工品的产品的质量和可靠性，必须进行火工品的地面过载实验，对火工品在法向加速度作用下的性能进行评价，用于指导产品设计与质量控制。离心加速度实验装置就是在地面上测试过载情况下火工品飞行器(如导弹等)某些性能的一种专用设备。

20.2　离心加速度实验装置的方案设计

1. 设计要求

设计一个离心加速度实验装置，其动旋转架承载能力不低于 15000N，动旋转架的最大离心加速度为 70g(或旋转架转速不能超过 300r/min)，可同时进行单台或双台火工品的过载模拟实验。火功品试件的长度 1200mm，直径 90～120mm，重量 50kg。

2. 总体方案设计

1) 设计方案 1

如图 20.1 所示，离心加速度实验装置由电动机 1 驱动，通过一个三角带传动 2 带动动旋转架(简称动架)3 转动。火功品试件 4 安装在动架 3 的平台上，火工品试件在动平台上的固定由工装拉杆 5 保证。动架 3 与定架 7 之间安装一个四角接触球轴承 6，实验装置工作中所受的载荷通过动架转换到定架上。定架由 8 根立柱支撑，立柱与基础安装面 8 用螺栓联接。

2) 设计方案 2

图 20.2 所示的方案 2 与方案 1 的传动路线基本相同，不同的是火工品试件 4 在动平台上的固定由支架夹紧 5 完成。这样可以减轻载荷动架平台上的重量，减小载荷；采用支架夹紧火功品试件，还可以使整个装置的高度大大降低，可提高系统的稳定性。因此，动旋转架 3 与定架 7 之间可以不用四角接触球轴承，用一个角接触球轴承联接即可。定架 7 仍由 8 根

立柱支撑，立柱与基础安装面8用螺栓联接。

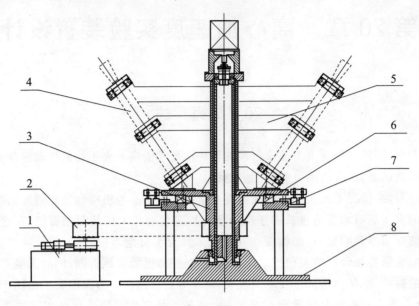

图20.1 方案1

1—电动机 2—三角带传动 3—动旋转架 4—火工品试件 5—工装拉杆
6—四角接触球轴承 7—定架 8—基础安装面

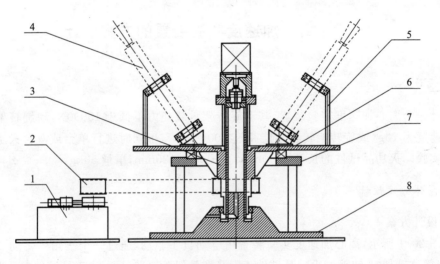

图20.2 方案2

1—电动机 2—三角带传动 3—动旋转架 4—火工品试件 5—支架夹紧
6—角接触球轴承 7—定架 8—基础安装面

3) 设计方案3

图20.3所示的方案3与上述两种方案完全不同。该方案将用于安装火工品试件的转动件设计成转臂式，整个装置采用箱体式结构，由圆锥齿轮传动带动转臂转动。用转臂取代上述两种方案中的圆盘转架，可大大减轻重量，节省材料，降低成本，同时减轻加于支撑基础的载荷。

该方案的传动系统采用一对圆锥齿轮传动取代带传动,可避免方案 1 与方案 2 定期更换带传动所带来的一系列问题,而且齿轮传动所需的空间尺寸较小,易于维护。

方案 3 采用箱体作为支撑零件,可承受较大的扭矩,从而使整个装置的稳定性和可靠性提高。

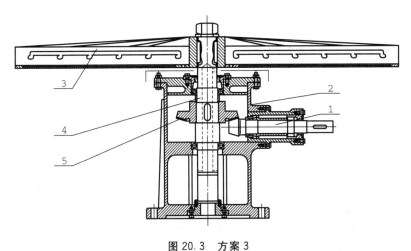

图 20.3 方案 3

1—齿轮轴 2—箱体 3—转臂 4—输出轴 5—大锥齿轮

3. 确定设计方案

方案 1 整个结构尺寸较大,适合大型试件的测试;方案 1 传动部分采用带传动,在过载情况下可以保护电动机,系统的安全性较好;但传动带更换时需要同时拆卸实验装置主轴等部件,维修不方便,而且用 8 根立柱作为支承承担整个载荷,载荷过大时,立柱受载后容易产生扭转变形,从而降低实验装置的可靠性。

方案 2 相对于方案 1 的结构尺寸大为减小,实验装置的重心降低,动架上的载荷减小,稳定性增加;但试件的测量范围比较固定,在测不同角度时,要更换夹具。

方案 3 采用转臂式转架,使测试件在转臂上的移动范围扩大;采用圆锥齿轮传动取代带传动,可避免更换带传动所带来的一系列问题;采用箱体作为支撑零件,可承受较大的扭矩,使整个装置的稳定性和可靠性提高。方案 3 的缺陷在于仅适合小型试件的测试。

经过分析比较,确定选用方案 3 作为离心加速度实验装置的设计方案。

4. 电动机的选择

1) 选择电动机类型和结构形式

Y 系列笼型三相异步交流电动机由于构造简单,制造、使用和维修方便,价格便宜,并且具有效率高、启动转矩大等特点,适用于不易燃、不易爆、无腐蚀性气体的一般场所和无特殊要求的机械上,故选用 Y 系列笼型三相异步交流电动机。

2) 选择电动机的容量

电动机工作时所需的功率 P_d:

$$P_d = \frac{P_w}{\eta}(kW)$$

工作机所需的功率 P_w:

$$P_w = \frac{T \cdot n_w}{9550}(\text{kW})$$

式中 T——实验台的工作阻力矩 N·m；

n_w——实验台转臂的转速 r/min，

实验台的阻力矩：$T = I_z \cdot \varepsilon (\text{N} \cdot \text{m})$

式中 I——实验台的转动惯量 kg·m²

ε——实验台的角加速度 rad/s²，可根据设计要求选取。

由已知条件可取被测试件的重量为 50kg，被测试件的重心到转臂中心的距离取 400mm 考虑到实验台工作时要求转臂两边平衡，可在转臂另一边对称的放置一个配重，则实验台的转动惯量，

则，被测试件的转动惯量为：
$$I_1 = 2mR^2 = 2 \times 50 \times 0.4^2 = 16 \text{kg} \cdot \text{m}^2$$

另外，转臂自身及其夹具的转动惯量可初步估算，这里取：$I_2 = 10 \text{kg} \cdot \text{m}^2$

则，实验台的总转动惯量 $I = 16 + 10 = 26 \text{kg} \cdot \text{m}^2$

实验台从启动到稳定转动所需的时间为 3 分钟，其最大角加速度为 70g，选取 $\varepsilon = 3.8/\text{s}^2$

则，实验台的工作阻力矩为：$T = I \cdot \varepsilon = 26 \times 3.8 = 98.8 \text{N} \cdot \text{m}$

所以 $P_w = \frac{98.8 \times 300}{9550} = 3.11 \text{kW}$

传动总效率 η：

由第 2 章表 2-2 查得，圆锥齿轮的传动效率 $\eta_1 = 0.94$；滚动轴承的传动效率 $\eta_2 = 0.98$；联轴器的传动效率 $\eta_3 = 0.99$；

$\eta = \eta_1 \eta_2^2 \eta_3 = 0.94 \times 0.98^2 \times 0.99 = 0.894$

因此 $P_d = \frac{P_w}{\eta} = \frac{3.11}{0.894} = 3.47 \text{kW}$

从离心加速度实验装置安全性考虑。在上述计算的基础上，考虑安全系数，进一步计算电动机的额定功率为：$P = 1.3 \times 3.11 = 4.51 \text{kW}$

查表 17-1 选 $P = 5.5 \text{kW}$ 的电动机。具体参数如下：

电动机技术数据

电动机型号	额定功率(kW)	电动机满载转速(r/min)	轴径 mm	起动转矩/额定转矩	最大转矩/额定转矩
Y132M2-6	5.5	960	24	2.0	2.0

5. 直齿锥齿轮的选择与计算

(1) 计算（按参考文献[8]相关公式计算）

传递功率 $P = 5.5 \text{kW}$，主动轴转速 $n_1 = 960 \text{r/min}$，从动轴转速 $n^2 = 300 \text{r/min}$

(2) 选材料，热处理方法，定精度等级

小齿轮材料均为 40Cr(调质)，硬度为 280HB；大齿轮材料为 45 钢(调质)，表面淬火处理，硬度为 240HB；二者材料硬度差为 40HB。大、小齿轮均采用 7 级精度(GB 10095-1988)

按资料[15]P209 图 10-21(d) 查得小齿轮接触疲劳极限 $\sigma_{H\lim} = 600 \text{MPa}$；由 P207 图 10-20

(d)查得小齿轮弯曲疲劳极限 $\sigma_{F\lim}=500\text{MPa}$。大齿轮接触疲劳极限 $\sigma_{H\lim}=550\text{MPa}$;大齿轮弯曲疲劳极限 $\sigma_{F\lim}=380\text{MPa}$。

(3) 初步设计

选用直齿锥齿轮,按参考文献[15]P227 公式(10-26)接触强度进行初步设计,即

$$d_1 \geqslant 2.92\sqrt[3]{\left(\frac{Z_E}{[\sigma_H]}\right)^2 \frac{KT_2}{(1-0.5\Phi_R)^2\Phi_R}}$$

试选载荷系数:$K=1.3$

额定转矩:$T_1=9550P_1/n_1=9550\dfrac{5.5}{960}=54.7(\text{N·m})$

取弹性影响系数 $Z_E=189.8$

齿数比:$u=n_2/n_1=960/300=3.2$

齿宽系数:取 $\Phi_R=0.3$

许用接触应力$[\sigma_H]$:$[\sigma_H]=0.9\sigma_{H\lim}=0.9\times 600=540\text{MPa}$

$$d_1 \geqslant 2.92\sqrt[3]{\left(\frac{Z_E}{\sigma_H}\right)^2 \frac{KT_1}{(1-0.5\Phi_R)^2\Phi_R}}=2.92\sqrt[3]{\left(\frac{189.8}{540}\right)^2 \frac{1.3\times 54.7}{0.7^2\times 0.3}}=52.3$$

初算结果:

取 $d_1=60\text{mm}$。

(4) 几何尺寸计算:

齿形角:$\alpha=20°$

分锥角:$\delta_1=\arctan\dfrac{1}{u}=\arctan\dfrac{1}{3.33}=16.715°$

$\delta_2=90°-16.715=73.285°$

齿数:按参考文献[29]P14-162 表 14-3-6,不产生切根的最少齿数

$$z_{\min}=2\frac{\cos\delta}{(\sin\alpha)^2}=16.32$$

取 $z_1=21$,则 $z_2=u\times z_1=3.2\times 21=67.93$ $Z^2=70$

模数:$m=\dfrac{d}{z_1}=\dfrac{60}{21}=2.86$,按参考文献[29]P14-162 表 14-3-5 取 $m=3$

分度圆直径:$d_1=mz_1=3\times 21=63\text{mm}$

$$d_2=mz_2=3\times 70=210\text{mm}$$

齿宽中点分度圆:$d_{m1}=d_1\cdot(1-0.5\Phi_R)=63\times(1-0.5\times 0.3)=53.55\text{mm}$

$$d_{m2}=d_2\cdot(1-0.5\Phi_R)=210\times(1-0.5\times 0.3)=178.5\text{mm}$$

外锥距:$R=\dfrac{d_1}{2\sin\delta_1}=\dfrac{63}{2\sin 16.715°}=109.523\text{mm}$

中锥距:$R_m=R(1-0.5\Phi_R)=109.53\times(1-0.5\times 0.3)=93.1\text{mm}$

齿宽:$b=\Phi_R\cdot R=0.3\times 109.523=32.857\text{mm}$,取 $b=33\text{mm}$

齿顶高:$h_{a1}=m\cdot(1+\chi_1)=3\times 1=3\text{mm}$;

$h_{a2}=m\cdot(1+\chi_2)=3\text{mm}$,($\chi_1,\chi_2$ 为径向变位系数)

齿根高:$h_{f1}=m\cdot(1.2-\chi_1)=3\times 1.2=3.6\text{mm}$;

$$h_{f2}=m\cdot(1-\chi_2)=3.6\text{mm}$$

顶圆直径:$d_{a1}=d_1+2h_{a1}\cdot\cos\delta_1=63+2\times 3\times\cos 16.715°=68.75\text{mm}$

$$d_{a2}=d_2+f_1h_{a2}\cdot\cos\delta_2=2.10+2\times3\times\cos73.285°=211.73\text{mm}$$

齿根角:
$$\theta_{f1}=\arctan\frac{h_{f1}}{R}=\arctan\frac{3.6}{109.523}=1.88°$$

$$\theta_{f2}=\arctan\frac{h_{f2}}{R}=\arctan\frac{3.6}{109.523}=1.88°$$

齿顶角:$\theta_{a1}=\theta_{f2}=1.88°$;$\theta_{a2}=\theta_{f1}=1.88°$

顶锥角:$\delta_{a1}=\delta_1+\theta_{a1}=16.715°+1.88°=18.595°$

$\delta_{a2}=\delta_2+\theta_{a2}=73.285°+1.88°=75.165°$

根锥角:$\delta_{f1}=\delta_1-\theta_{f1}=16.715°-1.88°=14.835°$

$\delta_{f2}=\delta_2-\theta_{f2}=73.285°-1.88°=71.405°$

冠顶距:$A_{K1}=d_{2/2}-h_{a1}\times\sin\delta_1=210/2-3\times\sin16.715°=104.14\text{mm}$

$A_{K2}=d_{1/2}-h_{a2}\times\sin\delta_2=63/2-3\times\sin73.285°=28.63\text{mm}$

分度圆齿厚:$S_1=m\left(\frac{\pi}{2}+2\chi_1\tan\alpha+\chi_{a1}\right)=3\times\pi/2=4.71\text{mm}$

$S_2=m\left(\frac{\pi}{2}+2x_2\tan\alpha+\chi_{a2}\right)=4.71\text{mm}$

分度圆弦齿厚:$\overline{S}_1=S_1\left(1-\frac{S_1^2}{6d_1^2}\right)=4.71\times\left(1-\frac{4.71^2}{6\times63^2}\right)=4.7\text{mm}$

$$\overline{S}_2=S_2\left(1-\frac{S_1^2}{6d_2^2}\right)=4.71\times\left(1-\frac{4.71^2}{6\times210^2}\right)=4.71\text{mm}$$

分度圆弦齿高:$\overline{h}_{a1}=h_{a1}+\frac{S_1^2\cdot\cos\delta_1}{4d_1}=3+\frac{4.71^2\cdot\cos16.715°}{4\times63}=3.08\text{mm}$

$$\overline{h}_{a2}=h_{a2}+\frac{S_2^2\cdot\cos\delta_2}{4d_2}=3+\frac{4.71^2\cdot\cos73.285}{4\times210}=3.007\text{mm}$$

当量齿数:$z_{v1}=z_1/\cos\delta_1=21/\cos16.715°=22$

$z_{v2}=z_2/\cos\delta_2=70/\cos73.285°=243$

当量齿轮分度圆直径:$d_{V1}=dm_1/\cos\delta_1=53.55/\cos16.715°=55.9\text{mm}$

$$d_{V2}=dm_2/\cos\delta_2=178.5/\cos73.285°=620.6\text{mm}$$

齿宽中点齿顶高:$h_{am1}=h_{a1}-\frac{1}{2}b\tan\theta_{a1}=3-\frac{1}{2}\times33\times\tan1.88°=2.46\text{mm}$

$$h_{am2}=h_{a2}-\frac{1}{2}b\tan\theta_{a2}=3-\frac{1}{2}\times33\times\tan1.88°=2.46\text{mm}$$

当量齿轮顶圆直径:$d_{va1}=d_{v1}+2h_{am1}=55.9+2\times2.46=60.83\text{mm}$

$$d_{va2}=d_{v2}+2h_{am2}=620.6+2\times2.46=625.6\text{mm}$$

齿宽中点模数:$m_m=m\cdot R_{m/R}=3\times93.1/109.523=2.55\text{mm}$

当量齿轮基圆直径:$d_{vb1}=d_{v1}\cos\alpha=55.9\times\cos20°=52.54\text{mm}$

$$d_{vb2}=d_{v2}\cos\alpha=620.6\times\cos20°=583.23\text{mm}$$

啮合线长度:$g_{va}=0.5\left(\sqrt{d_{Va1}^2-d_{Vb1}^2}+\sqrt{d_{Va2}^2-d_{Vb2}^2}\right)-\frac{dv_1+dv_2}{2}\cdot\sin\alpha=12.8\text{mm}$

端面重合度:$\varepsilon_{va}=\frac{g_{va}}{m_m\pi\cos\alpha}=\frac{12.8}{2.55\times3.14\times\cos20°}=1.7$

20.3 离心加速度实验装置设计结果

离心加速度实验装置装配图如图 20.4 所示;箱体零件图如图 20.5 所示;输出轴零件图如图 20.6 所示;大圆锥齿轮零件图如图 20.7 所示。

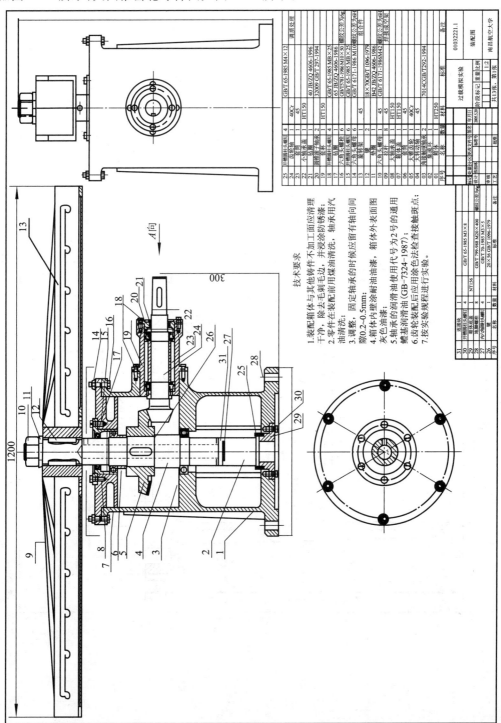

图 20.4 离心加速度实验装置装配图

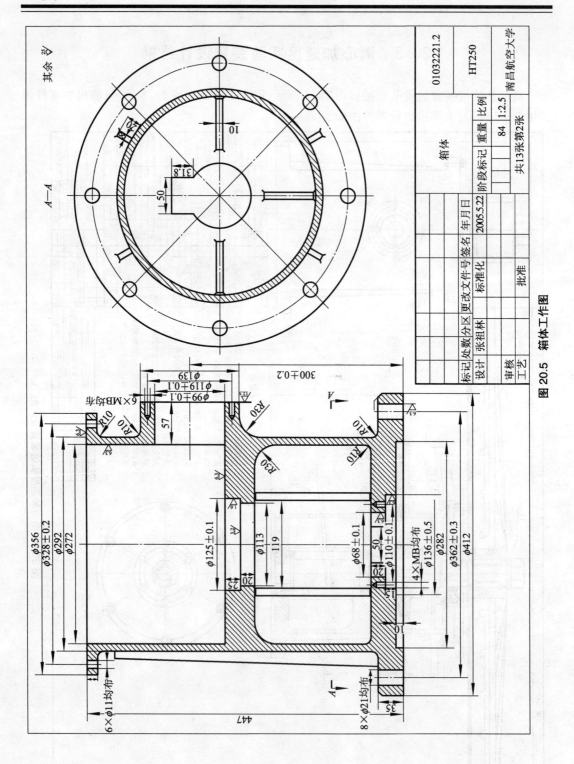

图 20.5 箱体工作图

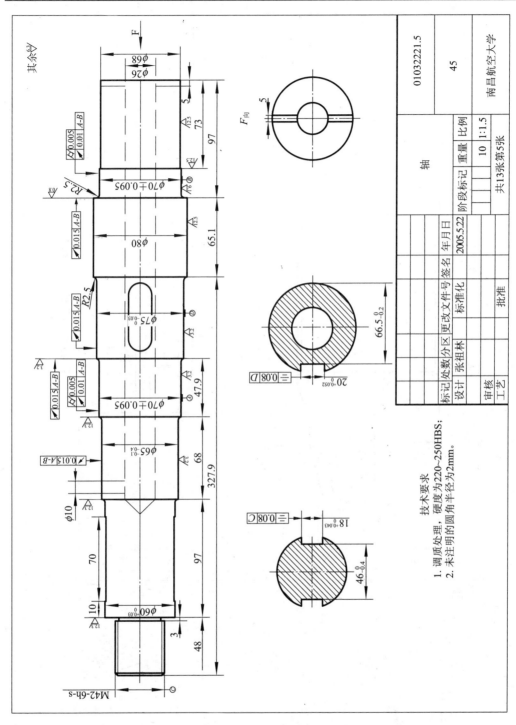

技术要求
1. 调质处理，硬度为220~250HBS;
2. 未注明的圆角半径为2mm。
轴
01032221.5
45
南昌航空大学
阶段标记 重量 比例
10 1:1.5
共13张第5张
标记 处数 分区 更改文件号 签名 年月日
设计 张祖林 标准化 2005.5.22
审核
工艺 批准
其余 6.3
M42-6h-s
327.9

图 20.6　输出轴工作图

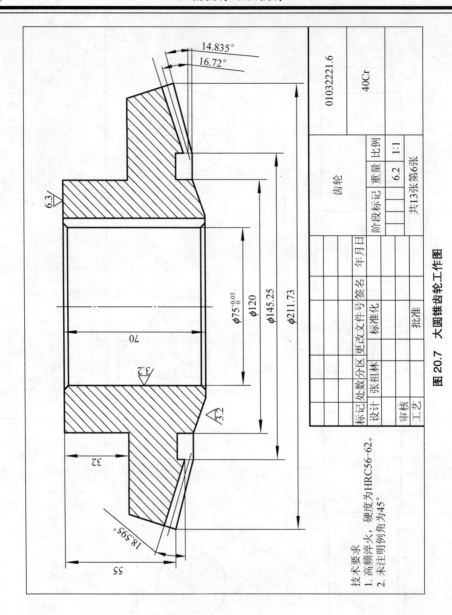

技术要求
1. 高频淬火，硬度为HRC56-62。
2. 未注明例角为45°

						齿轮			01032221.6
标记	处数	分区	更改文件号	签名	年月日				40Cr
设计	张祖林		标准化			阶段标记	重量	比例	
							6.2	1:1	
审核									
工艺			批准			共13张第6张			

图 20.7　大圆锥齿轮工作图

第 21 章 计算机辅助机械设计简介

21.1 概　述

在机械设计过程中,利用计算机作为工具的一切实用技术的总和称为计算机辅助设计(Computer Aided Design,CAD)。机械 CAD 包括的内容很多,如概念设计、优化设计、有限元分析、计算机仿真、计算机辅助绘图、计算机辅助设计过程管理等。

机械设计中常用的计算机辅助设计软件有 AutoCAD、CAXA、UG、Pro/E、SolidWorks、机械设计手册软件版等。

AutoCAD、CAXA 主要用于二维工程图的绘制,UG、Pro/ENGINEER、SolidWorks 用于建立机械产品的三维模型并对机械产品进行运动学、动力学分析及各种强度的计算。

其中 SolidWorks 易学易用、功能强大,并且为全中文界面,得到了越来越广泛的应用。

21.2 SolidWorks 软件简介

21.2.1 SolidWorks 的特点

SolidWorks 是非常优秀的三维机械软件,它易学易用,全中文界面,能完成产品的三维造型、上色、三维动画、CAD/CAM 转换、工程分析、工程制图等功能,为机械设计提供了良好的软件平台。用该软件可进行各类机械产品的设计,实现从产品概念设计、零件结构设计、机构装配设计、外观造型直至工程制造等全过程的计算机化。SolidWorks 软件具有以下几种特性。

1. 基于特征

就像装配体是由许多单独的零件组成的一样,SolidWorks 中的模型是由许多单独的元素组成的,这些元素被称为特征。例如,凸台、剪切体、孔、筋、圆角、倒角和斜度等,这些特征的组合就构成了机械零件实体模型。可以说零件的设计过程就是特征的累积过程。

SolidWorks 零件模型中,第一个实体特征称为基本特征,代表零件的基本形状,零件其他特征的创建往往依赖于基本特征。

SolidWorks 中的特征可以分为草图特征和直接生成特征。草图特征是基于二维草图的特征,通常该草图可以通过拉伸、旋转、扫描或放样转换为实体;直接生成特征就是直接创建在实体模型上的特征,如圆角和倒角就属于这类特征。

SolidWorks 在一个被称为特征管理窗格的特殊窗口中显示模型的基于特征的结构。树状结构的特征管理区不仅可以显示特征创建的顺序,而且还可以使用户很容易得到所有特征的相关信息。图 21.1 显示了这些特征与它们在特征管理窗格设计树列表中的一一对应关系。

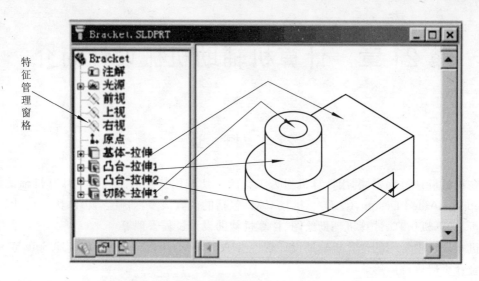

图 21.1 特征管理窗格设计树与零件特征的对应关系

2. 参数化

所谓参数化是指各个特征的几何形状和尺寸大小是用变量参数的方式来表达的。这个变量参数不仅可以是常数,而且可以是代数式。若改变某个特征的变量参数(如尺寸参数等),则实体轮廓的大小、形状也随之更改。

3. 实体建模

实体模型是 CAD 系统中最完全的几何模型类型,它除了完整描述模型的表面几何信息外,还描述了相关的拓扑信息,如三维形状、颜色、重量、密度、硬度等。以此为基础可进行空间运动分析、装配干涉分析、应力应变分析等。

21.2.2 SolidWorks 的用户界面

SolidWorks 2006 的用户界面如图 21.2 所示。

该界面所示为打开零件文件的操作界面,装配体文件及工程图文件的工作界面与此界面类似。

1. 菜单

通过菜单可以得到 SolidWorks 提供的所有命令。

在主菜单中,可以添加菜单项,也可以自定义各菜单项。主菜单每个菜单项都有下拉菜单。

2. 工具栏

工具栏使用户能快速得到最常用的命令。根据需要可以自定义添加、移动或重新排列工具中的按钮,此外,只要将鼠标指针停留在各按钮上,便可获得快速帮助。

添加按钮的方式是选择菜单中的"工具"→"自定义"选项,在弹出"自定义"对话框后,选择"命令"选项卡,然后将所需类别及相应的按钮拖动至工具栏中,如图 21.3 所示。

第 21 章 计算机辅助机械设计简介

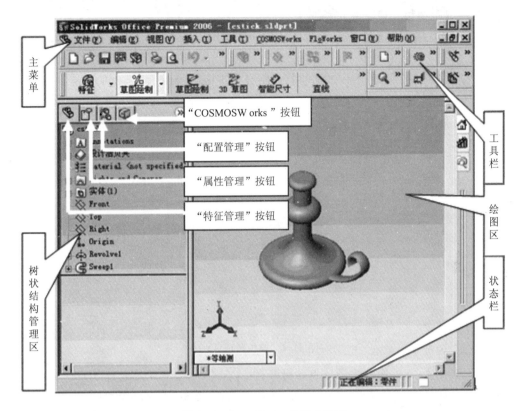

图 21.2 SolidWorks 的用户界面

此外，还可以打开或关闭某些工具栏，其方式是选择菜单中的"视图"→"工具栏"选项，然后逐个选取要显示（或隐藏）的工具栏的复选框。为了能够进入下拉菜单中的"视图"、"工具"、"自定义"对话框，必须先打开一个文件。

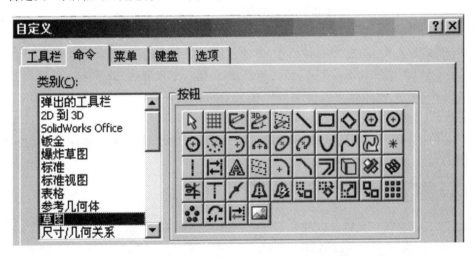

图 21.3 为工具栏添加按钮的"自定义"对话框

3. 管理区

在主窗口的左边，有一长方形区域，称为管理区。管理区有两个窗格，即管理窗格和显示窗格,其中显示窗格一般都被折叠起来。

(1) 在管理窗格中有多个选项按钮,利用它可以切换到不同的管理模式,如特征管理、属性管理等。

(2) "特征管理"按钮:单击该按钮将打开特征管理区(FeatureManager)。

(3) "属性管理"按钮:单击该按钮将打开属性管理区(PropertyManager)。

属性管理区如图 21.4 所示。

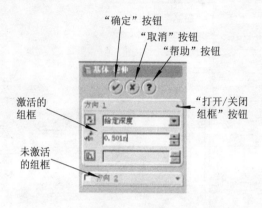

图 21.4 属性管理区

当开始执行命令时,属性管理区自动打开。

许多 SolidWorks 命令是通过属性管理区执行的,在 SolidWorks 窗口中,属性管理区与特征管理区处于同一个位置。当属性管理区运行时,它自动代替特征管理区设计树的位置。在属性管理区的顶部排列有"确认"、"取消"和"帮助"按钮。在顶部按钮的下面是一些对话组框,用户可以根据需要将它们打开(展开)或关闭(折叠)。

(4) 配置管理按钮:单击该按钮,将打开配置管理区(ConfigurationManager),用来生成、选择和查看一个文件中零件和装配体的配置。

配置让用户可以在单一的文件中对零件或装配体生成多个设计变化。配置提供了简便的方法来开发与管理一组有着不同尺寸、零部件或其他参数的模型。例如,在零件文件中,配置使用户可以生成具有不同尺寸、特征和属性(包括自定义属性)的零件系列。

(5) 另外有些插件的管理按钮也可以添加至管理区,如"有限元分析"按钮("COSMOSWorks"按钮)、"运动分析管理"按钮等。

此外,单击管理区窗格顶部的 按钮可展开显示窗格。在显示窗格中,可以查看零件和工程图文件的各种显示设置,如图 21.5 所示。

4. 图形区

SolidWorks 主窗口大部分区域是管理区右边的图形区。

1) 坐标系

坐标系以 X、Y、Z 这 3 轴的形式出现在图形区左下方,可以帮助用户在查看模型时导向。它仅供参考之用,不能用做推理点,用户可隐藏坐标系,也可指定其颜色。

如果想隐藏坐标系,在主菜单中选择"工具"→"选项"→"系统选项"→"显示/选择"选项,选择或清除"显示参考三重轴",然后单击"确定"按钮。

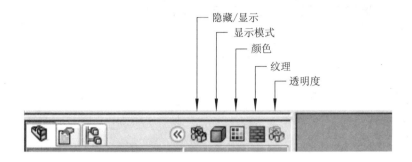

图 21.5 显示窗格

2) 基准面

SolidWorks 自带 3 个基准面,即前视、上视和右视,分别代表 3 个视图方向。只有在基准面上绘制草图后,才可创建实体模型。

可以创建其他的基准面,方法是在主菜单中选择"插入"→"参考几何体"→"基准面"选项。

3) 多窗口显示

可将图形区域分割成两个或四个窗格,如图 21.6 所示。

欲分割图形区域,可在窗口竖直滚动条的顶部或水平滚动条的左端当鼠标指针变成 ⇌ 时,往下或往右拖动,或双击将窗口分割为两半,用户可在每个窗格中调整视图方向、缩放等。

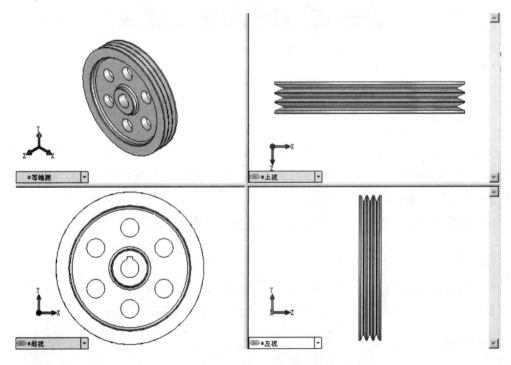

图 21.6 分割图形区域

4) 系统颜色选项

可设定图形区的背景颜色,其方法是在主菜单中选择"工具"→"选项"→"系统选项"→

"颜色"→"视区背景"选项,编辑选择合适颜色后,单击"确定"按钮。

5)操纵图形区

(1)可通过"视图"工具栏来放大、缩小、平移、旋转视图,也可通过"视图"工具栏改变实体模型的显示模式。

若要返回到上一视图,单击"视图"工具栏上的"上一视图"按钮 即可。

"视图"工具栏如图 21.7 所示。

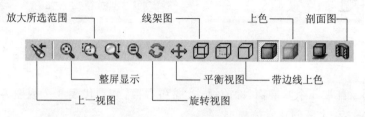

图 21.7 "视图"工具栏

(2)可通过"标准视图"工具栏以设定好的标准方向定向观看零件、装配体或草图。其中单击"正视于"按钮 ,使用户选择的面与屏幕平行(如果用户再次单击该按钮,模型将反转180°),故它非常利于绘图。

"标准视图"工具栏如图 21.8 所示。

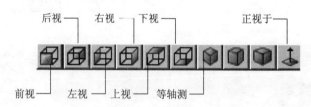

图 21.8 "标准视图"工具栏

5. 任务窗格

在绘图区的右边,将会出现任务窗格,它包含 3 个标签:"SolidWorks 资源库" 、"设计库" 、"文件探测器" ,其中设计库含有大量的常用标准件库、常用特征库及零部件供应商提供的所有主要 CAD 格式的 3D 模型。

任务窗格一般处于折叠状态,通过单击 按钮可将其展开。

6. 状态栏

窗口底部的状态栏提供与用户正执行的功能有关的信息。欲显示(或隐藏)状态栏,可在主菜单中单击"视图"按钮,在下拉菜单中选择(或不选择)"状态栏"选项。

7. 命令选项

许多命令选项可以通过单击鼠标按键来实现。

(1)单击左键,可选择对象,如几何体、菜单按钮和特征管理员设计树中的特征。

(2)单击右键,可激活快捷菜单列表,快捷菜单列表的内容取决于光标所处的位置,其中也包含常用命令的快捷键。

（3）单击中键，可动态地旋转、平移和缩放零件或装配体，平移工程图。

8．系统反馈

反馈由一个连接到箭头形光标的符号来代表，它表明用户正在选取什么或系统希望用户选取什么。当光标通过模型时，与光标相邻的符号就表示系统反馈。图21.9示出了一些符号，从左至右分别表示反馈的是顶点、边、表面。

图 21.9　箭头形光标的符号

9．SolidWorks API

SolidWorks 应用程序设计界面（API）是与 SolidWorks 软件相关的 COM 程序设计界面。此 API 中包含了上千种可以在 Visual Basic（VB）、Visual Basic for Applications（VBA）、VB.NET、C++、C♯或 SolidWorks 宏文件中调用的功能，这些函数使程序设计员可以直接使用 SolidWorks 的功能。

10．帮助

当使用 SolidWorks 遇到问题时，可以打开主菜单中的"帮助"下拉菜单。它包含 SolidWorks 帮助主题、快速提示、SolidWorks API 和插件帮助主题、在线指导教程等。其中，在线指导教程安排了30个全中文的实例课程，从零件体到装配体、从渲染到分析、从简单到高级，它是 SolidWorks 的一大特色。

如果打开了插件，则下拉菜单中会出现相应的帮助主题，有的插件还带有在线指导教程。

21.3　机械三维 CAD 应用实例

21.3.1　创建简单零件模型

下面以几个典型零件为例，介绍用 SolidWorks 进行计算机辅助机械零件三维设计的过程和方法。

1．带轮建模

精压机主机中的大带轮，外形如图 21.10 所示。

建模的主要内容包括：生成基体特征，添加切除—拉伸特征，添加拔模特征，添加镜像特征，添加切除—旋转特征，添加线性阵列特征，添加腹板孔，添加圆周阵列特征，添加圆角特征，添加倒角特征。

1）生成基体特征

（1）单击"标准"工具栏上的"新建"按钮，弹出"新建 SolidWorks 文件"对话框，如图 21.11 所示。

图 21.10　大带轮外形

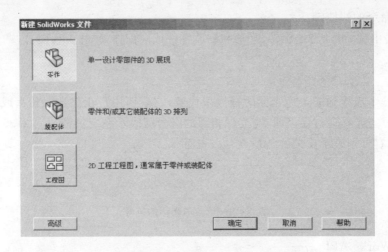

图 21.11 "新建 SolidWorks 文件"对话框

(2) 选择"零件"选项,然后单击"确定"按钮。SolidWorks 零件体文件的界面弹出。

(3) 在特征管理窗格的设计树中选择"前视"基准面,单击"草图绘制"按钮,将其作为草图绘制平面。

(4) 单击"草图"工具栏上的"圆"按钮,将指针移到草图原点处。当指针变为时,表示指针正位于原点上。单击原点,然后移动指针来生成以原点为中心的圆。

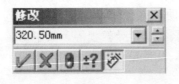

图 21.12 "修改"对话框

(5) 单击"草图"工具栏上的"智能尺寸"按钮,指针变为时,单击圆周便可为此圆标注尺寸。双击该尺寸,弹出如图 21.12 所示的"修改"对话框,便可修改尺寸。在此将尺寸修改为 320.50mm(大带轮的外圆尺寸),单击"修改"对话框中的"确定"按钮即可。

(6) 单击"草图"工具栏上的按钮,退出草图状态。此时特征管理区多出一项"草图 1",如图 21.13 所示。

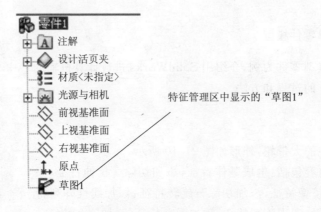

图 21.13 创建草图

(7) 让"草图 1"处于"选中"状态(图形区中的圆变为绿色),单击"特征"工具栏中的"拉伸凸台"按钮,"拉伸"属性管理区弹出,绘图区变为上下二等角轴测图,拉伸预览出现在图形区域中,如图 21.14 所示。

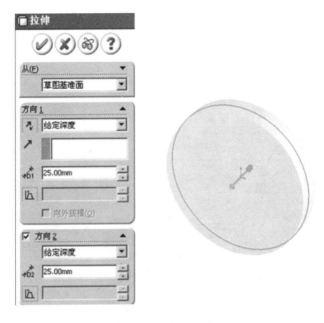

图 21.14　拉伸凸台

(8) 在属性管理区的"方向 1"栏中,在终止条件 中选择"给定深度"选项,将"给定深度" 设定为 25mm,在"方向 2"栏中也设置"给定深度"为 25mm,单击"确定"按钮 便可以生成拉伸凸台(参考图 21.25(b))。

之所以在两个方向拉伸,主要是为了在结构上按前视面对称,便于后面的镜像操作。

2) 添加切除—拉伸特征

若要在模型上添加新的特征,可以在模型的面或基准面上绘制草图,然后加以拉伸或切除。

(1) 将指针移到零件的正面,指针形状变为 ,单击该面,该面变为绿色显示,表示此面处于选中状态。

(2) 单击"草图绘制"按钮 ,将其作为草图绘制平面。为了绘图方便,单击"标准视图"工具栏的"正视于"按钮 。

(3) 单击"草图"工具栏上的"圆"按钮 ,将指针移到草图原点处,在所选面上绘制一个以原点为中心,直径分别为 80mm 和 260mm 的圆。

(4) 单击"草图"工具栏上的 按钮,退出草图状态。特征管理区多出"草图 2"一项。

(5) 选中"草图 2",单击特征工具栏中的"拉伸切除"按钮 ,"拉伸切除"属性管理区弹出,为了方便预览,可单击"视图"工具栏上的"旋转视图"按钮 。

(6) 在属性管理区的"方向 1"栏中,选择"给定深度"选项,将"给定深度"设定为 15mm,在"方向 2"栏中也设置"给定深度"为 25mm,单击"确定"按钮,便完成添加切除—拉伸特征(参考图 21.25(d))。

在特征管理区的设计树中,多出一项"切除—拉伸 1"。

3) 添加拔模特征

(1) 在"特征"工具栏中单击"拔模"按钮，弹出"拔模"属性管理区，如图 21.15 所示。

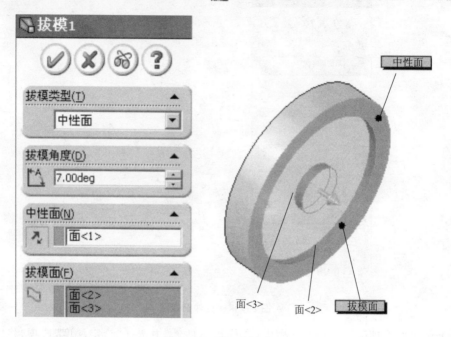

图 21.15　添加拔模特征

(2) 在"拔模"属性管理区中，"拔模类型"选"中性面"，"拔模角度"取"7.00deg"，单击"确定"按钮，即完成了拔模操作。

在特征管理区的设计树中，多出一项"拔模 1"。

4) 添加镜像特征

(1) 在"特征"工具栏中单击"镜像"按钮，弹出"镜像"属性管理区，如图 21.16 所示。

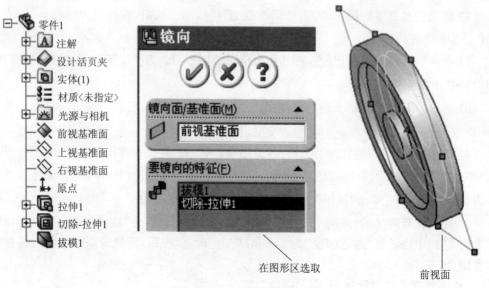

图 21.16　添加镜像特征

(2) 在“镜像”属性管理区,“镜像面/基准面”选择“前视基准面”,“要镜像的特征”选择“切除—拉伸 1”和“拔模 1”两个特征(可在图形区选取),单击“确定”按钮,即完成了镜像操作。

5) 添加切除—旋转特征

(1) 选择右视基准面,单击工具栏上的按钮,在右视基准面上绘制大带轮的轮槽截面,其位置和尺寸值如图 21.17 所示。

(2) 单击“草图”工具栏上的按钮,退出草图状态。

(3) 选择“草图 3”选项,单击“切除—旋转”按钮,在弹出的“切除—旋转”属性管理区中,依次选择“基准轴〈1〉”(带轮的旋转轴)、“单向”、“360.00deg”,如图 21.18 所示。

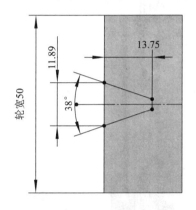

图 21.17 带轮的轮槽截面

图 21.18 “切除—旋转”属性管理区

(4) 单击“确定”按钮,添加切除—旋转特征。

在特征管理区的设计树中,多出一项“切除—旋转 1”。

6) 添加线性阵列特征

(1) 在“特征”工具栏中单击“线性阵列”按钮,弹出“线性阵列”属性管理区。在“方向 1”栏中,依次选择“基准轴〈1〉”(沿带轮旋转轴即带轮的宽度方向)、“15.00mm”(槽间距)、“2”(共两个);“方向 2”同样设置;“要阵列的特征”选“切除—旋转 1”,如图 21.19 所示。

(2) 在属性管理区单击“确定”按钮,即完成了线性阵列操作(参考图 21.25(f))。

7) 添加轴孔、键槽

(1) 选择 ϕ80mm 的小圆面,单击工具栏上的按钮,进入草图状态,在小圆面上绘制轴孔和键槽截面,如图 21.20 所示。

(2) 退出草图状态后,选中该草图,然后单击“特征”工具栏中的“拉伸切除”按钮,“拉伸切除”属性管理区弹出,对“方向 1”选择“完全贯穿”。

(3) 在属性管理区单击“确定”按钮,即完成了添加轴孔、键槽的操作(参考图 21.25(g))。

在特征管理区的设计树中,多出一项“切除—拉伸 2”。

8) 添加腹板孔

(1) 选择腹板面,进入草图状态。

(2) 在腹板面上先绘制 ϕ170mm 作为圆心位置,再绘制 ϕ40mm 的圆孔,如图 21.21 所示。注意 ϕ170mm 的圆要选成构造线。

(3) 退出草图状态后,选中该草图,然后单击“特征”工具栏中的“拉伸切除”按钮,“拉

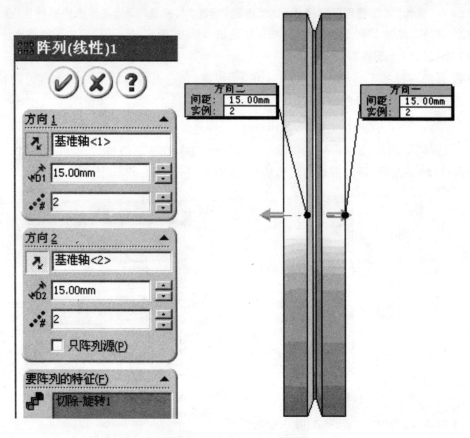

图 21.19 线性阵列的属性设置

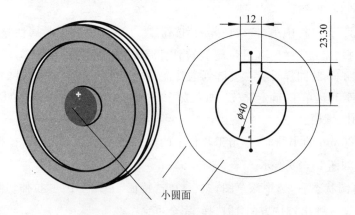

图 21.20 在小圆面上添加轴孔、键槽

伸切除"属性管理区弹出,对"方向 1"选择"完全贯穿"。

(4) 在属性管理区单击"确定"按钮,即完成了腹板孔的添加(参考图 21.25(h))。在特征管理区的设计树中,多出一项"切除—拉伸 3"。

9) 添加圆周阵列特征

(1) 在"特征"工具栏中单击"周阵阵列"按钮 ,弹出"圆周阵列"属性管理区。在"参

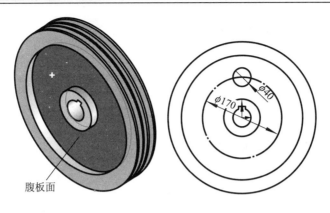

图 21.21 添加腹板孔

数"栏中,"阵列轴"选"基准轴〈1〉","阵列角度"取"360.00deg","阵列数"取"6";"要阵列的特征"选"切除—拉伸3",如图 21.22 所示。

(2) 在属性管理区单击"确定"按钮,即完成了圆周阵列特征的添加(参考图 21.25(i))。

10) 添加圆角特征

(1) 在"特征"工具栏中单击"圆角"按钮 ,在弹出的"圆角"属性管理区中,"圆角类型"选"等半径"、取圆角半径为 10mm,要铸圆角的边选择腹板与轮毂、腹板与轮缘的 4 条交线,如图 21.23 所示。

(2) 在属性管理区单击"确定"按钮,即完成了圆角特征的添加。

图 21.22 圆周阵列的属性设置

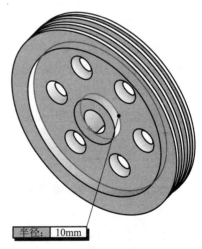

图 21.23 添加圆角特征

11) 添加倒角特征

添加倒角特征与添加圆角特征类似。

(1) 在"特征"工具栏中单击"倒角"按钮,在弹出的"倒角"属性管理区中,"倒角参数"选 $\phi 40$mm 的轴孔线(边线〈1〉、〈4〉)、$\phi 80$mm 的轮毂线(边线〈2〉、〈5〉)、$\phi 260$mm 的轮缘线(边线〈3〉、〈6〉),如图 21.24 所示。

(2) 在属性管理区单击"确定"按钮,即完成了倒角特征的添加。

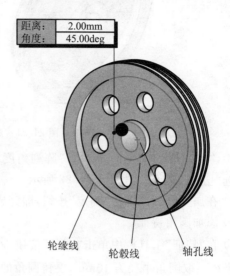

图 21.24　添加倒角特征

经过以上 11 个大步骤，便完成了带轮的建模。整个建模过程如图 21.25 所示。

2．减速器高速轴建模

1）新建 SolidWorks 零件体文件

单击"标准"工具栏上的"新建"按钮，弹出"新建 SolidWorks 文件"对话框。选择"零件"选项，单击"确定"按钮后，SolidWorks 零件体文件的界面弹出。

2）创建轴的主体

(1) 在特征管理区的设计树中选择"前视"基准面，单击"草图绘制"按钮，创建"草图 1"。

(2) 单击"中心线"按钮，绘制一条通过坐标原点的水平中心线。

(3) 单击"直线"按钮，绘制轴的旋转轮廓，并利用"智能尺寸"按钮标注其尺寸，如图 21.26 所示。

(4) 单击按钮，退出"草图 1"。

(5) 选中"草图 1"后，单击"特征"工具栏的"旋转凸台/基体"按钮，以草图的水平中心线为"旋转轴"；设置旋转角度为 360°。

(6) 单击"确定"按钮，完成旋转特征的创建，如图 21.27 所示。

3）添加带轮键槽

(1) 选择"插入"→"参考几何体"→"基准面"选项，弹出"基准面"属性管理区，选择"上视基准面"为参考基准面，"距离"为 70mm，单击"确定"按钮，创建"基准面 1"作为添加键槽的参考几何面。

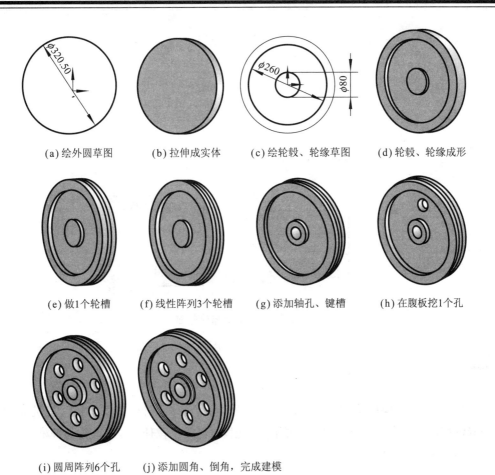

(a) 绘外圆草图　(b) 拉伸成实体　(c) 绘轮毂、轮缘草图　(d) 轮毂、轮缘成形

(e) 做1个轮槽　(f) 线性阵列3个轮槽　(g) 添加轴孔、键槽　(h) 在腹板挖1个孔

(i) 圆周阵列6个孔　(j) 添加圆角、倒角，完成建模

图 21.25　大带轮的建模

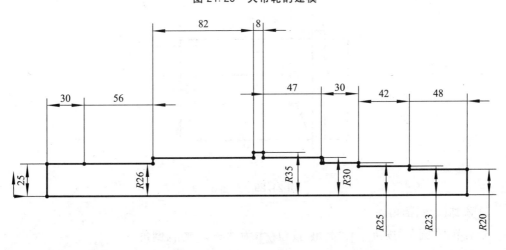

图 21.26　轴的旋转轮廓

(2) 选择“基准面 1”，单击“草图绘制”按钮，创建“草图 2”。绘制轴端键槽纵截面如图 21.28 所示，单击按钮，退出“草图 2”。

(3) 选中“草图 2”后，单击“切除—拉伸”按钮，弹出“切除—拉伸”属性管理区，设置

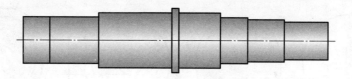

图 21.27　旋转特征的创建

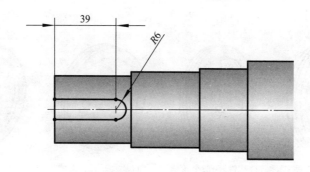

图 21.28　轴端键槽纵截面

"给定深度"为 55mm(键槽深为 5mm)。单击"确定"按钮 ✓，便创建了"切除—拉伸 1"，即轴端键槽。

4) 添加齿轮键槽

在"基准面"上再建"草图 3"，如图 21.29 所示。按上述同样步骤，设置"给定深度"为 47mm(键槽深为 7mm)。单击"确定"按钮 ✓，创建"切除—拉伸 2"，即齿轮的键槽。

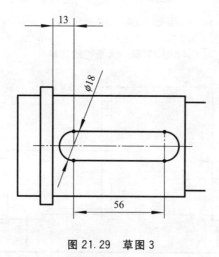

图 21.29　草图 3

5) 添加圆角、倒角

分别单击"圆角"按钮 ⬤、"倒角"按钮 ⬤，为轴添加圆角、倒角。

6) 钻螺纹孔

(1) 选中需钻螺纹孔的端面，并大致找定一个位置，单击"特征"工具栏的"异型孔向导"按钮 ⬤。在弹出的属性管理区中，选择"类型"选项卡，"孔规格"选"螺纹孔"，"标准"选"ISO"，"类型"选"底部螺纹孔"，"大小"取 M6，孔的"给定深度"为 15mm，螺纹线的"给定深度"为 12mm。

(2) 单击"确定"按钮✓,创建一个螺纹孔。在特征管理区多出一个"M6 螺纹孔 1"及"草图 4"、"草图 5"。

(3) 在特征管理区,右击"草图 4",选择"编辑草图"。在"草图 4"中对螺孔中心点标注尺寸,使其位于水平中心线上并且距竖直中心线(键槽截面的对称中心线)10mm。

(4) 单击"草图"工具栏上的"镜像实体"按钮,在弹出的属性管理区中,要镜像的实体选为螺孔中心点,镜像点(线)选为竖直中心线。单击"确定"按钮✓,便镜像出一个新的螺孔中心点。

(5) 单击按钮退出"草图 4",则两个 M6 螺纹孔添加完毕,如图 21.30 所示。

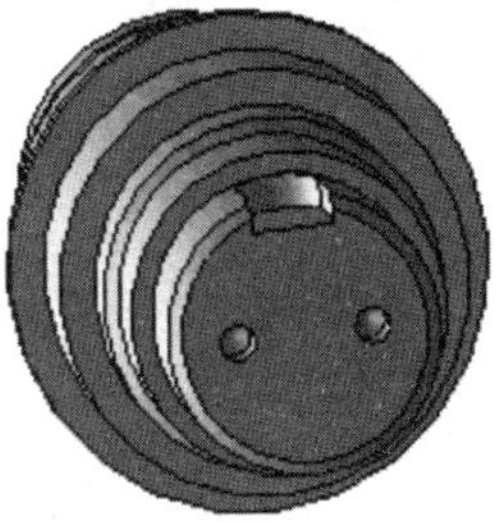

图 21.30 添加螺纹孔

(6) 利用渲染插件 PhotoWorks 进行渲染。选择"工具"→"插件"选项,在弹出的"插件"对话框中,选中"PhotoWorks"。主菜单上出现"PhotoWorks"菜单项。选择"PhotoWorks"→"材质"→"磨光钢"选项;选择"PhotoWorks"→"布景"→"无限长白地板"选项;选择"PhotoWorks"→"交互渲染"选项。

完成后的高速轴如图 21.31 所示。

图 21.31 减速器高速轴

3. 齿轮建模

(1) 单击"标准"工具栏上的"新建"按钮,弹出"新建 SolidWorks 文件"对话框。选择"装配体"选项,单击"确定"按钮后,SolidWorks 装配体文件的界面弹出。

(2) 选择"工具"→"插件"选项,在弹出的"插件"对话框中,选上"Toolbox",主菜单上出现"Toolbox"菜单项。

(3) 打开任务窗格的"设计库"按钮,选择"Toolbox"→"ISO"→"动力传动"→"齿轮"选项,将"螺旋齿轮"的图标拖动到图形区,出现"齿轮参数选择"对话框。选"模块"(模数)为

4,"齿数"为27,"螺旋角"为15.31°,"面宽"(齿宽)为85,"标称直径"为60,矩形键槽。单击"确定"按钮,便创建了减速器高速齿轮。

标准件只能在装配体文件中调入。

(4) 将鼠标指针拖至齿轮模型,右击,在弹出菜单中选择"打开零件"进入齿轮零件模型。

(5) 选择"文件"→"另存为"选项,在弹出的"另存为"对话框中另起一名称"小齿轮"并保存。注意应选中"另存备份档"复选框。

(6) 单击"倒角"按钮 ,为小齿轮添加倒角。

完成后的高速齿轮建模如图21.32所示。

图 21.32 高速齿轮

21.3.2 创建装配体

1. 装配体技术

装配体是在一个文件中两个或多个零部件的组合,这些零部件之间通过配合关系来确定零部件的位置和限制运动。

1) 设计方法

SolidWorks 有两种设计方法,即自下而上的方法和自上而下的方法。

自上而下设计法是从装配体开始设计工作,以装配体布局草图作为设计的开端,定义固定的零件位置、基准面等,使用一个零件来定义另一个零件,然后参考这些定义来设计零件。

自下而上设计法是比较传统的方法。在自下而上设计法中,先生成零件并将之插入装配体,然后根据零件不同的位置和约束关系,将一个个零件安装成部件或产品。由于零部件是独立设计的,它们的相互关系及重建行为更为简单,当不需要相对于其他零件建立控制大小和尺寸的参考关系时,通常采用自下而上设计法。

2) 装配体的配合

装配体中定义了两种配合,即标准配合和高级配合。

标准配合含有重合、平行、垂直、相切和同轴心5种配合;高级配合含有凸轮、齿轮、对称及宽度4种配合。其中,对称配合是强制使两个相似的实体相对于某个平面对称,宽度配合是使实体位于某一宽度的中心。

所有配合类型会始终显示在属性管理区中,但只有适用于当前选择的配合才可供使用。

3) 在装配体中添加零部件

当将一个零部件(单个零件或子装配体)放入装配体中时,这个零部件文件会与装配体文件链接。零部件出现在装配体中,零部件的数据还保持在源零部件文件中,对零部件文件所进行的任何改变都会更新装配体。

有多种方法可以将零部件添加到一个新的或现有的装配体中。如单击"装配体"工具栏上的"插入零部件"按钮 ,或在主菜单中选择"插入"→"零部件"→"现有零件/装配体"选项。注意选择"现有零件/装配体"选项时,相应的零件和装配体文件必须处于打开状态。

也可以从任务窗格中的"文件探索器"窗口或从"资源管理器"窗口中拖动文件图标至装配体文件图形区。插入标准件可通过插件"Toolbox"及任务窗格的设计库来完成。

第 21 章　计算机辅助机械设计简介

另外,通过零部件阵列、零部件镜像及智能扣件均可在装配体文件图形区添加零部件。

2. 轴系的装配

采用自下而上设计法,在创建装配体之前,相关零件已完成了设计建模并进行了保存。

1) 新建 SolidWorks 零件体文件

单击"标准"工具栏上的"新建"按钮 ,弹出"新建 SolidWorks 文件"对话框。选择"装配体"选项,单击"确定"按钮后,SolidWorks 装配体文件的界面弹出。

2) 选择合适零件

单击"文件探索器"按钮 ,在"文件探索器"窗口找到所需零件并一一拖至装配体文件图形区,如图 21.33 所示。

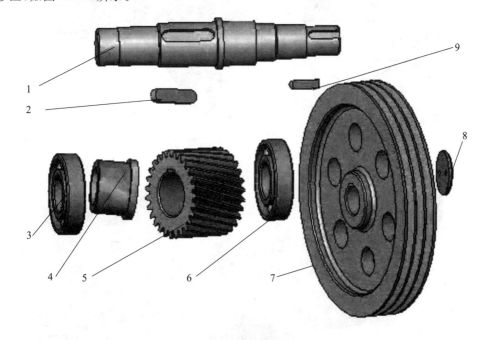

图 21.33　高速轴轴系的零件

1—高速轴　2—齿轮键　3—轴承　4—套筒　5—齿轮　6—轴承
7—大带轮　8—轴端挡圈　9—带轮键

3) 齿轮键的装配

(1) 通过"视图"工具栏的"局部放大"按钮 ,将要装配的零件放大;通过"视图"工具栏的"旋转"按钮 或"装配"工具栏的"旋转零件"按钮 、"移动零件"按钮 将要装配的零件调整到合适的位置,并在整个装配过程中一直进行这种调整。

(2) 单击"装配体"工具栏的"配合"按钮 ,分别选中要重合的齿轮键的 A 面和轴上键槽的 B 面,在弹出的属性管理区中显示合适的配合是重合,在属性管理区中单击"确定"按钮 ,即完成了两个面的重合,如图 21.34(a)、图 21.34(b)所示。注意选用"配合对齐"按钮 来控制配合面的方向。

(3) 选择齿轮键的侧面与键槽的侧面进行"重合"配合,如图 21.34(c)所示,单击"确定"按钮 ;选择齿轮键与键槽的圆柱面进行"同轴心"配合,如图 21.34(d)所示,单击"确定"按钮✔。

由此完成了齿轮键的装配。

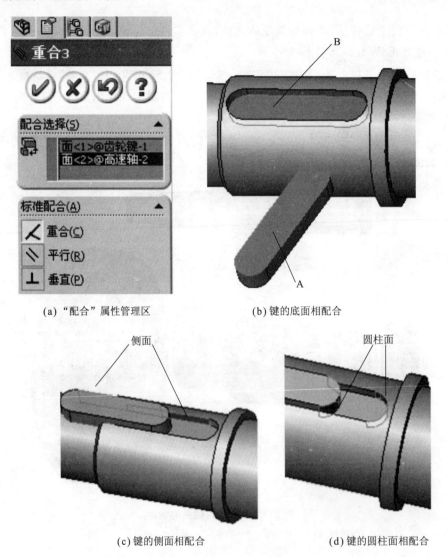

(a)“配合”属性管理区

(b) 键的底面相配合

(c) 键的侧面相配合

(d) 键的圆柱面相配合

图 21.34　齿轮键中面的配合

4) 带轮键槽的装配

与齿轮键装配的方法相同，在此不再赘述。

5) 齿轮的装配

(1) 将齿轮和轴调整到合适的位置和大小，并在整个装配过程中一直进行这种调整。

(2) 选择齿轮键槽侧面与齿轮键进行“重合”配合，单击“确定”按钮✔。

(3) 选择齿轮端面与轴环侧面进行“重合”配合，如图 21.35(a)所示，单击“确定”按钮✔。

(4) 选择齿轮孔与轴头进行“同轴心”配合，如图 21.35(b)所示，单击“确定”按钮✔。

6) 套筒的装配

(1) 将套筒和轴调整到合适的位置和大小，并在整个装配过程中一直进行调整。

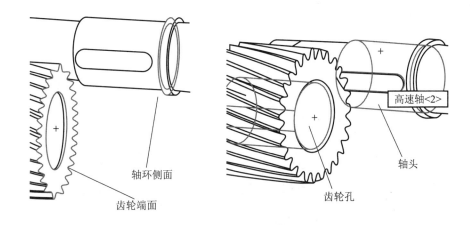

(a) 齿轮端面与轴环面重合　　　　(b) 齿轮孔与轴头同轴心

图 21.35　齿轮与轴的配合

(2) 选择套筒端面与齿轮端面进行"重合"配合,如图 21.36(a)所示,单击"确定"按钮。

(3) 选择套筒孔与轴的相应轴段进行"同轴心"配合,图 21.36(b)所示,单击"确定"按钮。

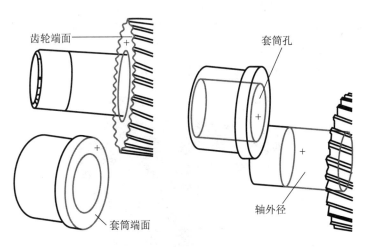

(a) 套筒端面与齿轮端面配合　　　　(b) 套筒孔与轴外径配合

图 21.36　套筒的装配

7) 轴承的装配

将轴承外圈的窄边面对齿轮。

轴承端面与相应轴的端面用"重合"配合,轴承孔与轴颈用"同轴心"配合,如图 21.37 所示。另一个轴承的装配与此相同。

8) 大带轮的装配

与齿轮装配的方法相同,在此不再赘述。

9) 轴端挡圈的装配

(1) 使轴端挡圈上的两个孔与轴端面上的两个孔分别进行"同轴心"配合。

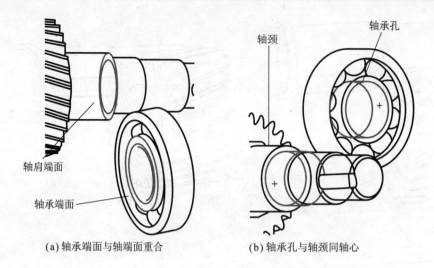

(a) 轴承端面与轴端面重合 (b) 轴承孔与轴颈同轴心

图 21.37 轴承的装配

(2) 轴端挡圈的大平面与轴端面用“重合”配合。

10) 为轴端挡圈安装螺钉

(1) 单击任务窗格的“设计库”按钮，选择“Toolbox”→“ISO” →“六角螺栓和螺钉”选项，将“六角螺栓”的图标拖动到图形区，出现“参数选择”对话框。选“大小”为 M6，“长度”为 20，“螺纹线显示”为“图解”，单击“确定”按钮，便创建了 M6 的螺钉。

(2) 利用“重合”与“同轴心”配合，将螺钉装进轴中。

至此，轴系已装配完成，完成后的轴系如图 21.38 所示。

图 21.38 完成后的轴系装配

参考文献

[1] 王昆.机械设计课程设计[M].北京:高等教育出版社,2006.
[2] 陆玉.机械设计课程设计[M].北京:机械工业出版社,2005.
[3] 巩云鹏.机械设计课程设计[M].沈阳:东北大学出版社,2000.
[4] 任金泉.机械设计课程设计[M].西安:西安交通大学出版社,2002.
[5] 席伟光.机械设计课程设计[M].北京:高等教育出版社,2003.
[6] 张培金.机械设计课程设计[M].上海:上海交通大学出版社,1996.
[7] 王大康.机械设计课程设计[M].北京:北京工业大学出版社,2000.
[8] 刘俊龙.机械设计课程设计[M].北京:机械工业出版社,1996.
[9] 黄珊秋.机械设计课程设计[M].北京:机械工业出版社,1999.
[10] 汪恺.形位公差[M].北京:中国计量出版社,1997.
[11] 宋宝玉.机械设计课程设计指导书[M].北京:高等教育出版社,2006.
[12] 邢闽芳.互换性与技术测量[M].北京:清华大学出版社,2007.
[13] 张琳娜.精度设计与质量控制基础[M].北京:中国计量出版社,2006.
[14] 梁国明.新旧六项基础互换性标准问答[M].北京:中国标准出版社,2007.
[15] 濮良贵.机械设计[M].北京:高等教育出版社,2007.
[16] 王旭.机械设计课程设计[M].北京:机械工业出版社,2007.
[17] 王中发.机械设计[M].北京:北京理工大学出版社,1998.
[18] 张策.机械原理与机械设计[M].北京:机械工业出版社,2004.
[19] 杨明忠.机械设计[M].武汉:武汉理工大学出版社,2001.
[20] 吴宗泽.机械设计[M].北京:人民交通出版社,2003.
[21] 李柱国.机械设计与理论[M].北京:科学出版社,2003.
[22] 邱宣怀.机械设计[M].北京:高等教育出版社,1997.
[23] 郑江.机械设计[M].北京:北京大学出版社,2006.
[24] 杨可桢.机械设计基础[M].北京:高等教育出版社,1999.
[25] 秦伟.机械设计基础[M].北京:机械工业出版社,2004.
[26] 潘风章.机械设计[M].北京:机械工业出版社,2004.
[27] 封立耀.机械设计基础实例教程[M].北京:北京航空航天大学出版社,2006.
[28] 汤酞则.材料成形工艺基础[M].长沙:中南大学出版社,2003.
[29] 李新城.材料成形学[M].北京:机械工业出版社,2000.
[30] 成大光.机械设计手册(第3卷)[M].北京:化学工业出版社,1993.

北京大学出版社教材书目

✧ 欢迎访问教学服务网站 www.pup6.cn，免费查阅下载已出版教材的电子书(PDF 版)、电子课件和相关教学资源。

✧ 欢迎征订投稿。联系方式：010-62750667，童编辑，13426433315@163.com，pup_6@163.com，欢迎联系。

序号	书　名	标准书号	主　编	定价	出版日期
1	机械设计	978-7-5038-4448-5	郑江，许瑛	33	2007.8
2	机械设计	978-7-301-15699-5	吕宏	32	2009.9
3	机械设计	978-7-301-17599-6	门艳忠	40	2010.8
4	机械原理	978-7-301-11488-9	常治斌，张京辉	29	2008.6
5	机械原理	978-7-301-15425-0	王跃进	26	2010.7
6	机械原理	978-7-301-19088-3	郭宏亮，孙志宏	36	2011.6
7	机械原理	978-7-301-19429-4	杨松华	34	2011.8
8	机械设计基础	978-7-5038-4444-2	曲玉峰，关晓平	27	2008.1
9	机械设计课程设计	978-7-301-12357-7	许瑛	35	2012.7
10	机械设计课程设计	978-7-301-18894-1	王慧，吕宏	30	2011.5
11	机电一体化课程设计指导书	978-7-301-19736-3	王金娥　罗生梅	35	2012.1
12	机械工程专业毕业设计指导书	978-7-301-18805-7	张黎骅，吕小荣	22	2012.5
13	机械创新设计	978-7-301-12403-1	丛晓霞	32	2010.7
14	机械系统设计	978-7-301-20847-2	孙月华	32	2012.7
15	机械设计基础实验及机构创新设计	978-7-301-20653-9	邹旻	28	2012.6
16	TRIZ 理论机械创新设计工程训练教程	978-7-301-18945-0	蒯苏苏，马履中	45	2011.6
17	TRIZ 理论及应用	978-7-301-19390-7	刘训涛，曹贺　陈国晶	35	2011.8
18	创新的方法——TRIZ 理论概述	978-7-301-19453-9	沈萌红	28	2011.9
19	机械 CAD 基础	978-7-301-20023-0	徐云杰	34	2012.2
20	AutoCAD 工程制图	978-7-5038-4446-9	杨巧绒，张克义	20	2011.4
21	工程制图	978-7-5038-4442-6	戴立玲，杨世平	27	2012.2
22	工程制图	978-7-301-19428-7	孙晓娟，徐丽娟	30	2012.5
23	工程制图习题集	978-7-5038-4443-4	杨世平，戴立玲	20	2008.1
24	机械制图(机类)	978-7-301-12171-9	张绍群，孙晓娟	32	2009.1
25	机械制图习题集(机类)	978-7-301-12172-6	张绍群，王慧敏	29	2007.8
26	机械制图(第 2 版)	978-7-301-19332-7	孙晓娟，王慧敏	38	2011.8
27	机械制图习题集(第 2 版)	978-7-301-19370-7	孙晓娟，王慧敏	22	2011.8
28	机械制图与 AutoCAD 基础教程	978-7-301-13122-0	张爱梅	35	2011.7
29	机械制图与 AutoCAD 基础教程习题集	978-7-301-13120-6	鲁杰，张爱梅	22	2010.9
30	AutoCAD 2008 工程绘图	978-7-301-14478-7	赵润平，宗荣珍	35	2009.1
31	AutoCAD 实例绘图教程	978-7-301-20764-2	李庆华，刘晓杰	32	2012.6
32	工程制图案例教程	978-7-301-15369-7	宗荣珍	28	2009.6
33	工程制图案例教程习题集	978-7-301-15285-0	宗荣珍	24	2009.6
34	理论力学	978-7-301-12170-2	盛冬发，闫小青	29	2012.5
35	材料力学	978-7-301-14462-6	陈忠安，王静	30	2011.1
36	工程力学(上册)	978-7-301-11487-2	毕勤胜，李纪刚	29	2008.6
37	工程力学(下册)	978-7-301-11565-7	毕勤胜，李纪刚	28	2008.6

38	液压传动	978-7-5038-4441-8	王守城，容一鸣	27	2009.4
39	液压与气压传动	978-7-301-13129-4	王守城，容一鸣	32	2012.1
40	液压与液力传动	978-7-301-17579-8	周长城等	34	2010.8
41	液压传动与控制实用技术	978-7-301-15647-6	刘　忠	36	2009.8
42	金工实习(第2版)	978-7-301-16558-4	郭永环，姜银方	30	2012.5
43	机械制造基础实习教程	978-7-301-15848-7	邱　兵，杨明金	34	2010.2
44	公差与测量技术	978-7-301-15455-7	孔晓玲	25	2011.8
45	互换性与测量技术基础(第2版)	978-7-301-17567-5	王长春	28	2010.8
46	互换性与技术测量	978-7-301-20848-9	周哲波	35	2012.6
47	机械制造技术基础	978-7-301-14474-9	张　鹏，孙有亮	28	2011.6
48	先进制造技术基础	978-7-301-15499-1	冯宪章	30	2011.11
49	机械精度设计与测量技术	978-7-301-13580-8	于　峰	25	2008.8
50	机械制造工艺学	978-7-301-13758-1	郭艳玲，李彦蓉	30	2008.8
51	机械制造工艺学	978-7-301-17403-6	陈红霞	38	2010.7
52	机械制造工艺学	978-7-301-19903-9	周哲波，姜志明	49	2012.1
53	机械制造基础(上)——工程材料及热加工工艺基础(第2版)	978-7-301-18474-5	侯书林，朱　海	40	2011.1
54	机械制造基础(下)——机械加工工艺基础(第2版)	978-7-301-18638-1	侯书林，朱　海	32	2012.5
55	金属材料及工艺	978-7-301-19522-2	于文强	44	2011.9
56	工程材料及其成形技术基础	978-7-301-13916-5	申荣华，丁　旭	45	2010.7
57	工程材料及其成形技术基础学习指导与习题详解	978-7-301-14972-0	申荣华	20	2009.3
58	机械工程材料及成形基础	978-7-301-15433-5	侯俊英，王兴源	30	2012.5
59	机械工程材料	978-7-5038-4452-3	戈晓岚，洪　琢	29	2011.6
60	机械工程材料	978-7-301-18522-3	张铁军	36	2012.5
61	工程材料与机械制造基础	978-7-301-15899-9	苏子林	32	2009.9
62	控制工程基础	978-7-301-12169-6	杨振中，韩致信	29	2007.8
63	机械工程控制基础	978-7-301-12354-6	韩致信	25	2008.1
64	机电工程专业英语(第2版)	978-7-301-16518-8	朱　林	24	2012.5
65	机床电气控制技术	978-7-5038-4433-7	张万奎	26	2007.9
66	机床数控技术(第2版)	978-7-301-16519-5	杜国臣，王士军	35	2011.6
67	数控机床与编程	978-7-301-15900-2	张洪江，侯书林	25	2011.8
68	数控加工技术	978-7-5038-4450-7	王　彪，张　兰	29	2011.7
69	数控加工与编程技术	978-7-301-18475-2	李体仁	34	2012.5
70	数控编程与加工实习教程	978-7-301-17387-9	张春雨，于　雷	37	2011.9
71	数控加工技术及实训	978-7-301-19508-6	姜永成，夏广岚	33	2011.9
72	现代数控机床调试及维护	978-7-301-18033-4	邓三鹏等	32	2010.11
73	金属切削原理与刀具	978-7-5038-4447-7	陈锡渠，彭晓南	29	2012.5
74	金属切削机床	978-7-301-13180-0	夏广岚，冯　凭	28	2012.7
75	精密与特种加工技术	978-7-301-12167-2	袁根福，祝锡晶	29	2011.12
76	逆向建模技术与产品创新设计	978-7-301-15670-4	张学昌	28	2009.9
77	CAD/CAM 技术基础	978-7-301-17742-6	刘　军	28	2012.5
78	CAD/CAM 技术案例教程	978-7-301-17732-7	汤修映	42	2010.9
79	Pro/ENGINEER Wildfire 2.0 实用教程	978-7-5038-4437-X	黄卫东，任国栋	32	2007.7
80	Pro/ENGINEER Wildfire 3.0 实例教程	978-7-301-12359-1	张选民	45	2008.2
81	Pro/ENGINEER Wildfire 3.0 曲面设计实例教程	978-7-301-13182-4	张选民	45	2008.2
82	Pro/ENGINEER Wildfire 5.0 实用教程	978-7-301-16841-7	黄卫东，郝用兴	43	2011.10
83	Pro/ENGINEER Wildfire 5.0 实例教程	978-7-301-20133-6	张选民，徐超辉	52	2012.2
84	SolidWorks 三维建模及实例教程	978-7-301-15149-5	上官林建	30	2009.5

85	UG NX6.0 计算机辅助设计与制造实用教程	978-7-301-14449-7	张黎骅，吕小荣	26	2011.11
86	Cimatron E9.0 产品设计与数控自动编程技术	978-7-301-17802-7	孙树峰	36	2010.9
87	Mastercam 数控加工案例教程	978-7-301-19315-0	刘　文，姜永梅	45	2011.8
88	应用创造学	978-7-301-17533-0	王成军，沈豫浙	26	2012.5
89	机电产品学	978-7-301-15579-0	张亮峰等	24	2009.8
90	品质工程学基础	978-7-301-16745-8	丁　燕	30	2011.5
91	设计心理学	978-7-301-11567-1	张成忠	48	2011.6
92	计算机辅助设计与制造	978-7-5038-4439-6	仲梁维，张国全	29	2007.9
93	产品造型计算机辅助设计	978-7-5038-4474-4	张慧姝，刘永翔	27	2006.8
94	产品设计原理	978-7-301-12355-3	刘美华	30	2008.2
95	产品设计表现技法	978-7-301-15434-2	张慧姝	42	2012.5
96	产品创意设计	978-7-301-17977-2	虞世鸣	38	2012.5
97	工业产品造型设计	978-7-301-18313-7	袁涛	39	2011.1
98	化工工艺学	978-7-301-15283-6	邓建强	42	2009.6
99	过程装备机械基础	978-7-301-15651-3	于新奇	38	2009.8
100	过程装备测试技术	978-7-301-17290-2	王毅	45	2010.6
101	过程控制装置及系统设计	978-7-301-17635-1	张早校	30	2010.8
102	质量管理与工程	978-7-301-15643-8	陈宝江	34	2009.8
103	质量管理统计技术	978-7-301-16465-5	周友苏，杨　飒	30	2010.1
104	人因工程	978-7-301-19291-7	马如宏	39	2011.8
105	工程系统概论——系统论在工程技术中的应用	978-7-301-17142-4	黄志坚	32	2010.6
106	测试技术基础(第 2 版)	978-7-301-16530-0	江征风	30	2010.1
107	测试技术实验教程	978-7-301-13489-4	封士彩	22	2008.8
108	测试技术学习指导与习题详解	978-7-301-14457-2	封士彩	34	2009.3
109	可编程控制器原理与应用(第 2 版)	978-7-301-16922-3	赵　燕，周新建	33	2010.3
110	工程光学	978-7-301-15629-2	王红敏	28	2012.5
111	精密机械设计	978-7-301-16947-6	田　明，冯进良等	38	2011.9
112	传感器原理及应用	978-7-301-16503-4	赵　燕	35	2010.2
113	测控技术与仪器专业导论	978-7-301-17200-1	陈毅静	29	2012.5
114	现代测试技术	978-7-301-19316-7	陈科山，王燕	43	2011.8
115	风力发电原理	978-7-301-19631-1	吴双群，赵丹平	33	2011.10
116	风力机空气动力学	978-7-301-19555-0	吴双群	32	2011.10
117	风力机设计理论及方法	978-7-301-20006-3	赵丹平	32	2012.1